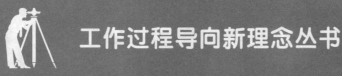

中等职业学校教材·计算机专业

影视后期特效合成
——After Effects CS4中文版

丛书编委会 主编

清华大学出版社

北京

内容简介

本书根据教育部教学大纲,按照"工作过程导向"的教学模式编写。为便于教师排课、备课、授课以及学生预习、上机练习、复习,本书将教学内容分解到每一课时,通过"课堂讲解"、"课堂练习"、"本课小结"、"课后思考"、"课外阅读"五个环节实施教学。

全书共分 8 章 30 课,并配有教学光盘。从实用的角度出发,通过实例循序渐进地讲解了 After Effects CS4 的常用功能,并对初学者在使用软件进行影视后期合成时经常会遇到的问题进行实例剖析和讲解,以免初学者在起步的过程中走弯路。

本书可作为中等职业学校影视后期合成或影视动漫专业的教材,也可作为各类技能型紧缺人才培训班的教材。读者可在清华大学出版社网站下载本书的教学课件。

本书封面贴有清华大学出版社防伪标签,无标签者不得销售。
版权所有,侵权必究。举报:010-62782989,beiqinquan@tup.tsinghua.edu.cn。

图书在版编目(CIP)数据

影视后期特效合成——After Effects CS4 中文版 /《工作过程导向新理念丛书》编委会主编. —北京:清华大学出版社,2010.1(2021.2重印)
工作过程导向新理念丛书
中等职业学校教材.计算机专业
ISBN 987-7-302-21201-0

Ⅰ. 影… Ⅱ. 工… Ⅲ. 图形软件,After Effects CS4-专业学校-教材 Ⅳ. TP391.41
中国版本图书馆 CIP 数据核字(2009)第 173737 号

责任编辑:田在儒 张 伟
责任校对:袁 芳
责任印制:丛怀宇

出版发行:清华大学出版社
网　　址:http://www.tup.com.cn,http://www.wqbook.com
地　　址:北京清华大学学研大厦 A 座　　　邮　编:100084
社 总 机:010-62770175　　　邮　购:010-62786544
投稿与读者服务:010-62776969,c-service@tup.tsinghua.edu.cn
质 量 反 馈:010-62772015,zhiliang@tup.tsinghua.edu.cn
印 装 者:三河市铭诚印务有限公司
经　　销:全国新华书店
开　　本:185mm×260mm　　印　张:20.75　　字　数:499 千字
版　　次:2010 年 1 月第 1 版　　印　次:2021 年 2 月第 17 次印刷
定　　价:59.00 元

产品编号:035254-04

学科体系的解构与行动体系的重构

——《工作过程导向新理念丛书》代序

职业教育作为一种教育类型，其课程也必须有自己的类型特征。从教育学的观点来看，当且仅当课程内容的选择以及所选内容的序化都符合职业教育的特色和要求之时，职业教育的课程改革才能成功。这里，改革的成功与否有两个决定性的因素：一个是课程内容的选择，一个是课程内容的序化。这也是职业教育教材编写的基础。

首先，课程内容的选择涉及的是课程内容选择的标准问题。

个体所具有的智力类型大致分为两大类：一是抽象思维，一是形象思维。职业教育的教育对象，依据多元智能理论分析，其逻辑数理方面的能力相对较差，而空间视觉、身体动觉以及音乐节奏等方面的能力则较强。故职业教育的教育对象是具有形象思维特点的个体。

一般来说，课程内容涉及两大类知识：一类是涉及事实、概念以及规律、原理方面的"陈述性知识"，一类是涉及经验以及策略方面的"过程性知识"。"事实与概念"解答的是"是什么"的问题，"规律与原理"回答的是"为什么"的问题；而"经验"指的是"怎么做"的问题，"策略"强调的则是"怎样做更好"的问题。

由专业学科构成的以结构逻辑为中心的学科体系，侧重于传授实际存在的显性知识即理论性知识，主要解决"是什么"（事实、概念等）和"为什么"（规律、原理等）的问题，这是培养科学型人才的一条主要途径。

由实践情境构成的以过程逻辑为中心的行动体系，强调的是获取自我建构的隐性知识即过程性知识，主要解决"怎么做"（经验）和"怎样做更好"（策略）的问题，这是培养职业型人才的一条主要途径。

因此，职业教育课程内容选择的标准应该以职业实际应用的经验和策略的习得为主，以适度够用的概念和原理的理解为辅，即以过程性知识为主、陈述性知识为辅。

其次，课程内容的序化涉及的是课程内容序化的标准问题。

知识只有在序化的情况下才能被传递，而序化意味着确立知识内容的框架和顺序。职业教育课程所选取的内容，由于既涉及过程性知识，又涉及陈述性知识，因此，寻求这两类知识的有机融合，就需要一个恰当的参照系，以便能以此为基础对知识实施"序化"。

按照学科体系对知识内容序化，课程内容的编排呈现出一种"平行结构"的形式。学科体系的课程结构常会导致陈述性知识与过程性知识的分割、理论知识与实践知识的分割，以及知识排序方式与知识习得方式的分割。这不仅与职业教育的培养目标相悖，而且与职业教育追求的整体性学习的教学目标相悖。

按照行动体系对知识内容序化，课程内容的编排则呈现一种"串行结构"的形式。在学习过程中，学生认知的心理顺序与专业所对应的典型职业工作顺序，或是对多个职业工作过程加以归纳整合后的职业工作顺序，即行动顺序，都是串行的。这样，针对行动顺序的每一个工作过程环节来传授相关的课程内容，实现实践技能与理论知识的整合，将收到事半功倍的效果。鉴于每一行动顺序都是一种自然形成的过程序列，而学生认知的心理顺序也是循序渐进自然形成的过程序列，这表明，认知的心理顺序与工作过程顺序在一定程度上是吻合的。

需要特别强调的是,按照工作过程来序化知识,即以工作过程为参照系,将陈述性知识与过程性知识整合、理论知识与实践知识整合,其所呈现的知识从学科体系来看是离散的、跳跃的和不连续的,但从工作过程来看,却是不离散的、非跳跃的和连续的了。因此,参照系在发挥着关键的作用。课程不再关注建筑在静态学科体系之上的显性理论知识的复制与再现,而更多的是着眼于蕴含在动态行动体系之中的隐性实践知识的生成与构建。这意味着,**知识的总量未变,知识排序的方式发生变化**,正是对这一全新的职业教育课程开发方案中所蕴含的革命性变化的本质概括。

由此,我们可以得出这样的结论:如果"工作过程导向的序化"获得成功,那么传统的学科课程序列就将"出局",通过对其保持适当的"有距离观察",就有可能解放与扩展传统的课程视野,寻求现代的知识关联与分离的路线,确立全新的内容定位与支点,从而凸现课程的职业教育特色。因此,"工作过程导向的序化"是一个与已知的序列范畴进行的对话,也是与课程开发者的立场和观点进行对话的创造性行动。这一行动并不是简单地排斥学科体系,而是通过"有距离观察",在一个全新的架构中获得对职业教育课程论的元层次认知。所以,**"工作过程导向的课程"的开发过程,实际上是一个伴随学科体系的解构而凸显行动体系的重构的过程**。然而,学科体系的解构并不意味着学科体系的"肢解",而是依据职业情境对知识实施行动性重构,进而实现新的体系——行动体系的构建过程。不破不立,学科体系解构之后,在工作过程基础上的系统化和结构化的产物——行动体系也就"立在其中"了。

非常高兴,作为中国"学科体系"最高殿堂的清华大学,开始关注占人类大多数的具有形象思维这一智力特点的人群成才的教育——职业教育。坚信清华大学出版社的睿智之举,将会在中国教育界掀起一股新风。我为母校感到自豪!

2006 年 8 月 8 日

《工作过程导向新理念丛书》编委会名单

(按姓氏拼音排序)

安晓琳	白晓勇	曹利	成彦	董君	杜宇	冯雁
符水波	傅晓峰	国刚	贺洪鸣	贾清水	江椿接	姜全生
李晓斌	刘保顺	刘芳	刘艳	罗名兰	罗韬	聂建胤
秦剑锋	润涛	史玉香	宋静	宋俊辉	孙更新	孙浩
孙振业	田高阳	王成林	王春轶	王丹	王刚	沃旭波
毋建军	吴建家	吴科科	吴佩颖	谢宝荣	许茹林	薛荃
薛卫红	杨平	尹涛	张晓景	赵晓怡	钟华勇	左喜林

前　　言

在计算机日益普及的现代社会中,"人人都是生活的导演,人人都可以成为影视编辑高手"的趋势也日益盛行。After Effects CS4 由于操作简便,非常容易上手,而成为拥有最多用户的专业影视后期特效处理软件。以前,影视制作使用的一直是价格昂贵的专业硬件和软件,非专业人士很难见到这些设备,更不用说熟练掌握这些工具来制作自己的作品了。随着科技的进步,数字技术全面进入影视制作过程,计算机逐步取代了许多原有的影视设备。随着 PC 性能的显著提高和价格的不断降低,影视制作从以前专业的硬件逐渐向 PC 平台上转移,专业软件也日益大众化。同时影视制作的应用也从专业影视制作扩大到游戏、多媒体、网络、家庭娱乐等更为广阔的领域。许多这些行业的从业人员与大量的影视爱好者,现在都可以利用自己的计算机来制作自己喜欢的影视节目。

本书的最大特色是"案例式教学,每个案例均可作为独立的项目来运作"。在每个案例的知识点前面,尽量先让读者动手操作,使得读者对该知识点有个理性的认识。然后在案例中展开详尽的解释,争取让读者尽快掌握该知识点。本书所有案例均有源文件以及素材插件等,而且每个案例均配有视频教学,解除了在学习中可能会遇到绊脚石的后顾之忧。

本书以"课"的形式展开,全书共 30 课。课前有情景式的"课堂讲解",包含了任务背景、任务目标和任务分析。课后有"课堂练习",可分为任务目标和任务要求。"课堂练习"之后是"练习评价",还有本课小结。每课的后面还安排了"课后思考"。为了拓展知识,本书还准备了"课外阅读"。最后安排了"实战练习",详细讲解了两个影视后期制作的全过程。

全书共分 8 章 30 课,并配有教学视频。电子课件可在清华大学出版社网站下载。

第 1 章(第 1~4 课)对影视后期行业及市场应用进行介绍,在本章最后一课中,通过一个完整的实例来开始 After Effects CS4 的学习;

第 2 章(第 5~8 课)从影视理论着手,讲解 After Effects CS4 软件的基本功能及应用;

第 3 章(第 9~14 课)详细讲解 After Effects CS4 创建文字特效的方法;

第 4 章(第 15~18 课)通过案例练习,对 After Effects CS4 进行进阶学习;

第 5 章(第 19~23 课)通过对常用滤镜特效的介绍和案例练习,详细讲解 After Effects CS4 滤镜的高级编辑技巧;

第 6 章(第 24~27 课)详细讲解 After Effects CS4 软件常用功能工具的应用;

第 7 章(第 28 课)讲解如何将制作好的成品进行正确的渲染;

第 8 章(第 29~30 课)课业设计,通过两个完整的事例,讲解影视后期特效合成项目的完整运作过程。

由于编者水平有限,错误和表述不妥之处在所难免,敬请广大读者批评指正。

编　者

2009 年 9 月

目　　录

第1章　影视后期特效合成概述 …………………………………………………………… 1

　第1课　影视后期特效行业简介 …………………………………………………………… 1

　　1.1　国内外影视特效的发展 …………………………………………………………… 2

　　1.2　影视后期特效合成的市场应用 …………………………………………………… 5

　第2课　影视后期特效合成常用软件和素材收集 ………………………………………… 10

　　2.1　影视后期特效合成常用软件 ……………………………………………………… 10

　　2.2　影视资源素材收集 ………………………………………………………………… 13

　第3课　认识 After Effects CS4 软件 ……………………………………………………… 15

　　3.1　After Effects CS4 软件介绍 ……………………………………………………… 15

　　3.2　After Effects CS4 对计算机及系统配置的要求 ………………………………… 19

　　3.3　熟悉 After Effects CS4 软件的界面 ……………………………………………… 20

　　3.4　After Effects CS4 新增功能 ……………………………………………………… 22

　第4课　制作一个影视特效——暴风雨中的自由女神 …………………………………… 30

第2章　After Effects CS4 软件初探 ……………………………………………………… 45

　第5课　镜头的运动方式 …………………………………………………………………… 45

　　5.1　影视中镜头的运动方式 …………………………………………………………… 45

　　5.2　镜头的景别 ………………………………………………………………………… 51

　　5.3　镜头画面的方位角度 ……………………………………………………………… 53

　　5.4　镜头运动的应用——《数码影像时代》广告 …………………………………… 56

　第6课　After Effects CS4 中 3D 效果的应用 …………………………………………… 65

　　6.1　在平面软件里实现三维效果 ……………………………………………………… 65

　　6.2　制作一个三维影视盒子特效 ……………………………………………………… 68

　第7课　灯光与摄像机的应用 ……………………………………………………………… 75

　　7.1　如何在 After Effects CS4 里应用灯光 …………………………………………… 75

　　7.2　如何在 After Effects CS4 里应用摄像机 ………………………………………… 77

　　7.3　一个时尚片头实例——时尚生活之走近大师 …………………………………… 79

　第8课　遮罩的应用 ………………………………………………………………………… 89

　　8.1　遮罩的概念及其创建方法 ………………………………………………………… 89

　　8.2　电影《疯狂的赛车》片头的蒙板特效制作 ……………………………………… 91

第3章　After Effects CS4 文字特效 …………………………………………………… 99

　第9课　如何在 After Effects CS4 里做文字特效 ………………………………………… 99

9.1 创建和编辑文字 ………………………………………………… 99
9.2 应用文字滤镜特效 ……………………………………………… 100
第10课 中国书法字特效 …………………………………………………… 105
10.1 "矢量绘图"笔刷功能介绍及创建方法 ………………………… 105
10.2 中国书法字特效实例——"英雄"文字特效 …………………… 107
第11课 波纹荡漾的文字特效 ……………………………………………… 114
第12课 粒子聚集成字实例 ………………………………………………… 118
第13课 3D文字飞入动画特效 …………………………………………… 121
第14课 文字光芒放射特效 ………………………………………………… 127

第4章 After Effects CS4 进阶训练 ………………………………………… 135

第15课 After Effects CS4 图层混合模式的应用 ………………………… 135
15.1 "混合模式"在特效合成中的应用 …………………………… 135
15.2 After Effects CS4 混合模式片头实例——文化中国 ………… 138
第16课 After Effects CS4 与其他软件的结合 …………………………… 142
16.1 与Illustrator 结合制作界面应用实例——酷炫片头 ………… 143
16.2 与Flash 结合制作按钮特效应用实例——水波按钮 ………… 146
第17课 After Effects CS4 与Maya 结合实例——熊熊烈火 …………… 153
第18课 After Effects CS4 的嵌套功能 …………………………………… 160
18.1 After Effects CS4 的预合成功能 ……………………………… 161
18.2 用嵌套制作电视栏目包装案例——时尚波纹动画特效 ……… 161

第5章 After Effects CS4 滤镜特效高级编辑技巧 ………………………… 167

第19课 常用滤镜特效简介 ………………………………………………… 167
19.1 风格化 ………………………………………………………… 169
19.2 过渡 …………………………………………………………… 176
19.3 模糊与锐化 …………………………………………………… 181
19.4 模拟仿真 ……………………………………………………… 187
19.5 生成 …………………………………………………………… 196
19.6 时间 …………………………………………………………… 210
19.7 噪波与颗粒 …………………………………………………… 214
第20课 飞舞的流光特效制作 ……………………………………………… 221
第21课 LOGO成烟特效制作 ……………………………………………… 228
第22课 三维空间光束特效制作 …………………………………………… 233
第23课 三维空间图像特效制作 …………………………………………… 240

第6章 After Effects CS4 常用功能工具应用 ……………………………… 250

第24课 色彩校正在影视中的运用 ………………………………………… 250
24.1 "色彩校正"滤镜的运用方法 ………………………………… 250
24.2 校色实例——春夏秋冬 ………………………………………… 262
第25课 抠像与影片合成 …………………………………………………… 269

25.1　抠像滤镜在影视中的运用方法 ……………………………………………… 270
　　25.2　抠像实例——电视广告 …………………………………………………… 274
　第26课　动态影像跟踪 ……………………………………………………………… 279
　　26.1　跟踪在影像中的运用 ……………………………………………………… 280
　　26.2　跟踪实例——小红花 ……………………………………………………… 281
　第27课　画面的稳定 ………………………………………………………………… 285
　　27.1　画面稳定技术 ……………………………………………………………… 286
　　27.2　画面稳定运用实例 ………………………………………………………… 286

第7章　渲染输出影像作品 ……………………………………………………………… 292
　第28课　将做好的作品渲染输出 …………………………………………………… 292
　　28.1　如何渲染输出影像作品 …………………………………………………… 292
　　28.2　影像音视频常用格式介绍 ………………………………………………… 295

第8章　课业设计 ………………………………………………………………………… 302
　第29课　电视栏目包装——国际时尚周 …………………………………………… 302
　第30课　影视广告宣传设计——都市数码宽屏 …………………………………… 311

参考文献 …………………………………………………………………………………… 321

第1章

影视后期特效合成概述

知识要点

- 影视后期特效行业介绍
- 影视后期特效合成的市场应用
- 影视特效常用软件
- 计算机配置
- 影视资源素材的收集
- After Effects CS4 软件介绍
- 用 After Effects CS4 制作一个电影特效

第1课　影视后期特效行业简介

在我们的生活中,几乎每天都不可避免地与影视特效面对面,你可能并没有注意到,但是它确实存在于我们生活中的方方面面。电影、电视、网络等媒体已经成为当前最大众化、最具影响力的多媒体形式,而且现在网络通信以及多媒体技术的发达也无时无刻不在影响着我们的生活。从国际大片所创造的幻想世界、电视新闻所关注的现实生活,到铺天盖地的电视广告;从《谁陷害了兔子罗杰》的真人与卡通的合成到《冰河世纪》的动画生命的创造;从《骇客帝国》的虚拟世界到《十面埋伏》的明枪暗箭……它们无不在深刻地影响着我们的现实生活。

过去,影视节目的制作只是专业人员的工作,似乎还笼罩着一层神秘的面纱。影视制作使用的一直是价格极端昂贵的专业硬件和软件,非专业人士很难见到这些设备,更不用说熟练掌握这些工具,来制作自己的作品了。随着科技的进步,数字技术全面进入影视制作过程,计算机逐步取代了许多原有的影视设备。随着PC性能的显著提高和价格的不断降低,影视制作从以前专业的硬件逐渐向PC平台上转移,专业软件也日益大众化。同时,影视制作的应用也从专业影视制作扩大到计算机游戏、多媒体、网络、家庭娱乐等更为广阔的领域。许多在这些行业的从业人员与大量的影视爱好者们,现在都可以利用自己的计算机来制作自己喜欢的影视节目。

课堂讲解

任务背景:进入影视后期特效行业之前,首先要了解它,你希望用特效来表现什么呢?如果你真的很羡慕那些电影特效大师们,如果你真的很想有属于自己的电影特效作品,带着你的兴趣和激情出发吧。

任务目标:了解影视特效行业及影视后期特效合成的市场应用。

任务分析:如果你想知道以后该做什么、该怎么做,那么你必须在了解它后再学习,这样才能有的放矢、事半功倍。

1.1 国内外影视特效的发展

由于影视节目本身的多样化,影视节目的制作过程是个相当复杂的过程。虽然不同影视节目的使用意图、配给的预算、投入的人力和物力都有很大的区别,但其制作过程却有很多共同之处。一般来说,影视节目的制作可以分为前期准备、实际拍摄和后期制作三个阶段。传统的后期制作阶段的主要工作就是剪辑及特效合成,即把拍摄阶段得到的散乱的素材剪辑成为完整的影片,并合成一些在实际拍摄过程中不能完成的特效。

1. 国外影视特效的发展

国外影视特效的发展历史可追溯到 20 世纪 70 年代,可以说这是一场科技的革命,因为它和计算机图形图像技术的诞生和发展完全同步。随着科学技术的发展,影视后期制作肯定将继续演绎它的光辉。到了 20 世纪 80 年代末,影视特效合成进入一个较为成熟的阶段,影视特效合成在影视创作以及数字多媒体创作中发挥了前所未有的积极作用。

1988 年 6 月,美国迪士尼公司发行的真人与卡通结合电影《谁陷害了兔子罗杰》获得第 61 届奥斯卡最佳视觉效果奖,如图 1-1 所示。

自此以后,每年的好莱坞大片均有我们期待的数字电影获奖,其制作的视觉特效及其带给人们的视觉想象的空间令人叹为观止。

1997 年,"20 世纪福克斯电影制片公司"发行的《泰坦尼克号》获得第 70 届奥斯卡 11 项大奖,包括最佳视觉效果奖,如图 1-2 所示。

图 1-1

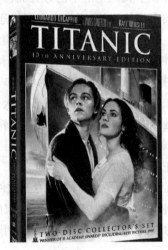

图 1-2

2009 年的第 81 届奥斯卡金像奖中,《贫民窟的百万富翁》获得 8 项大奖,其中包括最佳剪辑奖,如图 1-3 所示;由迪士尼公司制作发行的《机器人瓦力》获得最佳动画长片奖,如图 1-4 所示。

2. 国内影视特效的发展

20 世纪 80 年代,数字影视技术开始应用于我国影视制作中。到了 20 世纪 90 年代中后期,大型电影厂、各省级电视台纷纷引进国外最新数字影视软硬件设备,电影制作公司也逐渐接触到数字影视特效合成技术。

图 1-3　　　　　　　　　　　　　图 1-4

例如2000年发行的影片《紧急迫降》,在国内首次大量运用高科技计算机特技制作,计算机特技镜头长达9分45秒,代表了中国特技制作的尖端水平,其中许多镜头的数字计算机特技制作技术已经达到美国好莱坞中上等水平;并且,该片将计算机特技与故事情节完美融合,达到了较高的艺术境界,使影片的可视性大大提升,如图1-5所示。

2009年以后,我国的数字影视制作技术逐步发展起来。如2003年张艺谋导演的《英雄》。在电影院里面看《英雄》,你一定会惊叹于那唯美的决斗场面和极具气势的秦国军队,还有那疾如流星的箭雨……也一定会为片中的特技所倾倒。但你可能不知道《英雄》实际上是一组中国人跟一组美国人一起制作出来的,来自大洋彼岸的朋友们为该片做出了特殊贡献,这里面包括好莱坞的资深视觉特效总监潘国瑜女士、《英雄》制作公司Tweak Films的工作人员等。例如,在如图1-6所示的特效画面中,真实的拍摄场景其实只有很少的一些士兵,特技制作人员从不同的队列中选取士兵然后在计算机中合成"千军万马",特技制作人员同时抹去了前景中拍摄装置的影子。

图 1-5

图 1-6

在这个场景中,所有的原始素材只有前几排士兵,而且他们的弓中并没有箭。特技制作人员做了两件事:首先,他们复制现有的士兵到视线所及的范围;其次,在士兵的弓中加入箭,以及已经发射出去在空中的万千飞箭,如图1-7所示。

图 1-7

2009年最新热播的连续剧《我的团长我的团》,如图1-8所示,用了大量的影视后期特效合成。据说其影视特效合成费用达1000万元。

图 1-8

其实,影视特效对于观众始终具有魔术般的吸引力,尤其是在观众对视觉感观需求日益提高的今天,无论是好莱坞电影,还是荧屏热播的电视剧,影视特效的应用早已屡见不鲜。目前大多数电视广告、片头、电视栏目频道包装,均用到了数字影视特效,如图1-9所示,那

图 1-9

些绚丽的流光飞云,演绎着科技信息的飞跃。

如今,全国各大艺术院校均已开设影视后期特效制作课程,此类的培训班也如雨后春笋般发展起来。

1.2 影视后期特效合成的市场应用

随着社会的进步、科技的发达,电视、计算机、网络、移动手机等新媒体越来越广泛地普及到我们的生活中。每天我们都通过不同的媒体观看、了解多彩的新闻时事、生活娱乐,这已经成为我们生活不可缺少的一部分。正因为有了这些载体,影像视频的传播也就变得简单,形象的声效当然也更容易为大众所接受,于是影视特效的市场也就随之发展起来。

1. 电影特效

自从 20 世纪 60 年代以来,随着电影中逐渐运用了计算机技术,一个全新的电影世界展现在人们面前,这也是一次电影的革命。越来越多的计算机制作的图像被运用到电影作品中,其视觉效果的魅力有时已经大大超过了电影故事的本身。电影的另一特性便是作为一种视觉传媒而存在的。

在最初由部分使用计算机特效的电影作品向全部由计算机制作的电影作品转变的过程中,人们已经看到了其在视觉冲击上的不同与震撼。如今,已经很难发现在一部电影中没有任何的计算机元素。它也给了导演们灵活多变的讲述故事的方式,然而在制作上当然不是那么简单的事情,但是从另一方面考虑,人们对如何恰当地应用该技术还存在着一定的局限性。由计算机所制作的画面具有一定的优势,先前的一些在视觉效果制作上的想法将能在计算机的帮助下得以实现。而且,那些耗时耗力的震撼人心的精彩镜头也可通过计算机来制作,且成本降低,使得演职人员也更加安全。电影中的计算机技术还可以在先期的制作阶段,为导演们提供更加形象的电影前期预览,使得他们对整部电影的走向及制作过程有个总体印象以及可操纵性。例如 2004 年获得最佳视觉效果奖的好莱坞科幻灾难片《后天》,如图 1-10 所示。

图 1-10

2. 影视动画

影视后期特效在影视动画中的应用是有目共睹的,没有后期特效的支持,就没有影视动画的存在。在如今靠视听特效来吸引观众眼球的动画片中,无处不存在影视后期特效的身影。可以这样说,每部影视动画即一次后期特效视听盛宴。

有关资料显示,目前全球最大的娱乐产品输出国美国,每年的动画产品和衍生产品的产值达 50 多亿美元。日本则通过动画片、卡通书和电子游戏三者的商业组合,年营业额超过 90 亿美元。据 2007 年中国动画产业分析报告显示,全球与游戏、动画产业相关的衍生产品产值超过 5000 亿美元,而中国的动漫产业刚刚兴起,市场容量至少有 1000 亿元人民币,3.67 亿未成年人,都将是动漫产业潜在的消费群体。

3. 企业宣传片

相对于静止的画面来说，人们当然喜欢动态的影像制品，因而现在越来越多的企业希望自己的工厂或者产品的宣传"动"起。用数码摄像机拍摄，然后利用后期软件合成，制作成光盘，或者通过网络，将影像通过各种渠道传播出去，效果好，成本低，此举深得企业领导的喜欢。

将实拍视频、解说、字幕、动画等技术结合起来，具有强大的表现力和感染力。从前期策划、脚本创作、拍摄、剪辑、配音、配乐，到后期光碟压制等全方位的影像动画制作服务已经是大多数影像广告公司的惯用招。此类专题片制作有企业形象介绍、公司品牌推广、产品品牌宣传、纪录片等，如图1-11所示。

图 1-11

4. 产品宣传

产品宣传与企业宣传有异曲同工之处，主要是针对产品制作动态影视特效，一般用在公众电视媒体、电视传媒、网络媒体等，如图1-12所示。产品宣传片如一张产品说明书，但其图、文、声并茂，使人一目了然，无须向客户展示大段的文字说明，也避免做反复枯燥无味的介绍，伴着音乐及解说将产品娓娓道来。

图 1-12

5. 专题活动宣传

专题活动宣传一般做成纪录片，例如音乐会、采访、介绍、活动宣传、会议记录等。在拍摄完后进行剪辑、合成，制作成专题影片。最早的专题纪录片源于20世纪50年代的美国，是从一场摇滚乐开始的。

6. 电视栏目及频道包装

在信息化的时代，影视广告是传播产品信息的首选，同时也是企业树立形象的重要手段。运用数十秒的时间将企业、产品、创意、艺术有机地结合在一起，可达到图、文、声并茂的特点，传播范围广，也易被大众接受，这是平面媒体所无法取代的。涵盖栏目包装、频道包装和企业形象包装等功能的后期特效已经越来越多地为市场所接受。

宣传包装节目主要分为两大类：一类是形象宣传片，多用丰富的色彩、变幻无穷的特技；另一类是导视类宣传栏目，主要是由收看指南、下周荧屏介绍、栏目动态等构成，如中央电视台的《电视你我他》等栏目，如图1-13所示。

图 1-13

7. 建筑动画与城市宣传片

在进行建筑设计之前一般要进行缜密的规划和适当的宣传。因此,制作虚拟的建筑效果图作为一个行业便应运而生,在做建筑规划的影像宣传时自然少不了炫目的特效合成。在以秒计费的影视特效行业里,利润确实非常可观,如图1-14所示。

图 1-14

城市形象就是一座城市的无形资产,是一个城市综合竞争力不可或缺的要素。影视后期特效合成在城市宣传片中的应用在树立良好的城市形象、有力地提升城市的品位、激发城市可持续发展的能力等方面发挥了重要作用,如图1-15所示。

图 1-15

8. 其他

现代社会科技进步,通信发达,多媒体信息技术的跟进使得影视后期特效合成的市场应用非常广泛。例如婚纱摄影、个人写真、网络广告、出版印刷等,不胜枚举,如图1-16所示。其实还有很多领域可能还没开发出来,需要发挥你的创造力,将影视特效延伸应用到社会的每个角落。

图 1-16

课堂练习

任务目标：寻找、收集一些影视特效市场应用的实例。
任务要求：收集或购买影视特效大片或者电视电影广告,并试图分析这些影片中的特效效果和制作方法。

练习评价

项　目	标 准 描 述	评定分值	得　分
行业了解	对行业有大致了解,了解行业发展方向	50	
市场应用	能结合实际,了解市场	50	
主观评价		总分	

本课小结

本课系统地、宏观地对影视特效行业及其市场做了介绍,影视特效不仅局限在制作电影特效上,它在市场中的应用也是大有作为。电影特效、影视动画、企业宣传、产品宣传、专题报道、电视栏目包装、电视频道包装、建筑动画以及其他行业,都体现影视特效合成的作用。其实不仅这些,还有虚拟现实、游戏、互动装置等都有影视特效的身影。在社会的发展和科技的进步中,影视特效行业将会越走越远。

课后思考

(1) 电影制作需要经过哪些工艺步骤？
(2) 在哪些领域需要用到影视后期特效合成？

课外阅读

工业光魔与好莱坞的特效变迁

电影界对视觉特效的高度重视,始于1977年第一部《星球大战》的成功。1976年,乔治•卢卡斯为拍摄第一部《星球大战》,专门成立自己的特效公司——工业光学魔术公司(Industrial Light and Magic,以下简称工业光魔)。那个时候,好莱坞还没有一家专门制作特效的公司,甚至大型制片公司里也没有独立的特效部门。制片公司的老板们为了节约开支,早就取消了特效部门,也没人专心研究特效。而如今在好莱坞,挑选一名合适的特效主管已经和挑选男主演一样重要。

统计电影史上最卖座的 20 部影片,会发现它们不是视觉特效大片就是 CG(Computer Graphics,计算机图形)制作的动画片。电影工业的格局已经因特效而彻底改变。从某种意义上来说,"星战"系列与工业光魔的发展,也是世界电影特效的发展。

1977 年的《星球大战》是电影史上有记录的、第一部使用动作控制摄像机拍摄的电影。在这部电影里,卢卡斯还创造了多项意义深远的发明。他发明的一个机械装置,可以把实拍画面和后期合成画面轻松地协调成同步,这把多少年来只能靠手工硬涂胶片记述的效率一下提高了几十倍。这个机械装置对电影工业的发展,绝对是里程碑式的。

1982 年,工业光魔发明了一项名为"源序列"的计算机处理方法,并应用在科幻电影《星际旅行:可汗之怒》上,该片出现了电影史上第一个完全由计算机生成的场景。

1985 年,工业光魔在电影《年轻的福尔摩斯》中,制作了电影史上第一个计算机生成的角色"彩色玻璃人",这也为《星战前传》里众多虚拟角色的制作打下了基础。

1989 年,工业光魔为科幻经典电影《深渊》制作了电影史上第一个计算机三维角色,这为《星战前传》里制作 Yoda 大师打下进一步的基础。

工业光魔在 1991 年为《魔鬼终结者 2》创作的 T1000 成了电影史上第一个计算机生成的主角。讽刺喜剧《飞跃长生》为工业光魔带来了第五尊奥斯卡金像奖,因为工业光魔第一次用计算机模拟成功了人类的皮肤。

最突出的成就大概就是 1994 年的《侏罗纪公园》了,电影史上第一次出现了由数字技术创造的,能呼吸的,有真实皮肤、肌肉和动作质感的角色。

随后,工业光魔的技术越来越先进,想象力更广阔,创造了电影史上无数个第一,立体卡通人物(《变相怪杰》)、能说话的真人(《鬼马小精灵》)也相继出现在真人电影里。如今好莱坞影片中 70% 的特效都由工业光魔完成。《加勒比海盗》、《绿巨人》、《龙卷风》、《拯救大兵瑞恩》等诸多特效均出自其手。

《星球大战》视觉特效的成功不仅仅体现在技术制作上,其观念上的突破对电影工业的推动作用也非常巨大。在第一部《星球大战》里,卢卡斯首次推出"二手未来"(used future)概念。在此之前,电影里涉及的未来世界,都非常干净、漂亮、整洁,一切都像是从工厂刚刚生产出来的。《星球大战》里第一次将高科技表现得有真实感,累年的建筑外表早已经破败不堪,用过的飞船表面坑坑洼洼,酒吧里聚集了佩戴着各式旧武器的各类生物……观众们一下子觉得很有亲近感和亲临感。雷德利·斯科特承认,"《星球大战》让我终于明白如何让未来产生质感"。他后来依此思路拍摄了《异形》和《银翼杀手》。《银翼杀手》里那座破败的未来城市,如今已成为电影史上设计的经典。

在数字技术已相当成熟的前提下,《星战前传》依然在技术角度走在了业界前面。《星战前传 1》超过 70% 的场景是由数字技术合成的;《星战前传 2》成为电影史第一部完全由数字技术拍摄的电影;《星战前传 3》里 100% 的戏都在室内拍摄完成,所有自然景观都是后期叠加而成的。

资料来源:百度 http://www.baidu.com

第2课 影视后期特效合成常用软件和素材收集

"工欲善其事,必先利其器。"学习影视后期特效合成的第一件事就是要掌握正确的学习方法。无论是学习理论知识还是学习软件,要有"三多"原则,即"多看、多想、多做",再者应该学会借助于一些现有工具,并学会从网络上获取相关资源,这样才能看得更远,学得更快。

课堂讲解

任务背景:工欲善其事,必先利其器,学软件先得从工具说起。
任务目标:掌握好的学习方法和适合自己的学习方法,能让你学习起来事半功倍。
任务分析:拥有一台配置好的计算机,是学习效率和工作效率的保障。巧妇难为无米之炊,没有素材,出作品就要走很多弯路。

2.1 影视后期特效合成常用软件

影视后期特效合成常用软件不少,市场上流行的达到几十种之多,这里介绍几款最常用的。

1. Combustion

Combustion 是 Discreet 公司于 NAB'2000 展会上正式发布的最新的渲染包装系统,如图 2-1 所示。结合贝尔集团推出的 Edit 非线性编辑渲染包装系统在中国发布,其震撼的设计,自由自在的渲染特性,赋予 Edit 系统无限的艺术创作生命力。Combustion 与 Edit 系统的集成,使贝尔集团提出的"非线性编辑系统:集编辑、渲染包装、三维动画为一体"的系统理念得到更加完美的诠释。它为视觉效果的创作提供了一个独特的绘画、动画和三维合成环境。

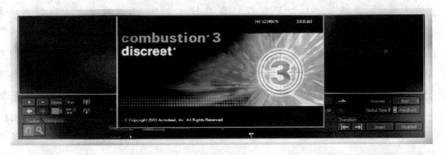

图 2-1

Combustion 将原有的基于矢量的绘画、动画系统 Paint 和特技效果制作系统 Effect 合并在一起,并集取了 Discreet 获奖系统 Inferno 的制作特性和极快的缓存体系结构,开发出的一个在桌面系统中创作视觉特技效果的交互式的新环境。Combustion 先进的制作工具包括各种抠像、运动跟踪、颜色调整、基于矢量的无损性的绘画和动画、真三维图像合成、网络图像生成,并且支持 Adobe Photoshop 和 After Effects 插件。Combustion 是一个高性能的软件解决方案，不受分辨率限制的矢量绘画和动画，可输出多种文件格式。

Combustion 的流线型可定制的艺术界面可使创作者把精力放在艺术创作中。艺术性高速缓冲存储器可实现实时看到效果和回放素材。所有元素以树状基本体系结构存在，并定制完善的管理通道。当在生成连续图像和实时回放效果时允许 UI（User Interface，用户界面）操作。使用基础内存来得到满屏回放和合成。高平衡体系结构支持多处理器和利用 RAM 存储器增加可视的交互性，并提高工作效率。高效率的运算体系结构保证了桌面系统的实时性和交互式运行。

Combustion 具有网络渲染的功能，无论是独自完成还是与他人合作，Combustion 迎合了许多设计人员共同制作大规模、涵盖众多数字细节工程的需要，允许多个专业人员协同制作工程的每个精确细部，电视设计人员和动画制作者将能比以前更快更简捷地工作，节目的制作质量和生产效率将会大幅度提高。今后的发展趋势是集多种制作为一体的非线性编辑渲染及动画系统，采用网络化技术，可支持多种专业化设备互相连接、互相嵌套、互相调用、素材共享、节目分段制作、网络生成、统一合成，制作内容不仅局限于视音频编辑、特效，而且包括节目渲染包装、三维动画制作等。

Combustion 除了具有以上强大特性以外，对于文本、图形、动画、声音等也有非常优秀的处理手段，特别是对于三维动画的处理和多层图像合成，还提供了三维灯光、三维摄像机、三维容积效果等处理功能。

2．Digital Fusion

Digital Fusion 是 Eyeon Software 公司推出的运行于 SGI 以及 PC 的 Windows NT 系统上的专业非线性编辑软件，如图 2-2 所示，发展到现在的 Digital Fusion 5.0 是 PC 平台上能与诸如 Flint、Flame 等高端非线性编辑软件相抗衡的软件（对于 Digital Fusion 来说，对计算机的配置要求很低，普通的显卡和配置就可以使用，当然 Digital Fusion 也会占用计算机的所有内存）。其强大的功能和方便的操作远非普通非线性编辑软件可比，也曾是许多电影大片的后期合成工具。如《泰坦尼克号》中就大量应用 Digital Fusion 来合成效果。Digital Fusion 堪称目前 PC 上最强大的视频合成软件，它最擅长后期合成和制作影视特效，尤其适合于和 Softimage、Maya 这些超级三维软件配合使用。

图 2-2

Digital Fusion 是一套非常强大的视频合成软件，具有众多的使用特点，其节点式的工作流更加便于使用。Digital Fusion 是 Eyeon 公司的旗舰产品，该产品使用了一个新的图形引擎，能够将整体性能提升一个台阶，并能使内存使用效率提高，新的 Digital Fusion 5.0 可以在每一个像素上以 8bit、16bit 或者以浮点方式来运行。Digital Fusion 5.0 可以创建以时间线为基础的缓存实时播放。Digital Fusion 5.0 革命性的集群技术可以通过网络扩展非同一般的计算性能。Digital Fusion 5.0 的网络渲染一直以来与其他批处理渲染技术相比属于高端技术的应用。新的 Digital Fusion 5.0 强劲有力的集群技术，能够将多台工作站有效地连接组成高级的网络工作环境，通过网络 render farm 的聚合处理能力，整个环境能够连续地按照次序渲染工作任务。

Digital Fusion 5.0 包含了许多新的特点及增强的工作流程。具有真实的 3D 环境支持，是市场上最有效的 3D 粒子系统。通过 3D 硬件加速，可以在一个程序内就实现从 Pre-Vis 到 finals 的转变。Digital Fusion 5.0 是真正的 2D 和 3D 协同终极合成器。

3. Shake

Shake 是 Nothing Real 公司开发的一款高效且值得信赖的合成软件，如图 2-3 所示，最多可以同时支持 80 个 CPU 运算（PC），目前除了 NT 平台以外，还有 Linux 和 Mac OSX 等各种不同的版本。广泛应用于电影、广播、高清晰度电视等视频制作行业。Shake 参与制作的影片有大家非常喜欢的《角斗士》、《骇客帝国》、《泰坦尼克号》、《魔戒三部曲》、《珍珠港》、《人工智能》等。

Shake 的处理速度号称是所有非硬件加速中最快的，据说是唯一可在 NT 平台上解析度达到 12K 的合成软件，操作界面漂亮且人性化。

所有的操作控制是基于树形节点操作逻辑，节点实际上都是由 Script 构成的，只要操作者思路清晰，便可以通过不同的途径，灵活地解决问题；其操作形式很接近 Maya，所以熟悉 Maya 的人可以很容易上手。但是如果你

图 2-3

已习惯 After Effects 与 Inferno 的操作，那你可能要重新适应，因为 Shake 中没有图层的选项，取而代之的是全新的节点观念，这有点像 Avid 的 Illusion 或是 Digital Fusion，也就是说它是一套完全对象导向的软件，你可以在工作流程联结区中利用联结各种不同功能的指令 Node，推测出你所想要的效果，其所有的指令几乎都被设计成 Node，连所谓的图层也被 Node 化了。

4. Adobe After Effects

接下来介绍一款最常用、最容易上手的影视后期特效处理软件 Adobe After Effects。

After Effects 在专业的特效软件中最简单、最好用，插件也是最多的。Adobe After Effects 软件继续为用于电影、录像、DVC 和 Web 的动画图形和视觉效果设立新标准。After Effects 提供了与 Adobe Premiere Pro、Adobe Encore DVD、Adobe Audition、Photoshop CS 和 Illustrator CS 软件无与伦比的集成功能，提供以创新的方式应对生产挑战并交付高品质成品所需的速度、准确度和强大功能。Adobe After Effects 是制作动态影像设计不可或缺的辅助工具，是视频后期合成处理的专业非线性编辑软件，是用于 2D 和 3D 合成、动画和视觉效果的工具。After Effects 应用范围广泛，涵盖影片、电影、广告、多媒体以及网页等，时下最流行的一些计算机游戏，很多都使用它进行合成制作。After Effects

是视频艺术家们制作炫目视频效果的强大工具。作为制作顶级视觉效果的制作系统,其操作的方便性和所见即所得的特性无疑是使用者所不懈追求的,这也是为什么 Adobe After Effects 最为大家所熟悉的原因之一。

2.2 影视资源素材收集

俗语说,"巧妇难为无米之炊",计算机和系统都准备好了,软件也准备好了,那接下来该做什么呢?收集素材。在继续"三多"原则的同时,把看到的好的影像资料保存下来。建议多准备些硬盘空间,或者有必要去买一个移动硬盘。赶紧去收集素材,赶紧把你的移动硬盘填满,哪怕全部是电影。

收集素材有如下方法可供借鉴参考。

1. 网络下载

只要你的计算机连在网络上,这些资源可以很方便地下载,而且这些资源可以说是取之不尽、用之不竭。当然前提是得学会如何去搜索资源。

2. 购买影像素材

在大型的数码产品商场里购买所需的影像素材产品。

3. 平时收集

平时与同学、朋友交换素材,向专业的行业人员借用,资源共享,互通有无。

4. 用 DV 拍摄

这是最直接的获取素材的方法。买个好的 DV 将给做影视的你带来非常大的用处,甚至可以用 DV 自行创作影片。

此外"多看,多想,多做"的"三多"原则的习惯要靠平时培养。网络广告、电视广告、企业宣传、产品广告,以及其他多媒体广告,它们出现在生活的各个方面。多留意好的作品,看别人是如何表现的,哪怕每个转场效果、每个细节表现、每个元素的演绎,它们都能体现艺术家们的创意。看了想了后你得去做,去练习,纸上谈兵是"谈"不出好作品的。"三天不唱口生,三天不练手生",这是很有道理的,不经常练习,那些工具和功能很快就会从你的记忆中消失。

课 堂 练 习

任务目标:收集尽可能多的影视素材。
任务要求:了解行业,有的放矢。注意收集的素材不要侵犯他人的版权。

练习评价

项 目	标 准 描 述	评定分值	得 分
软件了解	了解相关软件的特征,了解 After Effects 的特性	50	
素材收集	准备素材存储工具,收集相关素材	50	
主观评价		总分	

本课小结

通过对本课的学习，了解了影视后期特效合成的常用软件，例如 Combustion、Digital Fusion、Shake、After Effects 等，另外还有一些软件，如 Maya Fusion、Edit、Flame 等，包括一些非线性编辑软件都可以用来做后期特效处理，如 After Effects 的"同门师兄弟"Adobe Premiere。软件只是工具，无论是什么工具，只要能做出好作品就是最棒的。素材的收集除了本课介绍的建议外，主要还是要多留心，多积累。

课后思考

（1）请列举几个常用的影视特效后期合成软件。
（2）赶紧行动，尽可能多地收集素材。

课外阅读

CG 技术的崛起，一场计算机技术的盛宴

其实电影工业使用计算机 CG 技术的历史由来已久，从 2001 年至今，奥斯卡最佳视觉效果奖的每一部提名的影片中，似乎都无法忽略一个软件的名字，它就是 Discreet 公司著名的高级影视特技制作系统 Inferno。Inferno 重新定义了数字视觉效果新领域，导演脑海中所有的梦想，观众们看到的那些往日的纯真，都能够在 Inferno 中逐一实现。

超常的现实世界、难以忘怀的人物角色和史诗般的战斗场面，经过 Inferno 这个在线非压缩特技合成系统进行制作并取得了空前的写实主义效果。连续四年获得奥斯卡视觉效果奖提名的三部影片全部是应用 Inferno 技术制作成功的，而自奥斯卡设立视觉效果奖项以来，每年最终获得这个奖项的总共 7 部影片中也全部都是应用 Inferno 技术的成果。1999 年，Discreet 公司的 Inferno 和 Flame 系统因其对世界电影的巨大贡献而获得由美国电影艺术科学院颁发的"科学与工程成就奖"。《骇客帝国》最终获得奥斯卡视觉效果奖，许多重要的特技效果是由澳大利亚的 Animal Logic 工作室利用 Inferno 系统完成的。

张艺谋导演的《十面埋伏》中，我们再一次看到了那些武功高深莫测的武林高手飞檐走壁的绝招。拍摄了两部武侠电影的张艺谋，更是对与他一起合作的计算机特技导演很佩服，"很多时候都是计算机导演说了算，他来支配我。"虽然张艺谋特别希望中国也能有这样的计算机制作力量，不过迄今为止，他所有的电影都是交给一家澳大利亚的电影特效公司来完成的。中国的 CG 技术到底如何？为什么连自己的大腕都"移情别恋"外国的 CG 公司呢？

其实中国国内的 CG 制作技术水平这些年来在不断地提高，上海早在 2008 年就建成了 CG 动画和特效制作基地，值得一提的是，国外很多著名的 CG 动画片中也有很多中国人的身影。

资料来源：百度 http://www.baidu.com

第 3 课　认识 After Effects CS4 软件

了解软件先得从它的历史开始,我们将以 After Effects CS4 软件的启动界面的变迁来逐步揭开 After Effects 的历史。其高端的视频特效系统确保了高质量的视频输出;方便简洁的界面与操作方法,很容易让初学者上手。After Effects CS4 借鉴了很多优秀软件的成功之处,此中就包括与其相辅相成的非线性编辑软件 Adobe Premiere。After Effects CS4 的低端配置要求与当今科技的发展及计算机系统的配置升级相得益彰,使得影视特效行业走进大众用户不再遥远。

课堂讲解

任务背景:已经了解了其他几个后期特效软件,后期特效不止 After Effects CS4 可以做到,其他软件也能。各软件各有千秋。
任务目标:了解 After Effects CS4 软件以及它的界面和新功能。
任务分析:了解软件,先了解历史,再逐步揭开它的新功能。

3.1　After Effects CS4 软件介绍

1. 软件介绍

使用行业标准工具创建动态图形和视觉效果,这是 After Effects CS4 软件的中心思想。

借助 Adobe After Effects CS4 软件,可以使用各种灵活的工具创建引人注目的动态图形和出众的视觉效果,可以节省时间并实现无与伦比的创新能力。

After Effects CS4 是美国 Adobe 公司出品的一款基于 PC 和 Mac 平台的特效合成软件。它是最早出现在 PC 平台上的非线性编辑特效合成软件。由于它强大的功能和低廉的价格,在国内拥有庞大的用户群。After Effects CS4 定位于高端视频编辑系统的专业型非线性编辑特效合成,它汇集了当今许多优秀软件系统的编辑思想(如 Photoshop 层的概念、三维动画的关键帧、运动路径、粒子系统等)和现代非线性技术,通过对多层的合成图像控制,能产生高清晰的视频;控制高级二维动画的复杂运动制作时间变化的顶级视觉效果。After Effects CS4 同时还保留了 Adobe 软件优秀的相互兼容性,在 After Effects CS4 中可以轻易地引入 Photoshop、Illustrator 层的文件,Premiere 的项目文件也可以被完整地调入,并可以完整保留源文件的特征及属性;支持三维空间运算。After Effects CS4 是用于产生运动图像和视觉效果的应用软件,可广泛用于影视后期制作、运动图像、录像、多媒体及互联网,经过渲染后的图像可以数字化的形式输出到电影、录像带、CD-ROM 及 Web 上。

Photoshop 中层概念的引入,使 After Effects CS4 可以对多层的合成图像进行控制,制作出天衣无缝的合成效果;关键帧、路径概念的引入,使 After Effects CS4 对于控制高级的二维动画如鱼得水;高效的视频处理系统,确保了高质量的视频输出;而令人眼花缭乱的特技系统,更使 After Effects CS4 能够实现使用者的一切创意。

After Effects CS4 擅长数字电影的后期合成制作。其强大的功能以及低廉的价格，使它在 PC 系统上可以完成以往只有在昂贵的工作站上才能够完成的合成效果。相信在不久的将来，After Effects CS4 必将成为影视领域的主流软件。

2．主要功能

（1）高质量的视频

After Effects CS4 支持从 4px×4px 到 30 000px×30 000px 分辨率，包括高清晰度电视（HDTV）。

（2）多层剪辑

无限层电影和静态画面的成熟合成技术，使 After Effects CS4 可以实现电影和静态画面无缝的合成。

（3）高效的关键帧编辑

在 After Effects CS4 中，关键帧支持具有所有层属性的动画，可以自动处理关键帧之间的变化。

（4）无与伦比的准确性

After Effects CS4 可以精确到一个像素点的千分之六，可以准确地定位动画。

（5）强大的路径功能

就像在纸上画草图一样，使用 Motion Sketch 可以轻松绘制动画路径，或者加入动画模糊。

（6）强大的特技控制

After Effects CS4 使用多达 85 种的软插件修饰、增强图像效果和动画控制。

（7）同其他 Adobe 软件的无缝结合

After Effects CS4 还保留有 Adobe 软件优秀的兼容性。在 After Effects CS4 中可以非常方便地调入 Photoshop 和 Illustrator 的层文件；After Effects CS4 在导入 Photoshop 和 Illustrator 文件时，保留层信息；在 After Effects CS4 中，甚至还可以调入 Premiere 的 EDL 文件。

（8）高效的渲染效果

After Effects CS4 可以执行一个合成在不同尺寸大小上的多种渲染，或者执行一组任何数量的不同合成的渲染。

3．After Effects 软件界面的变迁

每款软件都有一个启动界面。很多软件的历史都是随着启动界面的变化而变迁着。After Effects 不同版本的启动界面的变化如图 3-1 至图 3-9 所示。

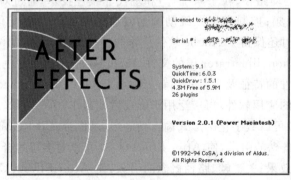

图 3-1

第1章 影视后期特效合成概述

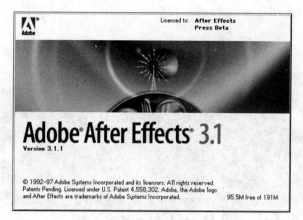

图 3-2

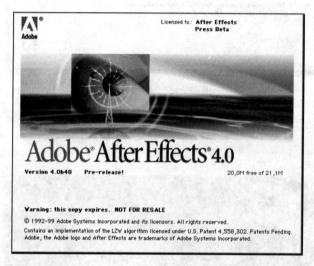

图 3-3

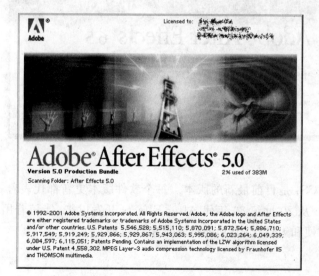

图 3-4

图 3-5

图 3-6

  After Effects CS4 是目前最新的版本。每个软件版本更新都代表着一种革命和功能的完善、操作的升华。从 20 世纪 80 年代 After Effects 开发以来，伴随着用户群的扩大，它的使用更是越来越方便和人性化，其功能也是越来越完善。

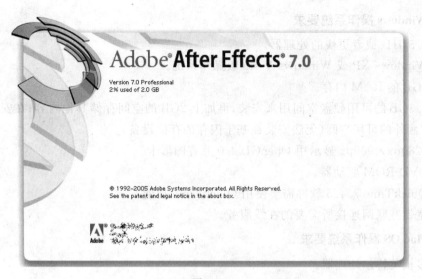

图 3-7

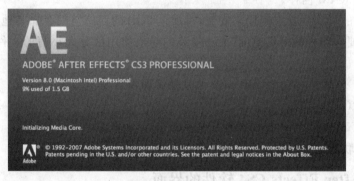

图 3-8

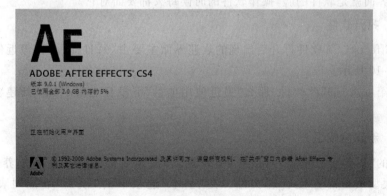

图 3-9

3.2 After Effects CS4 对计算机及系统配置的要求

古语说,"工欲善其事,必先利其器",那么对做影视后期的"器"有什么要求呢？读者可以在 Adobe 的官方网站看到 After Effects CS4 对系统的要求。

1. Windows 操作系统要求

① 1.5GHz 或者更快的处理器。

② Windows XP 或 Windows Vista 版操作系统。

③ 2GB 的 RAM 内存。

④ 1.3GB 的可用硬盘空间用来安装,再加上 2GB 的空间存储其他内容;在安装过程中必须要有额外的可用空间(无法安装在基于闪存的存储设备)。

⑤ 1280px×900px 显示用 OpenGL 2.0 兼容图形卡。

⑥ DVD-ROM 驱动器。

⑦ QuickTime 7.4.5 软件需要使用 QuickTime 功能。

⑧ 宽带互联网连接所需要的在线服务。

2. Mac OS 操作系统要求

① 多核英特尔处理器。

② Mac OS X v10.4.11-10.5.4 版。

③ 2GB 的 RAM 内存。

④ 2.9GB 的可用硬盘空间用来安装,再加上 2GB 的存储空间存储其他非必要内容;安装过程中必须要有额外的可用空间(无法安装的卷上使用区分大小写的文件系统或基于闪存的存储设备)。

⑤ 1280px×900px 显示用 OpenGL 2.0 兼容图形卡。

⑥ DVD-ROM 驱动器。

⑦ QuickTime 7.4.5 软件需要使用 QuickTime 功能。

⑧ 宽带互联网连接所需要的在线服务。

3.3 熟悉 After Effects CS4 软件的界面

软件的界面就是软件的脸,操作软件的时候每天都要面对它。

步骤 1 打开软件

After Effects CS4 软件打开后出现的欢迎界面主要由"每日提示"、"最近使用项目"等组成,如图 3-10 所示。

如果是第一次打开此软件,那么"最近使用项目"下没有选项,单击"新建合成组"按钮进入。

步骤 2 新建合成组

在弹出的"图像合成设置"对话框中,设置"合成组名称",从现在开始养成命名的好习惯,在做大型项目时方便管理文件。在"基本"选项卡的"预置"下拉列表框中,选择"PAL D1/DV",这是中国的电视、电影制式,其标准长宽是 720px×576px。"像素纵横比"选择"D1/DV PAL(1.09)","帧速率"选择"25 帧/秒"。单击"确定"按钮,如图 3-11 所示。

步骤 3 查看各个板块界面元素

进入 After Effects CS4 的操作界面后,可以查看它的各个板块,按照功能划分为以下

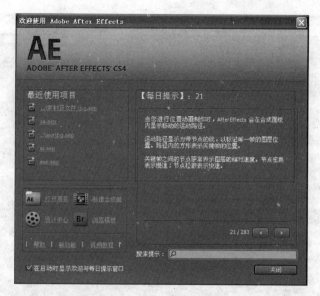

图 3-10

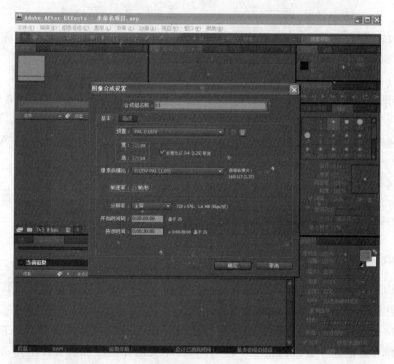

图 3-11

几个部分,如图 3-12 所示。

菜单栏:包括文件、编辑、图像合成、图层、效果、动画、视图、窗口和帮助 9 个菜单项。

工具栏:包括选择工具、几何矢量图工具、钢笔工具、图章工具及橡皮擦工具等。

项目栏:这是所有导入的素材放置的地方,可以双击空白处并选择素材文件导入,也可以在下方创建一个文件夹分类管理文件,还可以在此创建新的"合成"窗口。项目栏的右侧

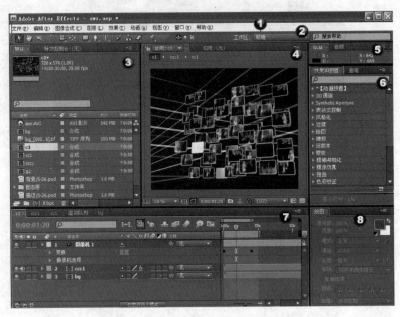

图 3-12

是特效控制台,若是应用了滤镜,特效控制台将适时地跳出来以配合你的工作。

"合成"窗口:合成的影像效果将在此处呈现,也可以叫做监视器窗口。

信息栏:激活选择的文件后,这里会出现文件信息字样。

效果和预置栏:这是 After Effects CS4 的灵魂之处,因为所有的滤镜或者插件都可以在此处打开。

"时间线"窗口:素材将在此处合成,关键帧也将在此处发挥作用,这里是 After Effects CS4 的主要工作场所。

绘图区:可以在此处设置绘图属性。

其实,几乎所有这些"合成"窗口都可以在"窗口"菜单中进行关闭,如果觉得有些窗口没有必要显示,那么可以将其关闭,让操作界面变得宽广、干净。

3.4 After Effects CS4 新增功能

After Effects CS4 相比于之前版本,界面、颜色、亮度、位置都略有改动。其界面更为紧凑,图层条更具材质感,空间的分配也更为合理。

其他的一些调整也不错,例如,图层和合成的标记都有着同样的新特点,注释标记都有持续时间功能(当鼠标停留在标记上一段时间时,相关的标记注释就会显示)。

另外,After Effects CS4 还新增如下几个之前版本中没有的功能。

1. 快速搜索

在项目栏和"时间线"窗口新增添了专用的快速搜索栏,如图 3-13 所示。其搜索原理基于名称、文件类型、时间长度、参数名、注释等。此外,在 After Effects CS4 界面向导上的"每日提示"中也有这种快速搜索栏。

第1章　影视后期特效合成概述

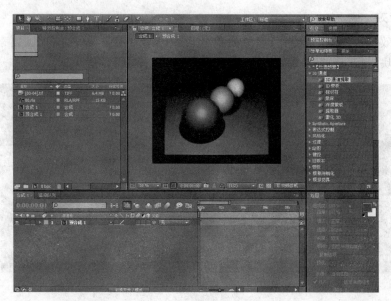

图　3-13

2. 合成导航（Composition Navigator）和迷你流程图（Mini-Flowchart）

当制作比较复杂的项目时，会有很多预合成，而预合成里还嵌套有其他的预合成。其操作非常复杂，但 After Effects CS4 有两个工具能帮助简化这些操作。

第一个工具就是合成导航。沿着"合成"窗口的顶部，可以看到许多合成名字，包括当前选定的合成。"合成：合成 1"则是指向当前合成的合成（如果当前合成还嵌套了多个合成，那么它就是最近所使用过的被嵌套合成或是所谓的"最重要"的合成），如图 3-14 所示。

图　3-14

如果遇到一个层次较多的工程，例如"A 被 B 嵌套，而 B 又被 C 嵌套"，单击"合成导航"中"合成 1"右侧的下三角按钮或按 Shift 键同时单击合成名，会弹出"迷你流程图"窗口。它详细地用图表显示了整串合成，如图 3-15 所示，有三个合成被一个"总合成"（Master Compsite）所嵌套，它们被反向的箭头连接，而左边的三个则是三种输出方式的选择（SD、HD、Web）。这样，合成之间的复杂关系就可以很容易地看清，还能在它们之间快速跳转。

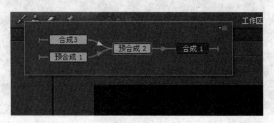

图　3-15

3. 新特效

卡通特效（Cartoon）：能对所应用的素材进行边缘的探测，将轮廓描画出来，然后对轮廓包围的色块进行分色和色彩的平滑处理，如图 3-16、图 3-17 所示。

图 3-16

图 3-17

智能模糊（Bilateral Blur）：也叫"双向模糊"，非常智能化的"模糊"，能将颜色区域中的皱褶弄平同时还能保持边缘的锐度。调整参数并仔细对照图 3-18 和图 3-19 可以发现，使用滤镜后，头发边缘和脸部变得更加平滑。

图 3-18

图 3-19

紊乱噪波(Turbulent Noise)：与现有的分层噪波(Fractal Noise)非常相似，其优势在于速度更快、更精确，看起来更自然，而缺点在于不能循环。

以上三种特效都支持 GPU 加速，对比其他特效，它们渲染得更快。

4. Imagineer Systems Mocha

After Effects CS4 绑定了一款软件——Mocha。它拥有独立平台的 2.5D 平面追踪与稳定程序。Mocha 不仅能设定图像中几个独立追踪点，还能定义目标平面的外围边缘，如图 3-20 所示。Mocha 追踪整个平面的外形，通过其位置、尺寸、旋转来定向。

图 3-20

Mocha 也有一些其他功能。例如，创建一个外围遮罩来忽略追踪目标需要去掉的部分；定义一块与追踪面差别较大的特殊区域并将其复制进 After Effects CS4。

5. 从 After Effects 输出合成到 Flash(Export Comp from After Effects to Flash)

After Effects 与 Flash 之间联系得越来越紧密，在 Web 格式与广播质量之间的交集也越来越多。在之前的 After Effects 版本中若是做了动画文字，必须导出为 SWF 文件，这样才能被 Flash 导入。

而在 After Effects CS4 里，可以把一个合成以 XFL 格式导出，Flash CS4 Professional 可以作为工程打开它。被导入后，其中的每个图层在 Flash 里也是同样的图层和媒体文件。如果在 After Effects 里是 PNG、JPEG、FLV 格式，那么在 Flash 里也是同样未压缩的格式。如果是其他不被 Flash 识别的格式的图层，那么可以被渲染为 PNG 序列或 FLV 文件，如图 3-21 所示。

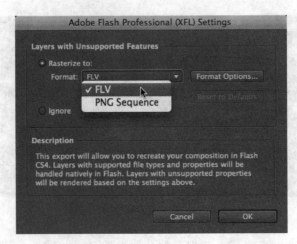

图 3-21

6. 手机媒体支持（Mobile Media Support）

在 After Effects CS4 中 Device Central 公用程序变得更加强大，能提供大屏幕手机及其他移动设备的基本模板信息。可以选择一组有着各种不同屏幕尺寸的设备，然后把它们导入 After Effects CS4 工程中。Device Central 会自动建立一个包含 Master Comp 的工程，此合成里有所有选定设备，且每个设备会各自产生一个特殊的设备合成。然后，特别的 Preview Comp 会逐个显示设备的结果，这样就方便对比其中的屏幕尺寸和裁切区域。但显而易见的缺点是它们的 Render Settings 和 Output Module 也同样置于各自的设备信息中，如图 3-22 所示。

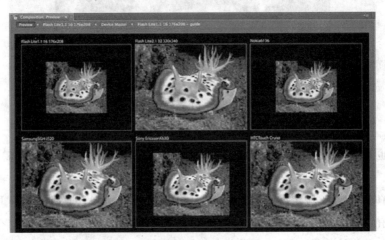

图 3-22

7. 分离的 XYZ 位置（Separate XYZ Position）

在 After Effects CS4 中有个很不错的新改动：X、Y、Z 位置的值是分开的，有着各自独立的参数，在使用关键帧和曲线编辑器（Graph Editor）时也意味着可以分开操作。X、Y、Z 位置值绑定在一起看起来比较容易使用，只需一个关键帧即可。但是在编辑空间路径时，如一些复杂的 3D 运动——摄像机推移，或者弹跳小球动画，因为参数各自独立，处理速率反而更快,如图 3-23 所示。

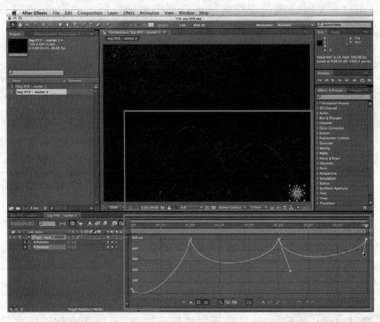

图 3-23

例如,小球在 Y 轴上下弹跳时,保证在 X 轴以恒量运动。这样就不必在"合成"窗口(Comp Panel)上编辑运动路径,可以直接使用曲线编辑器。当然并不是所有的 X、Y、Z 参数值都应该各自独立,毕竟还存在一定的争议。

此外,After Effects CS4 还有以下一些小的改动。

① 一个新的统一摄像机(Unified Camera)工具允许在轨道 X、Y、Z 之间快速切换,前提是有三键鼠标。

② 3D 灯光的图标随着灯光类型的不同而不同。

③ 形状图层中加了一个新的"摆动位移编辑"(Wiggle Transform Operator),在制作随机运动时更简单。

④ 形状图层内部增加了"弯曲模式"(Blend Mode)。

⑤ 可以以纯文本的 XML 文件格式存储和读取。

⑥ 增强了多任务平台管理功能。

⑦ 增加一个快捷键(FF)用于查找错失的特效。

⑧ 支持 P2 和 XDCAM,提升了 HDR ProEXR 文件的分层处理功能。

⑨ 菜单栏中增加了"图层"(Layer)→"位移"(Transform)→"水平翻转"、"垂直翻转"(Flip Horizontal/Flip Vertical Functions)选项。

⑩ 窗口中增加了"视图居中"(Center in View)命令。

⑪ 当分割或复制一个父系图层时,子图层也会随之被分割或复制。

⑫ 增加了一个功能选项,即决定是否可以把文本图层转换为形状图层或一个带遮罩的实体层。

⑬ 能够解译从 Premiere Pro 到 After Effects 的带有时间映射(Time Remapping)的

视频。

⑭ 普通的 16∶9 宽屏合成的安全区域还会在中央额外显示一组 4∶3 的安全区域线。

⑮ 深度支持能够交互 Creative Suite 4.0 各软件的 XMP 标签数据(Metadata)。

课堂练习

任务目标：如果你还熟悉其他影视后期合成软件，比较它们有什么不同。

任务要求：进一步了解软件的功能和界面以及简单的操作方法。

练习评价

项　　目	标准描述	评定分值	得　分
After Effects CS4 主要界面	熟悉该软件的主要界面及其各板块的位置	50	
After Effects CS4 最新功能	了解软件的最新功能，并能实际应用	50	
主观评价		总分	

本课小结

本课主要通过对 After Effects 启动界面的历史回顾，来加深对软件历史的了解。After Effects 为广大影视爱好者所接受在于应用和操作的方便性。After Effects 擅长于数字电影的后期合成制作，其强大的功能使它可以在 PC 系统上完成以往只有在昂贵的工作站上才能够完成的合成效果。随着科学技术的进步和社会的发展，计算机设备会越来越先进，速度会越来越快，影视特效也将越来越深入民间。现在，After Effects 已经被广泛地应用于数字电视、电影的后期制作中，新兴的多媒体和互联网也为 After Effects 提供了宽广的发展空间。相信在不久的将来，After Effects 必将成为影视后期特效制作领域的主流软件。After Effects CS4 的新功能，给大家带来了新的体验和感受。简洁的界面和人性化的功能，使得大家可以更方便、更快捷地体会到影视后期特效制作带来的生活乐趣。

课后思考

(1) After Effects 软件的主要功能有哪些？

(2) After Effects CS4 新增的功能有哪些？

课外阅读

电影特效中的"特殊效果制作"方法

按照电影的类型和风格可使用不同的特殊效果制作技术，大体分类如下：

1. 特殊化妆(Special Makeup)

从简单的老人到复杂的狼人，以及《拯救大兵瑞恩》、《星舰骑兵》等影片中的伤员和弥留之际的士兵都是用特殊化妆手法来表现的。传统的特殊化妆耗费很多时间和金钱，不仅特殊化妆用的材料价格高昂，而且熟练的化妆师也很少。

2. 电子动画学(Animatronics)

Animatronics 是 Animation 和 Electronics 的合成词,是利用电气、电子控制等手段制作电影需要的动物、怪物、机器人的技术。

《星球大战》中的 R2D2、《侏罗纪公园》中的恐龙、《勇敢者的游戏》中的狮子和蜘蛛,都是用 Animatronics 制作的动画角色。在 Animatronics 领域,最权威的人士当属费尔·提贝,他在电影《侏罗纪公园》和《星舰骑兵》中担任电子动画效果监督。

目前 Animatronics 在 Motion Capture(运动捕捉)领域里也在跃跃欲试。要用计算机图形非常自然地表现人体的形态,靠 Key-Frame Animation(关键帧动画)是不容易得到自然移动的效果的。结果就要靠机器人演员来做需要的动作,然后在计算机里利用机器人演员的数据制作出很自然的动作。

3. 计算机图形(Computer Graphics)

从 1977 年制作的电影《星球大战》开始,Computer Graphics 在电影中所占的比例越来越大。如今,计算机特技技术有了相当的发展。卢卡斯原以为因计算机特技技术的落后,他所策划的 9 部《星球大战》系列电影不可能在有生之年完成了。但是如今计算机和 CG 技术取得了飞跃性的发展,计算机特技能表现的领域也越来越广阔,《星球大战》系列电影也可以全部完成了。电影中的巨大水柱和恐龙等都是利用 CG 进行创造的形象。如今通过这种影像,人们可以感受到 Computer Graphics 技术离我们如此之近,在这些创作中,制作《蚂蚁》的 PDI 公司和制作《玩具总动员》、《昆虫总动员》等影片的 Pixar 公司都是不断开发利用新技术、开拓 CG 应用领域的先锋。

4. 影像合成(Compositing)

影视剧中的 2D 效果基本使用 Dissowe 或 Wipe、Pan 以及 Matte Painting 等合成影像。这对形象的自然表现非常重要。过去用传统的光学方式进行影像合成,合成的影像越多,画面质量越差。为了克服画面质量下降,ILM 用了 Vista Vision 摄像机。如今,因数字技术的应用,影像合成质量和特殊效果都使电影的表现力得到了很大的提高。《阿甘正传》中跟总统握手的场面是展示数字合成技术的最好例子。

5. 模型(Miniature)

将不可能实际拍摄到的布景、建筑物、城市景观、宇宙飞船等做成微缩模型的叫做 Miniature。Miniature 是电影史上使用时间很长的传统特殊效果。这种特殊效果将来也会在影视剧中继续使用。理论上可以用 CG 来代替 Miniature,但是,现在 CG 比模型摄影质量和真实感都差,比例和细节部分都不够理想。因此电影制作中还是把 Miniature 作为首选。举个例子,影片《Lost in Space》没有用 Miniature 摄影,而把大部分场面用 CG 来表现。因此影片的真实感和深度感都很差,看电影的感觉就像玩电子游戏一样。

因此，目前业内人士不赞成使用 CG 模型。举个简单的例子，电影中所有有关纽约市的 Miniature 都是由 Hunter Gratzner 来制作的，而如果用 CG 来表现纽约市的话，如何管理那么多的数据量，对 CG 工作者们来说还是个难题。

6．爆破效果（Pyrotechnic）

爆破效果是利用化工技术表现出的效果，在特殊效果领域中占很重要的地位。一般用爆破 Miniature 或用 CG 合成渲染影像，跟其他部分结合起来使用。

资料来源：百度 http://www.baidu.com

第 4 课　制作一个影视特效——暴风雨中的自由女神

在这节课中，将用 After Effects CS4 制作一个影视特效作品。我们将一步一步地学习在 After Effects CS4 中如何导入素材，如何编辑素材，如何添加滤镜特效等，直到输出完整的影片。希望通过本课的学习，能直观地认识 After Effects CS4 的工作流程以及迅速进入学习状态，并学会初步合成自己的影视作品。

课 堂 讲 解

任务背景：在了解了本行业、收集了足够的资料、了解了软件的基本情况包括软件的界面以及最新功能后，前期工作就已经准备就绪。

任务目标：学习 After Effects CS4 的工作流程，并制作一个完整的影视特效影片。

任务分析：制作影视特效无论有多复杂的工作流程，归根到底只有三步，那就是导入素材、处理素材、输出素材。

步骤 1　在 Photoshop 软件里制作素材

在 Photoshop 里，使用"选择工具"、"魔术棒工具"、"钢笔工具"等制作分层素材。调整图层的颜色、位置，使其更具空间感。也可以用一张类似的图片进行处理，但要保证背景是透明的。处理效果及图层的设置分别如图 4-1、图 4-2 所示。

图　4-1

图　4-2

按"Ctrl+S"组合键保存文件,保存名为"01.psd"。

步骤 2 打开 After Effects CS4 新建"合成"窗口

打开 After Effects CS4 软件,如果是第一次打开,在欢迎界面上单击"新建合成组"按钮,如图 4-3 所示。

图 4-3

在弹出的"图像合成设置"对话框中,设置"合成组名称"为"c1","预置"为"PAL D1/DV","宽"、"高"分别为"720px"、"576px","像素纵横比"为"D1/DV PAL(1.09)","帧速率"为"25 帧/秒","持续时间"为"0:00:10:00",单击"确定"按钮,如图 4-4 所示。

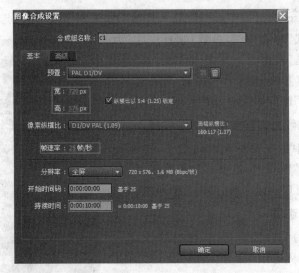

图 4-4

步骤3　导入 Photoshop 素材

执行"文件"→"导入"→"文件"命令，或者双击"项目"窗口中的空白处，在弹出的"导入文件"对话框中选择 Photoshop 文件，单击"打开"按钮，如图 4-5 所示。

图　4-5

在弹出的"01.psd"对话框中，设置"导入类型"为"素材"，在"图层选项"里选中"选择图层"→"忽略图层样式"单选按钮，设置"素材尺寸"为"文档大小"，单击"是"按钮。

然后，用同样的方法分别导入另外三层素材。全部导入后的"项目"窗口如图 4-6 所示。

步骤4　在时间线上调整放置素材的位置

在"项目"窗口中拖曳素材至时间线上，排列每层的位置。在"合成"窗口中，拖曳缩放控制框，将素材缩放到与"合成"窗口一样大小，如图 4-7 所示。

步骤5　创建固态层

在时间线下方的空白处右击，在弹出的快捷菜单中执行"新建"→"固态层"命令。在弹出的"固态层设置"对话框中设置"固态层"的名称为"cloud"，其他设置默认，单击"确定"按钮，将此图层拖曳到时间线的最下面一层。

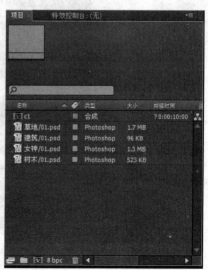

图　4-6

第1章 影视后期特效合成概述

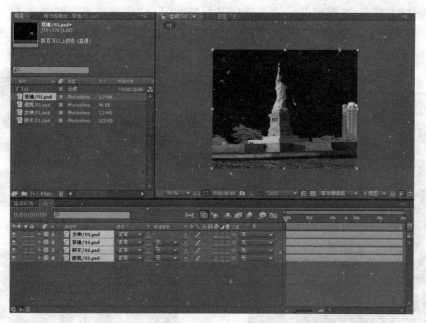

图 4-7

步骤6　为固态层添加"云雾"滤镜特效

在 cloud 图层上右击,在弹出的快捷菜单中执行"效果"→"噪波与颗粒"→"分形噪波"命令,为图层添加"分形噪波"滤镜特效(也可以用以下三种方式执行"效果"命令：其一是在菜单栏的"效果"菜单里；其二是在 After Effects CS4 右侧的"效果和预置"栏里；其三是在"效果和预置"浮动窗口栏里的效果列表里),如图 4-8 所示。

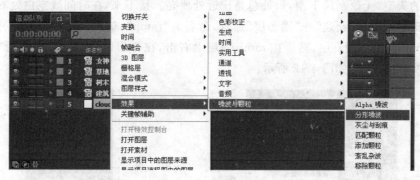

图 4-8

为 cloud 图层添加滤镜特效后,在"特效控制台"里设置"分形噪波"滤镜的参数。设置"分形类型"为"多云"、"噪波类型"为"曲线"、"对比度"和"亮度"分别为"131.0"和"-72.0",在"变换"选项卡中,取消选中"统一比例",并设置"缩放宽度"和"缩放高度"分别为"186.0"和"75.0","乱流偏移"为"360.0,0.0","复杂性"为"10.0",如图 4-9 所示。

此时,"合成"窗口的效果如图 4-10 所示。

步骤7　继续为固态层添加"浅色调"滤镜

设置云彩的效果,给云层添加一层颜色,使效果看起来更像是漫天乌云的天空。在时间线 cloud 图层上右击,在弹出的快捷菜单中执行"效果"→"色彩校正"→"浅色调"命令。设置"映射黑色到"为"深蓝色"、"映射白色到"为"白色",可以看到从白色到深蓝色的天空效果,如图 4-11 所示。

图 4-10

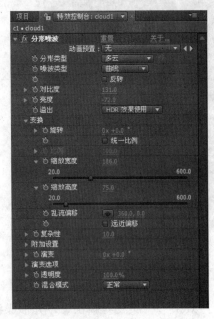

图 4-9   图 4-11

步骤 8　增加固态层,添加"渐变"滤镜

真实的天空,无论刮风下雨,远处总是比近处要亮。接下来,在时间线空白处右击,在弹出的快捷菜单中执行"新建"→"固态层"命令,命名为"ramp",单击"确定"按钮。并把 ramp 层拖到 cloud 层的上面一层,然后在 ramp 图层上右击,在弹出的快捷菜单中执行"效果"→"生成"→"渐变"命令,如图 4-12 所示。

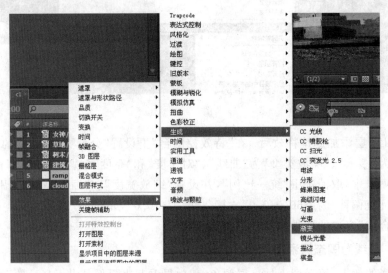

图 4-12

添加好"渐变"滤镜后,其默认颜色是黑白渐变的。接着,在"特效控制台"窗口中设置参数。"开始色"设置为"深蓝色","渐变结束"设置为"360.0,360.0",此数值是结束点位于中心偏下,"结束色"设置为"灰色",如图 4-13 所示。

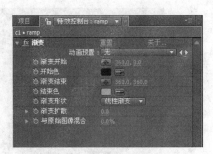

图 4-13

步骤 9　设置 ramp 图层与 cloud 图层的"混合模式"

回到时间线上,在 ramp 图层上右击,在弹出的快捷菜单中执行"混合模式"→"叠加"命令,设置 ramp 图层和 cloud 图层的"混合模式"为"叠加",如图 4-14 所示。

现在可以在"合成"窗口看到云雾效果了,女神头上的天空是黑色的,远处则亮些。云雾效果基本已经完成,"合成"窗口效果如图 4-15 所示。

图 4-14　　　　　　　　　　　　　图 4-15

步骤 10　设置远处的树木和建筑的"透明度"

为了让远处的树和建筑与背景融合得更和谐,须为它们设置"透明度"属性。选择"树木.psd"图层和"建筑.psd"图层,单击图层左侧的小三角按钮,或者按 T 键,展开图层的"透明度"属性,调整"透明度"为"70％",如图 4-16 所示。

图 4-16

步骤 11　设置 cloud 云层的动画

让云雾"跑起来",这是暴风骤雨的前兆。在 cloud 图层上单击左侧的小三角按钮,打开图层当前属性,执行"效果"→"分形噪波"命令。把时间线停留在第 1 帧处,激活"演变"左侧的"时间秒表变化"图标添加关键帧,这时候在右侧的时间线上会相应地多出一个"点"来,这个点就是增加的关键帧。

接着,在时间线上,把时间线停留在第 8 秒处,设置"演变"数值为"1x+0.0",这时候时间线上会自动添加一个关键帧,即让云层效果演变一周,设置如图 4-17 所示。

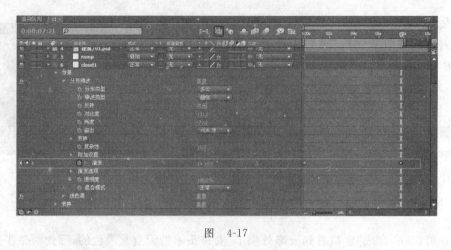

图 4-17

用同样的方法,展开 ramp 图层的"效果"属性,在时间线上把时间线停留在第 1 帧,将"结束色"的"时间秒表变化"图标激活设置关键帧,然后将时间线停留在第 2 秒处,将"结束色"改为"深灰色"。这时候,在时间线上会自动增加一个关键帧,设置如图 4-18 所示。

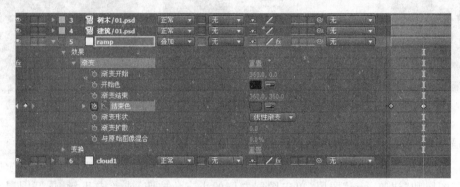

图 4-18

现在可以按空格键,预览云层效果,云雾会慢慢变暗,"合成"窗口的画面如图 4-19 所示。

图 4-19

步骤 12　预合成图层

要为这场暴风雨造势,可以加上闪电效果。加闪电效果之前,先预合成图层。

选中所有图层(可以按住 Ctrl 键逐个添加),执行"图层"→"预合成"命令,如图 4-20 所示。

第1章　影视后期特效合成概述

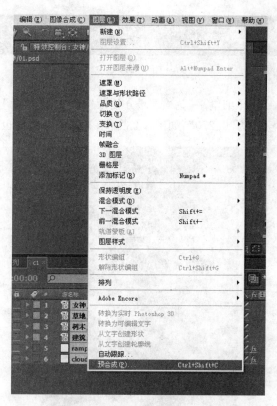

图　4-20

在弹出的"预合成"对话框中设置"新建合成名称"为"cc1",点选"移动全部属性到新图层中"单选按钮,单击"确定"按钮。现在时间线上显示只有一个合成图层,如图4-21所示。如果想要继续编辑以前的图层,双击"cc1"合成图层按钮。

图　4-21

步骤13　添加"闪电"滤镜特效

为影像添加"闪电"特效之前,需要先裁切素材。

选择"cc1"合成层,在时间线上,将时间线停留在第1秒处,按"Ctrl+Shift+D"组合键,从当前位置,把素材一分为二,这时会自动增加一个新的"cc1"。然后把时间线往后拖曳13帧,再次按"Ctrl+Shift+D"组合键,把当前素材一分为二,现在在时间线上应该有3段素材,如图4-22所示。

接下来,在第8层的影像图层上右击,在弹出的快捷菜单中执行"效果"→"旧版本"→"闪电"命令,应用"闪电"滤镜。在"特效控制台"窗口设置参数,设置"起始点"为"658.0,

图 4-22

-12.0"、"分段数"为"9"、"详细电平"为"4"、"分枝段"为"4"、"宽度"为"10.000"、"宽度变化"为"0.360"、"核心宽度"为"0.270",如图 4-23 所示。这些参数值也可以自行拟定。

图 4-23

参数设置完成后,可以看到"合成"窗口中的闪电效果,如图 4-24 所示。

图 4-24

用同样的方法,继续往后随机地裁切 4 段,作为闪电的图层,并给它们添加"闪电"滤镜特效,如图 4-25 所示。

步骤 14 添加"下雨"滤镜特效

在添加"下雨"滤镜特效之前,需要把整个合成层再次"预合成"。

把当前时间线上的"cc1"合成图层全部选中,执行"图层"→"预合成"命令,在弹出的"预

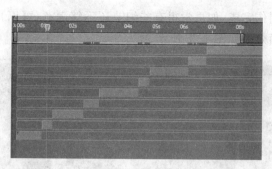

图 4-25

合成"对话框中设置"新建合成名称"为"ccc1",点选"移动全部属性到新建合成中"单选按钮,如图4-26所示。

图 4-26

接着,选择当前时间线上的"ccc1"合成层并右击,在弹出的快捷菜单中执行"效果"→"模拟仿真"→"CC下雨"命令,应用"CC下雨"滤镜,如图4-27所示。

图 4-27

现在,可以在"合成"窗口中看到下雨效果,但是还不尽如人意。接下来,再进一步地调整参数。

单击"ccc1"图层左侧的小三角按钮,执行"特效"→"CC下雨"命令并设置参数。把时间线停留在第1秒处,设置"数量"为"0",并激活"数量"左侧的"时间秒表变化"图标,设置关键帧。然后把时间线停留在第3秒的位置,此时把"数量"调整为"300",让雨越下越大,设置"角度"为"-10","雨滴大小"设置为"4"。接着按空格键,可以预览效果。

整个暴风雨效果制作完毕,如果觉得有些细节还不够满意,可以再修改一些参数,让画面更加真实。最终画面效果如图 4-28 所示。

图　4-28

步骤 15　渲染输出

在输出之前,设置渲染工作区域栏,在时间线结束的位置,拖曳工作区域栏的结束点往前移动到第 8 秒的位置。那么第 8 秒之前的位置就是将要渲染输出的位置,如图 4-29 所示。

图　4-29

按"Ctrl+M"组合键,在弹出的"输出影片为:"对话框中为影片命名并单击"保存"按钮。现在"时间线"窗口转换至"渲染队列"窗口,"渲染设置"选择"最佳设置",如图 4-30 所示。

双击"输出组件"按钮,弹出"输出组件设置"对话框,将"格式"设置为"Windows 视频"。单击"格式选项"按钮,在弹出的"视频压缩"对话框中设置"压缩编码"为"Indeo? video 5.10"、"压缩品质"为"85%"。这个压缩质量能保证一般用途,而且这种压缩方式不会占用计算机很大空间,单击"确定"按钮,退出"视频压缩"对话框,再单击"确定"按钮退出"输出组件设置"对话框,如图 4-31 所示。

最后单击"渲染队列"窗口右侧的"渲染"按钮,进行渲染,如图 4-32 所示。等待几分钟,文件就渲染好了。

第1章　影视后期特效合成概述

图　4-30

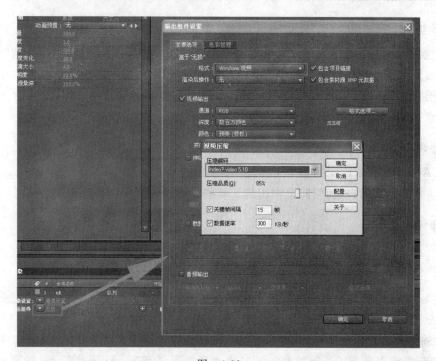

图　4-31

图　4-32

课堂练习

任务目标：用 Photoshop 制作素材，在 After Effects CS4 里合成一段视频特效。

任务要求：要求画面美观大方，有创意。

练习评价

项　　目	标准描述	评定分值	得　分
基本要求 75 分	特效突出，视觉效果强烈	25	
	制作精细	25	
	动画流畅	25	
拓展要求 25 分	最好加上自己的创意	25	
主观评价		总分	

本课小结

通过实例，我们学习了如何导入素材、如何编辑素材、如何添加滤镜特效、如何制作关键帧动画、如何渲染输出等。After Effects CS4 的大致流程就是这些，但是最强大的在于它的插件，目前只是接触了冰山一角。在今后的学习中，将持续挖掘软件潜能，深化学习软件的技巧，探索 After Effects CS4 的强大视频特效处理功能。

课后思考

(1) After Effects CS4 的整个工作流程大致是怎样的？

(2)《暴风雨中的自由女神》分别用到了哪些滤镜特效？分别有什么效果？

课外阅读

视觉艺术总监格兰特·弗莱克顿破译《300 斯巴达勇士》影像风格

公元前 480 年，在中希腊的险要关口温泉关发生了一场悲壮的战事——斯巴达国王李奥尼达斯率领 300 名斯巴达战士和其他城邦的一些士兵扼守温泉关，与前来进攻数倍于己的波斯大军进行殊死搏斗，史称温泉关战役。为了创作由导演扎克·施奈德指导的影片《300 斯巴达勇士》（以下简称《300》）中血腥的厮杀场面，Animal Logic 的视觉艺术总监格兰特·弗莱克顿花了两年半的时间日夜奋战。而这绝不仅仅只是为了忠实地重现一段历史。

弗莱克顿的目标是以奇幻而辉煌的影像展现漫画大师弗兰克·米勒的同名史诗漫画《300 斯巴达勇士》中那些勾魂摄魄的战争场面，同时也要帮助本片导演施奈德展现他心目中的那场千古大战。

1. 关于格兰特·弗莱克顿

弗莱克顿在 2000 年加入 Animal Logic。在那之前他是个"送比萨的货运司机"，他边开玩笑边说："那时我还在 Curtin 大学读书呢。"在大学，他主修电影和影视剧本创作，兼修插画。可到了后来，"我终于意识到我所在的城市根本不需要电影工作者。"于是就在毕业的前两周，他开始了数码艺术的创作。

"一直以来，我都热衷于艺术，也获得过不少艺术奖项。但是真要把它作为终身的职业，我又不禁有点犹豫，"他说道，"这是我的兴趣爱好，碰巧那时我正在读《星球大战》这本书，边看边忍不住感叹'哇，画些火箭就能挣大钱啦'。于是我决定走艺术路线，并试着走入特技这个领域。"

他的第一份工作是绘制游戏画面中的昆虫生物，这个游戏是电影《星河战队》的衍生产品。弗莱克顿把自己的作品挂在个人网站上，两个月后，Animal Logic 便同他联系了。"事情有时候就是这么巧，"他说道，"他们正在制作一个游戏项目，这个项目中也需要绘制一些昆虫生物，和我之前画的那些性质类似。我真是太幸运了。"

弗莱克顿在 Animal Logic 的工作范围很广：卡通频道的形象包装改版，在《骇客帝国 2》里担任特效艺术总监，在影片《末路狂花》中担任抠像师，在《红磨坊》中担任概念艺术家和抠像师，以及《哈利波特与火焰杯》的特效设计师。

2. 关于特效

尽管弗莱克顿制作了测试用片段，然而现在要面对的却是《300》的 1500 个镜头。"这是个挑战，"他说道，"在电影领域里，艺术家的工作通常都是写实至上的，作品越逼真他们获得的赞赏也越大。"然而这一次可不是这样。

弗莱克顿举了一个例子。当他把斯巴达士兵的照片作为参考图时，扎克认为"场景看上去太过真实"了。"于是我把所有物体的尺寸放大了 10 倍。这在我看来无比荒谬，然而没想到的是它竟然得到了认可。"

接着，弗莱克顿开始寻找非照片的参考。"我开始给扎克看一些电视台的栏目片头包装，"他说道，"我们看了水彩和动画电影。如果你看过《罪恶之城》，你会发现数字制作的画面非常干净和图形化。但是《300》的漫画更有绘画感，墨迹随处可见。即使我们是在蓝幕前摄制，我们依然要去追求那样的纹理效果。"

关于天空、血浆、风景，"我将这些元素扫描进计算机，然后把它们做成 3D 动画。我用到了 After Effects。鲜血看上去就像是自己飞溅出来的，但是又不太像是真实的血液，那正是漫画中的效果。"

对于天空图，弗莱克顿将它制作成彩色照片、水彩画和咖啡残渍等的混合体。"天空既不完全是照片的质感，又不完全是水彩画的感觉，"他说道，"这是在有意地模仿漫画的色彩质感。"

除了天空的制作，弗莱克顿还要尝试不同的方式来制作二维的血浆。"扎克对我说他可以拍摄点什么，来辅助我制作鲜血的效果，"弗莱克顿说道，"我们召集了一些特技演员，让他们猛地把头向后仰，仿佛脖子上被人割开了一个大口子。"结果弗莱克顿最后制作了一个喉咙被割开的动画样片。

他最初对血的构想类似于在纸上泼墨，后来他想出了一个分层制作的方法。"我将元素扫描进计算机，然后把它们做成 3D 动画，"他解释道，"我用到了 After Effects，鲜血看上去就像是自己飞溅出来的，但是又不太像是真实的血液，那正是漫画中的效果。"

3. 关于风格指导

来自 4 个国家的 10 家工作室参与制作影片的背景、天空、血液和其他一些效果，这些工作室包括：Animal Logic、Hybride、Hydraulx、Pixel Magic、Amalgamated Pixels、Technicolor Digital Services、Buzz、Scanline、Lola 和 Meteor。为了确保影片的连贯性，弗莱克顿和瓦茨提出了三套风格设计指导方案：一个用于风景制作，一个用于天空制作，还有一个用于血液制作。

在这三个指导方案中，弗莱克顿觉得风景制作是最重要的。"4 家工作室分别为战争场景制作同一个环境，这些环境彼此间的风格需要保持一致。如果给我们机会重新来一遍，我们就会建一个模型，然后从各个角度对它进行拍摄。"

战争爆发的地点是一个狭长的山谷，山谷的一侧是汪洋大海，另一侧则是悬崖峭壁，峡谷末端的开口就是所谓的"温泉关"。Animal Logic、Hybride、Hydraulx 和 Pixel Magic 4 家工作室使用了多种技术制作战场。Animal Logic 渲染了特写镜头中的几何体，中景里的物体则是用贴图映射，远景就统统都是"绘景"（matte painting）了。

在绘制纹理细节的时候，Hybride 将 Softimage XSI 和 ZBrush 结合使用，然后再配合 texture projection（纹理投射）来实现 2D 的质感，当然还要在背景中添加 matte painting。Hydraulx 用 Maya 创作了一个 360°的环境。Pixel Magic 结合使用 ZBrush 和 Maya 来绘制前景，再使用 matte painting 绘制背景。

"要让它们的风格保持一致确实相当费劲，但是看到最终的效果，你会发现它们确实融为一体，"弗莱克顿说道，"这些工作室里可谓高手如云，有些人自己编写了超强的岩石着色器，有些则是技艺高超的数字绘景师。"

同样，每一个工作室都有自己一套独特的血液制作方法。"让所有人都按我的方式来做显然是不可能的。"弗莱克顿说道。Animal Logic 使用了 sprite，Hybride 则负责合成残渍，Hydraulx 在 RealFlow 中运行流体模拟和微粒模拟系统。"每一场战斗的血腥场面都不一样，"弗莱克顿说道，"每一个场景中你都能发现新的东西。只要这些血看上去风格化而非乱溅一通就行。"

至于天空的制作，每个工作室都效仿弗莱克顿的"咖啡残渍法"。事实上，有的工作室直接把弗莱克顿绘制的天空拿来用。"我做它们只是为了提供参考，但是有一些还是出现在了最终的电影里。"他说道。

资料来源：视觉中国 http://www.dinavisual.com

第 2 章

After Effects CS4 软件初探

知识要点

- 影视中的镜头运动方式
- After Effects CS4 中模拟镜头的运用
- 影视后期特效合成中镜头景别的运用
- After Effects CS4 中 3D 效果的应用
- 灯光与摄像机的应用
- 蒙版的应用

第 5 课 镜头的运动方式

运动摄像，就是利用摄像机以推、拉、摇、移、跟、甩等形式的运动进行拍摄，是突破画框边缘局限、扩展画面视野的一种方法。运动摄像符合人们观察事物的习惯，在表现固定景物较多的内容时运用运动镜头，可以变固定景物为活动画面，增强画面的活力。这似乎是摄像师的工作，其实作为影视后期特效制作人员，也责无旁贷地要熟知并运用这些影视常识。那么在后期特效处理软件中，如何去体会并运用它们呢？这正是接下来我们要学习的。

课堂讲解

任务背景：在进行影像编辑的时候，不得不接触到摄像机拍摄视角、摄像机的运动方式、镜头的景别等专业术语。这些专业术语是影视编辑的"共同语言"，了解并掌握它们，有助于今后在工作中更顺利地进行交流、协调、制作等。

任务目标：掌握在 After Effects CS4 里运用位移、缩放、旋转等方法制作镜头的运动方式，进一步了解拍摄角度、镜头景别等基本概念。

任务分析：调整图像的位移、缩放、旋转等运动属性可以控制图像的运动，从而模拟镜头的运动方式，镜头的运动是影视语言非常重要的表现方法。

5.1 影视中镜头的运动方式

1. 镜头的推拉

（1）推镜头

摄像机架在推车上或固定的地方，被摄对象的位置不动，摄像机或焦距逐渐推进成人物近景或特写镜头，焦点也随之改变。这种推拍，可以引导观众更深刻地感受演员的内心活动,加强情绪、气氛的烘托。一般用来突出表现角色的心理,或者为了突出物体的造型,以形成视觉的聚焦。图5-1所示为一组推镜头画面。

图 5-1

(2) 拉镜头

拉镜头可以说是推镜头的逆向运用。拉镜头就是被摄对象的位置不动,摄像机逐渐远离被摄对象或变动镜头焦距使画面框架由近至远与主体拉开距离,表现人物或拍摄主体即将到来的行动以及和其他人物、环境的关系,产生宽广舒展的感觉,同时也是场景转换的契机处。图5-2所示为New Line Cinema公司的LOGO广告画面效果,是一组典型的拉镜头。

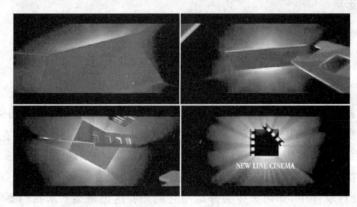

图 5-2

(3) 推拉镜头

推拉镜头是将推镜头、拉镜头融合在一起使用的方式。这种镜头,摄像机随被摄对象前进或后退,使场面变化自然流畅。无论是由远到近,或是由近到远,都有利于视觉的转换。

2. 摇镜头

摇镜头是指摄像机的位置不动,只作角度的变化,其方向可以是左右摇或上下摇,也可以是斜摇或旋转摇。其目的是对被摄主体的各部位逐一展示。其中最常见的摇是左右摇,在电视节目中经常使用。图5-3所示为一组摇镜头画面。

摄像机放在固定位置(如三脚架)上不动,做垂直或水平方向的运动摇摄,介绍环境,或者跟着一个人物行动进行摇摄,表现人物行动的意义和目的,以及各个景物之间的关系。运用摇镜头,应该考虑以下三个要素。

(1) 动机

被摄主体移动的动机是指为什么向某处移动。

(2) 动向

画面所见的被摄主体所移动的方向,前面的空间应比被摄主体后面的空间大得多,以突出、显示移动的方向。

（3）动力

摄像摇摄的速度要均匀一致。

图 5-3

摇镜头，一般分左右平摇、上下摇、快摇、慢摇等，下面分别加以介绍。

（1）左右平摇

左右平摇这种镜头是把主角放在出其不意的、异常突出的地位上，如果用全景、推近、拉远，就缺少悬念。左右平摇往往能收到出奇制胜的效果。

（2）上下摇

上下摇是一种引人入胜的手法，它往往把要拍摄的重点放在最后，引起悬念，结果突如其来，使人产生惊喜的感觉。

（3）快摇

快摇可产生影片节奏强的感觉。快摇往往使景物模糊不清，有时为了加强气氛和节奏，或是为了镜头之间的连接和转换，便迅速地摇出或摇入画面。

（4）慢摇

慢摇可产生影片节奏舒缓的感觉。

3．移镜头

横移镜头在影视后期制作里可以表现为物体的 X 轴向位移。横移镜头可以把行动着的人物和景物交织在一起，产生强烈的动感和节奏感。

移是"移动"的简称，是指摄像机沿水平做各方向移动并同时进行拍摄。移动拍摄要求较高，在实际拍摄中需要专用设备配合。移动拍摄可产生巡视或展示的视觉效果，如果被摄主体属于运动状态，则使用移动拍摄可在画面上产生跟随的视觉效果。图 5-4 所示为一组

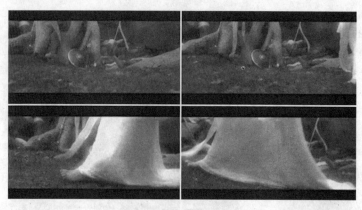

图 5-4

平移镜头画面。

4. 跟镜头

跟镜头在电视中的应用往往表现为光束的空间运动。

无论是横向还是纵向,摄像机始终跟随拍摄一个在行动中的对象,以便连续而详尽地表现它在行动中的动作以及表情等。有人把"跟镜头"也叫"移动镜头"。因为"跟"与"推"、"拉"、"摇"镜头一样,都必须将镜头移动,但实际上是有很大区别的。跟镜头是摄像机和被摄对象始终保持一定的距离,跟随被摄对象前、后、上、下运动;或者被摄对象不动,摄像机围绕着他(或它)左、右移动,焦距保持不变。

跟镜头又分跟拉、跟摇、跟升、跟降等,它们都各具特色。图 5-5 所示为一组跟镜头画面。

图 5-5

5. 升降镜头

摄像机从水平慢慢升起,形成高俯拍摄,显示广阔的空间,可以从局部展现整体。图 5-6 所示为一组升镜头画面。

升降拍摄大多用于场面的拍摄,它不仅能改变镜头视觉和画面空间,还有助于突出戏剧

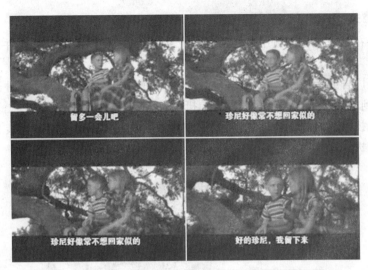

图 5-6

效果、气氛渲染、环境介绍。

6. 甩镜头

甩镜头在电视中常会用到,其空间感比较强烈。

甩实际上是摇的一种,具体操作是在前一个画面结束时,镜头急剧地转向另一个方向。在甩的过程中,画面变得非常模糊,等镜头稳定时才出现一个新的画面。它的作用是表现事物、时间、空间的急剧变化,造成人们心理的紧迫感。图 5-7 所示为一组甩镜头拍摄的画面。

图 5-7

7. 旋转镜头

旋转镜头在影视广告里被用来全面展示产品面貌,也可以借助三维软件来实现产品本身的旋转展示。

很多影视广告或者产品演示需要借助数码相机来拍摄,然后再借助软件进行后期的合成,形成所看到的环形拍摄的画面效果。拍摄所动用的数码相机往往超过上百台。例如拍摄 4 秒电影特技,按每秒 30 帧计算,需要 120 台数码相机。图 5-8 所示为装在环形脚架上的数码单反相机。

图 5-8

在拍摄过程中,被拍摄主体或背景呈旋转效果画面,常用的拍摄方法有以下几种。

① 沿着镜头光轴仰角旋转拍摄。

② 摄像机超 360°快速环摇拍摄。

③ 被拍摄主体与摄像机处于同一轴盘上做 360°的旋转拍摄。

④ 摄像机在不动的条件下,将胶片或磁带上的影像或照片旋转、倒置或转到 360°内的任意角度进行拍摄,可以顺时针或者逆时针运动。

⑤ 运用旋转的运载工具拍摄,获得旋转的效果。

这种镜头技巧往往被用来表现人物在旋转中的主观视线或者眩晕感,以此来烘托情绪、渲染气氛。例如《骇客帝国》中女侠出场踢警察的镜头和尼奥躲子弹的镜头,如图 5-9 所示。

8. 晃动镜头

晃动镜头在实际拍摄中用的不是很多,但在合适的情况下使用往往能产生强烈的震撼力和主观情绪。晃动镜头技巧是指在拍摄过程中,摄像机机身做上、下、左、右、前、后摇摆的拍摄,常用作主观镜头,创造特定的艺术效果,如表现醉酒、精神恍惚、头晕,或者造成乘船、乘车摇晃颠簸等效果。

在实际拍摄中需要多大的摇摆幅度与频率应根据具体情况而定,拍摄时手持摄像机或

图 5-9

者肩扛摄像机效果都比较好。电影《魔戒》里一场激烈的战斗场面就运用了晃动镜头,如图 5-10 所示。

图 5-10

9. 综合性的运动镜头

综合性的运动镜头,就是在一个镜头里,将推、拉、升、降、跟、移等镜头结合在一起,为画面制造各种距离、角度,既能表现环境的全貌,又能表现某个特定人物的近景,以及人物与人物之间的关系,有助于环境气氛的渲染和人物情绪的贯穿。

这实际上是镜头多方位运动的一种形式。所谓长镜头,就是综合性的运动镜头,只不过记录介质的英尺数比较长,一般胶片在 90 英尺以上,电视磁带在 1 分钟以上。

5.2 镜头的景别

景别是指被摄主体在画面中呈现的范围,一般分为远景、全景、中景、近景和特写。有时根据需要,又有更加细致的划分,如大远景、中远景、大特写等。景别的划分没有严格的界限,但在具体制作一个节目时,应该有统一的标准。

1. 远景

远景是视距最远的景别。它视野广阔、景深悠远,主要表现远距离的人物以及周围广阔的自然环境和气氛,内容的中心往往不明显。远景以环境为主,可以没有人物,有人物也仅占很小的部分。它的作用是展示巨大的空间、介绍环境、展现事物的规模和气势,拍摄者也可以借此来抒发自己的情感。使用远景的持续时间应在 10 秒以上,如图 5-11 所示。

图　5-11　　　　　　　　　　　　　　　　图　5-12

2. 全景

全景包括被摄对象的全貌和周围的环境。与远景相比,全景有明显的景观或人物作为内容中心、结构中心的主体。在全景画面中,无论人还是物体,其外部轮廓线条以及相互之间的关系,都能得到充分的展现,环境与人的关系更为密切。

全景的作用是确定事物、人物的空间关系,展示环境特征,表现某一段节目的发生地点,为后续情节定向,全景有利于表现人和物的动势,如图 5-12 所示。使用全景时,持续时间应该在 8 秒以上。

3. 中景

中景包括对象的主要部分和实物的主要情节。在中景画面中,主要人物的形象及形状特征占主要成分。使用中景画面,可以清楚地看到人与人之间的关系和感情交流,也能看清人与物、物与物的相对位置关系。因此,中景是拍摄中常用的景别。

用中景拍摄人物时,多以人物动作、手势等富有表现力的局部为主,如图 5-13 所示。环境则降到次要地位。这样,更有利于展现事物的特殊性。使用中景时,持续时间应在 5 秒以上。

4. 近景

近景包括被摄对象更为主要的部分(如人物上半身以上的部分),用来细致地表现人物的精神和物体的主要特征,如图 5-14 所示。使用近景时,可以清楚地表现人物的面部表情和细微动作,容易产生交流。使用近景时,持续时间应在 3 秒以上。

图　5-13　　　　　　　　　　　　　　　　图　5-14

5. 特写

特写是表现拍摄对象某一局部（如肩部、头部、手、脚等）的画面，它可以进行更细致的展示，揭示特定的含义，如图 5-15、图 5-16 所示。特写反映的内容比较单一，起到形象放大、内容深化、强化本质的作用。在具体运用时主要用于表达、刻画人物的心理活动和情绪特点，起到震撼人心、引起注意的作用。

图 5-15

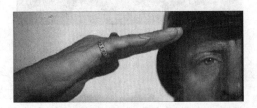
图 5-16

特写空间不强，常常被用作转场时的过渡动画。特写能给人以强烈的印象，因此在使用时要有明确的针对性和目的性，不可滥用。使用特写时，持续时间应在 1 秒以上。

5.3 镜头画面的方位角度

1. 水平方向的拍摄角度

水平方向的拍摄角度是指以被摄主体为中心，镜头在水平方向上的不同方位拍摄所构成的拍摄角度，一般分为正面、背面、侧面、斜侧面等角度。

（1）正面

正面拍摄，即镜头对着被摄主体的正前方拍摄。正面拍摄有利于表现被摄主体的正面特征，能把被摄主体的横向线条充分展示在画面上，容易显示出庄重、静穆的气氛以及物体对称的结构。正面拍摄时，由于被摄主体的横向线条容易与电视机的水平边框平行，所以如果被摄主体占的画面面积较大，则容易使观众的视线无法向纵深发展，画面显得呆板，缺少立体感和空间感受，如图 5-17、图 5-18 所示。

图 5-17

图 5-18

（2）背面

背面拍摄，即镜头对着被摄主体的正后方拍摄。背面拍摄能够表现被摄主体的背部特征，通过背部形象来表达作者独特的构思。给人印象比较深刻的是张艺谋的《千里走单骑》，父亲在群山中背对摄像机，表现出远离家乡、非常孤独的情怀。背面拍摄常用于主体为人物的画面，主要以人物的姿态来表现内容，如图 5-19、图 5-20 所示。

图 5-19

图 5-20

（3）侧面

侧面拍摄，即镜头对着被摄主体的正左方或者正右方拍摄。侧面拍摄与正面拍摄的特点相同。在拍摄人物时，侧面拍摄有助于突出人物的侧面轮廓。此外，在拍摄人物之间的感情交流时，可以显示双方的举动和神情，能多方兼顾、平等对待，如图5-21所示。

图 5-21

图 5-22

（4）斜侧面

斜侧面拍摄，即镜头对着被摄体除正面、背面、侧面以外的任何方向拍摄。斜侧面拍摄的特点是使被摄主体的横向线条在画面中变成斜线，使物体产生明显的形体透视变化，同时能扩大画面容量，有利于表现景物的立体感和空间感觉，如图5-22所示。

2. 俯仰方向的拍摄角度

俯仰方向的拍摄角度，是指以被摄主体为中心，镜头在垂直方向上的不同高度拍摄所构成的角度，一般分为平摄、仰摄、俯摄。

（1）平摄

平摄，即镜头与被摄主体在同一水平线上进行拍摄。平摄构成的画面效果合乎通常的视觉习惯。平摄适宜表现具有明显线条结构或有规则图案的物体，特别是平摄人物活动场面，能使人感到亲切、平等，如图5-23所示。平摄的不足之处在于把同一水平线上的前后物体相对地压缩在一起，缺乏空间透视效果，不便于层次感的表现，如图5-24所示。

图 5-23

图 5-24

(2) 仰摄

仰摄,即镜头低于被摄主体向上拍摄。仰摄有利于突出被摄主体的高大气势,能将向上伸长的景物在画面上充分表现。仰摄人物,容易显示出高大的形象,但在广角状态下近距离仰摄人物容易变形。

摄像机处于仰视被摄对象的位置,镜头有如下特点。

① 景物的地平线在画面中处于下部或者画面外。

② 仰拍地上景物时,近处景物高耸于地平线上,后景物被前景物遮住,有净化背景的作用。

③ 画面中竖向的线条有向上方透视集中的趋势,前景的物体被夸大突出。

运用仰镜头,拍摄表演中的人物近景时,需要掌握分寸。在较近的距离上,过仰的角度容易造成透视变形(艺术需要除外)。在三维动画片《闪电狗》里多次用到仰拍,形容闪电狗及女主人的高大、英勇,如图5-25、图5-26所示。

图 5-25　　　　　　　　　　　　　　图 5-26

(3) 俯摄

俯摄,即镜头高于被摄主体向下拍摄。俯摄景物就如同登高望远一样,由近至远的景物在画面上由下至上能充分展现出来。俯摄有利于表现地平面上的景物的层次、数量、地理位置等。能给人辽阔、壮观、深远的感受。俯摄适宜表现盛大、开阔的场面。

俯摄人物时易于展示人物与环境的整体气氛,不适宜表现人物的神情及人物之间的细致感情交流,同时,俯摄人物可产生贬低、藐视的效果。

摄像机处于俯视被摄对象的位置,镜头有以下特点。

① 主要用于表现视平线以下的景物,所以场景的地平线在画面中处于上部或上部画面外。

② 俯拍近处景物时,近处景物的地面位置在画面底部,远处景物在上部。

③ 画面中竖向的线条有向下透视集中的趋势,如此拍摄,处于前景的物体投影于背景,使人感到它被压近地面,变得矮小而压抑。因此,用这种镜头表现人物的悲惨命运,有时候会收到意想不到的艺术效果。

运用俯视镜头,拍摄表演中的人物近景时,需要掌握分寸,在较近的距离上,过俯的角度容易造成透视变形(除艺术目的需要外),俯拍画面效果如图5-27、图5-28所示。

图 5-27　　　　　　　　　　　　　　　　　　　图 5-28

5.4　镜头运动的应用——《数码影像时代》广告

步骤1　新建"合成"窗口

打开 After Effects CS4,执行"图像合成"→"新建合成组"命令,如图 5-29 所示。如果已经打开了软件,则在"项目"窗口中单击"新建合成"图标创建一个合成。

在弹出的"图像合成设置"对话框中设置参数,"合成组名称"设置为"ad1","预置"设置为"自定义",取消勾选"纵横比以 5∶4(1.25)锁定"复选框,"宽"、"高"分别设置为"480px"、"320px",设置"像素纵横比"为"方形像素"、"帧速率"为"25 帧/秒"、"持续时间"为"0∶00∶10∶00"。

步骤2　导入背景素材,调整画面大小

双击"项目"窗口空白处,选择"01.MOV"背景素材,单击"打开"按钮,导入素材,以"01.MOV"素材作为背景。在"项目"窗口处将素材拖曳到时间线上,然后按 S 键,在弹出的"比例"对话框中,取消

图 5-29

勾选"锁定比例"复选框,将光标停留在数值上并左右拖曳,调整数值,直到"合成"窗口的画面布满整个窗口为止,"时间线"窗口如图 5-30 所示。

图 5-30

步骤3　为素材添加"三色调"滤镜

在素材上应用色彩校正滤镜,可以调整背景颜色。在"01.MOV"图层上右击,在弹出的快捷菜单上执行"效果"→"色彩校正"→"三色调"命令,应用"三色调"滤镜。

在"特效控制台"窗口中调整参数,设置"高光"为"白色"、"中间色"为"蓝色"、"阴影"为"黑色"。目的是把暖色调的背景调整为冷色调的蓝色背景,给人一种高科技的感觉,效果如

图 5-31 所示。

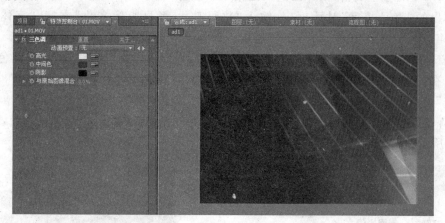

图 5-31

步骤 4　导入产品图片

双击"项目"窗口空白处（或者执行"文件"→"导入"命令），在弹出的对话框中选择"c1.psd"文件，单击"打开"按钮，导入素材，接着再导入"c2.psd"文件。在弹出的"c1.psd"对话框中设置"导入类型"为"素材"，在"图层选项"里勾选"合并图层"单选按钮，单击"是"按钮。

注意，需要事先在 Photoshop 中处理产品图片。"c1.psd"文件和"c2.psd"文件是在 Photoshop 软件里进行抠图处理的图片素材，保存为 PSD 格式。

接着，在"项目"窗口里，将导入的"c1.psd"和"c2.psd"素材拖曳到"时间线"窗口最上面两层。取消选中图层前面的眼睛图标，如图 5-32 所示。

图 5-32

步骤 5　创建广告词，调整文字属性

首先创建广告词。在时间栏下方的空白处右击，在弹出的快捷菜单中执行"新建"→"固态层"命令，创建一个层（也可以在菜单栏中执行"图层"→"新建"→"固态层"命令），如图 5-33 所示。在弹出的"固态层设置"对话框中设置"名称"为"text1"、"颜色"任意，其他默认，单击"确定"按钮。

在"text1"图层上右击,在弹出的快捷菜单中执行"效果"→"旧版本"→"路径文字"命令,在弹出的"路径文字"对话框中,输入"数码时代 彰显影像文化"文字,"字体"选择"SimHei",单击"确定"按钮,如图 5-34 所示。

接着,在弹出的"特效控制台"窗口中设置参数。"形状类型"选择"线","填充色"选择"白色";在"字符"属性中,"大小"选择"24.0";在"段落"属性中,"对齐"选择"居中",也可以在"合成"窗口手动调整位置。

确保文字排列在画面的中间,以备后面设置文字动画。此时"合成"窗口的画面效果,如图 5-35 所示。

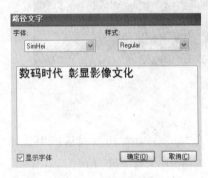

图 5-34

图 5-35

步骤 6　设置路径文字动画

在时间栏的图层上选择"text1"图层,回到"特效控制台"窗口,在这里设置路径文字的动画属性。在"路径文字"属性的下方,有一个"高级"属性,在这里设置相应参数,可以控制文字的出现方式。关于"高级"属性的详细设置将在后面的课程中介绍。

确认把时间线停留在第 1 帧。在"特效控制台"窗口中,单击展开"高级"属性,激活"字符可见度"前面的"时间秒表变化"图标添加关键帧,设置文字的"字符可见度"数值为"0.00",如图 5-36 所示。此时,在"合成"窗口中文字全部消失。

然后把时间线停留在第 1 秒的位置。回到"特效控制台"窗口,设置"字符可见度"为"14"。此时文字应该全部显现出来。可以按空格键,预览效果。在时间线上,关键帧位置如图 5-37 所示。

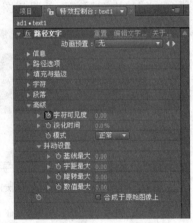

图 5-36

步骤 7　为动画的路径文字设置"辉光"特效

回到图层,在"text1"图层上右击,在弹出的快捷菜单中执行"效果"→"风格化"→"辉光"命令,添加"辉光"滤镜。

增加"辉光"滤镜特效后,文字的表面会出现淡淡的辉光效果。接下来在"特效控制台"窗口中设置"辉光"滤镜的参数。

图 5-37

单击"辉光"的下三角按钮,设置"辉光色"为"A 和 B 颜色"、"颜色 A"为"白色"、"颜色 B"为"中黄色"、"辉光阈值"为"70.0%"、"辉光半径"为 "12.0"、"辉光强度"为"2.5"、"辉光操作"为"添加",其他设置如图 5-38 所示。

现在可以再次拖曳"时间线指示器",在"合成"窗口上查看效果。参数数值可以自行调整,直到效果满意为止。

步骤 8　为路径文字设置推镜头动画

回到图层,选择"text1"图层,按 S 键,打开"比例"属性。将时间线停留在第 1 帧,激活"比例"前方的"关键帧秒表"图标添加关键帧。然后将时间线停留在第 2 秒的位置,设置"比例"为"130.0,130.0%"。此时,画面中的动画字体显示为慢慢变大,镜头运动方式为推镜头,"时间线"窗口如图 5-39 所示。

图 5-38

图 5-39

按+键,放大时间线,将时间线停留在第 2 秒第 10 帧的位置(也可以在时间栏左上角单击黄色字体处,输入数值)。此时设置文字的"比例"为"1800.0%",这是个非常猛烈的推镜头。接着,把"text1"的时间线结尾点往左拖曳到第 2 秒第 11 帧处,即文字冲出画面并消失。时间线的位置关系如图 5-40 所示。

在"合成"窗口中,文字的动画可能不是沿着中心点放大的,接下来将其调整至中心点。确认"text1"图层是选择状态,按 A 键,拖曳 Y 轴的数值,调整定位点,配合图层的"位移"属性调整位置,直到"合成"窗口中画面的字体显示在中心位置。定位点的参数设置如图 5-41 所示。

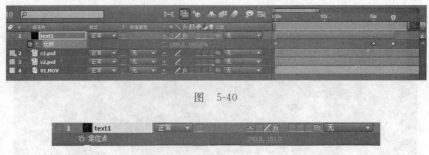

图 5-40

图 5-41

步骤9 为产品设置拉镜头动画

将"c1.psd"图层前的眼睛图标打开,显示产品。在时间线上拖曳时间线的起点,并移动到第2秒第11帧处。此时,在"合成"窗口的动画效果是字体放大—消失—产品出现并快速进入画面。

接下来,设置产品的拉镜头动画。

确定"c1.psd"图层被选择,将时间线停留在第2秒第11帧处,按S键,打开"比例"属性。激活"比例"前方的"时间秒表变化"图标,添加关键帧,设置"比例"为"300.0,300.0%",如图5-42所示。

图 5-42

单击时间栏左上角的时间,在弹出的对话框中设置"跳转时间",将时间停留位置设为第2秒第21帧。或者将时间线往后拖曳10帧,停留在第2秒第21帧处,如图5-43所示。

图 5-43

将"比例"数值改为"30.0%"(也可以在"比例"数值上拖曳改变数值大小)。将产品图片缩小到一定大小,"合成"窗口上的显示如图 5-44 所示。

步骤 10　为产品 1 设置甩镜头动画

设置产品的甩镜头动画。在拉镜头结束 3 帧后,设置一个甩镜头动画。确定当前时间线停留在"c1.psd"图层的第 2 秒第 24 帧的位置。按 P 键,显示图层的"位置"属性数值,激活"时间秒表变化"图标添加关键帧。然后将时间线停留在第 3 秒第 4 帧的位置,拖曳 X 轴的数值,设置数值为"138.0"。将产品移动至左边,形成一个向右的甩镜头动画,时间线的设置如图 5-45 所示。

图　5-44

图　5-45

步骤 11　为产品设置闪白效果

在图层"c1.psd"上右击,在弹出的快捷菜单中执行"效果"→"色彩校正"→"亮度与对比度"命令,添加"亮度与对比度"滤镜。将时间线停留在第 3 秒第 7 帧的位置。在"特效控制台"窗口里,激活"亮度"的"时间秒表变化"图标,添加关键帧,然后把时间线往后移动两帧,设置"亮度"为"100.0",然后再隔两帧,设置"亮度"为"0.0",以此类推,设置 3 组闪白关键帧如图 5-46 所示。

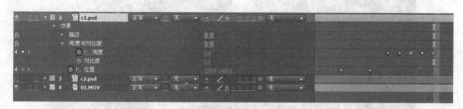

图　5-46

步骤 12　设置产品 2 的甩镜头动画

打开"c2.psd"图层前面的眼睛图标,显示"c2.psd"图层画面,拖曳"c2.psd"时间线的起点位置到第 3 秒处,按 S 键,在展开的"比例"属性数值上拖曳,将产品画面缩小到与"c1.psd"图片一般大小。位置和大小如图 5-47 所示。

确定将时间线停留在第 3 秒的位置,按 P 键,打开"位置"属性,激活"位置"前的"时间秒表变化"图标添加关键帧,将时间线停留在第 3 秒第 4 帧的位置,将 X 轴的数值改为"360.0"。这是一个向左甩镜头的画面效果,关键帧位置如图 5-48 所示。

图　5-47

图 5-48

现在画面上的动画效果应该是两个产品的"分身"效果,如图5-49所示。

接下来,把时间线停留在"c2.psd"图层上的第3秒第15帧处,为"c2.psd"图层添加"亮度对比度"滤镜,并按照"c1.psd"的方法设置3组闪白效果。为了使动画画面更加精致,还可以添加更多效果。

在电视广告中,摄像机的运动方式是多样的,表现方式也是多种多样的,在不同的创意方案中运用不同的富有动感和创造性的镜头,能使广告效果倍增。最终画面效果如图5-50所示。

图 5-49

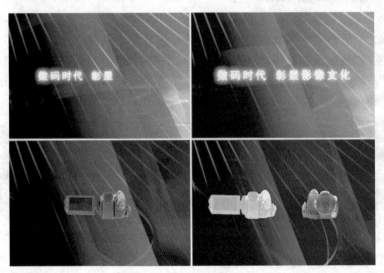

图 5-50

课堂练习

任务目标:用 After Effects CS4 设计制作一个影视广告,体现镜头的运动画面效果,并区分镜头的景别和角度。

任务要求:设计要求画面美观大方、有创意,在制作中能知道镜头的运动方式、镜头的景别和拍摄角度等。

练习评价

项　目	标准描述	评定分值	得　分
基本要求 75 分	视觉效果强烈,特效明显,镜头运动运用恰当	25	
	有节奏	25	
	动画流畅,制作精细	25	
拓展要求 25 分	有独特创意	25	
主观评价		总分	

本课小结

在本课中,从电影的镜头出发,学习了影视广告中应该注意的镜头运用方法,包括镜头的运动方式、镜头的景别和镜头的拍摄角度。这些都是影视广告中非常重要的专业知识,此外,长短镜头、主客观镜头以及蒙太奇等也是影视中很重要的专业知识,可以在课外阅读中学到它们。本课案例运用 After Effects CS4 来实现影视广告中镜头的运用。用 X、Y 轴向的位移和图片的缩放来体现镜头的运动,并在这些镜头的运动中体现镜头的景别及拍摄角度等。

课后思考

(1) 在影视广告中,镜头的运动方式有哪些?镜头的景别有哪些?

(2) 找一段影视广告,分析广告的镜头运动方式、镜头的景别、镜头拍摄的角度以及每个镜头所用的时间。

课外阅读

《骇客帝国》的拍摄

《骇客帝国》应用了 Discreet 公司著名高级影视特技制作系统 Inferno 的具有突破性的特技制作技术,重新定义了数字视觉效果创建和合成的新领域。

超常的现实世界、难以忘怀的人物角色和史诗般的战斗场面,经过 Inferno 这个首席在线非压缩特技合成系统的制作,取得了空前的写实主义效果。

连续 4 年获得奥斯卡视觉效果奖提名的 3 部影片全部是应用 Inferno 系统制作的,而自奥斯卡设立视觉效果奖项以来,每年最终获得这个奖项的 7 部影片中也全部是应用 Inferno 系统的成果。这充分表明了 Inferno 系统在影视特技制作业的地位是其他系统无法比拟的。1999 年,Discreet 公司的 Inferno 和 Flame 系统因其对世界电影的巨大贡献而获得由美国电影艺术科学院颁发的"科学与工程成就奖"。

《骇客帝国》曾获得奥斯卡视觉效果奖,这部影片中的许多重要的特技效果是由澳大利亚的 Animal Logic 工作室利用 Inferno 系统完成的。

世界永远都不会真正改变,工作与娱乐、吃饭与睡觉、生与死,人们总是在做着这些事情。但是如果我们最害怕的事情发生了将会是怎样的情况呢?如果机器已经开始主管这个世界而我们还不知道又将会怎样呢?如果所有的人类都成为废物又会发生什么呢?这就是《骇客帝国》影片故事所讲述的前提。

它讲述的年代不是真正的1999年,我们只是这样认为,有牛排、香槟和面包,但是实际上我们比奴隶的情况还要糟糕。我们是机器的燃料,唯一的希望寄托于一帮已经发现这个恐怖秘密并使被控制的意识获得解放的计算机黑客身上。比精心的策划更具挑战性的制作只有利用能够引起幻觉的特技效果来完成。因为影片描述的不是真实的世界,那些真实世界惯常的规则不再存在,计算机艺术家的创意完全可以自由发挥。为了达到预想的效果,影片中的角色需要复杂的装备来挑战每一个自然定律,如重力和速度。

Inferno系统为计算机艺术家提供了强大的工具来完成这个任务。Animal Logic公司的计算机合成师Kirsty Millar先生说:"我们在制作《骇客帝国》中的特技效果时,几乎1天24小时都在使用Inferno系统。我们将许多三维模型输入到Inferno系统中进行合成。Inferno的速度和简便的操作给了我们极大的帮助,只有使用Inferno才能够以最快的方式完成这些特技镜头。"

在影片的打斗场面中,由Bruce Lee饰演的主角Neo不受自身的重力限制。在与另一主角Morpheus练习中国功夫的镜头中,打斗的速度很快,两人可以随意跳跃,像正在捕食的飞禽那样飞起来又落下,所有的物理空间都在他们的摆布之下,这组镜头在制作上是具有巨大挑战性的工作,而大部分的制作都是通过Inferno系统完成的。

Millar先生说:"Inferno给了我真正强大的制作工具,合成时速度非常快,并可以实时回放所制作的效果。你可以使用它的绘画工具进行快速的润色,然后再放回批处理中进行更多的合成。通过我们的光纤网在设备之间传送这些镜头非常方便快速,使我们在制作这些镜头时可以使用各种设备。"有些镜头需要使用变形的效果,影片中由计算机制作的穿着制服并戴着太阳镜的政府官员试图阻止Morpheus和他的同伙,他们可以存在于他们所选的任何物体里。有这样一个镜头,一个政府官员扮成一个直升机飞行员,要使这个飞行员转换成一个政府官员,需要进行一个复杂的变形效果,这对于Animal Logic公司来说是一个具有挑战性的制作。

"飞行员变形的素材是由三维动画师Ben Gunsberger用3D软件制作的,他将素材给我们在Inferno中进行合成。我们使用Inferno中的变形工具对其进行更好的调整,而不需再将素材送回3D软件进行调整,节省了很多时间。另外,由于我们一次使用的镜头比较多,我们在Inferno中设置了批处理进行图像生成,而不需分别进行图像生成,这也节省了帧存空间。飞行员变形的制作使用了大约50层,而在Inferno的批处理模块中,我可以一次就完成所有的图像生成工作。"

当问到他最喜欢Inferno的哪些工具时,Millar先生毫不犹豫地说:"它的速度和它的简便好用的工作界面。"他强调说:"我的意思是,你可以根据背景进行颜色调整、设置多层合成,如带颜色调整的100层2K图像合成、抠像以及Sapphire Sparks第三方开发的特技工具等,然后你可以回家睡一会儿,当你回来的时候就可以实时地回放制作的结果。Inferno系统真是不错。"

资料来源:http://www.arft.net

第 6 课　After Effects CS4 中 3D 效果的应用

在二维软件中实现三维效果,是很多特效艺术家常用的手法。三维空间的时空给人以无限的想象和绚丽的视觉震撼。After Effects CS4 虽然是个二维软件,但也能实现三维效果。当然,实现三维效果有很多种方法,例如可以先在三维软件里做好素材,再到后期软件里合成特效。此外,After Effects CS4 还有强大的插件系统,有不少插件也可以帮助 After Effects CS4 实现三维特效功能。

所谓二维是指 X 轴向和 Y 轴向构成的平面视图。三维则是在二维基础上增加 Z 轴向,形成 X、Y、Z 的三维空间。接下来将在 After Effects CS4 里学习并应用三维空间。

课堂讲解

任务背景:电视栏目里特效的时空演绎令人感叹,After Effects CS4 也可以实现三维效果。
任务目标:熟练掌握以及应用 After Effects CS4 的 3D 功能,制作一个旋转运动的三维盒子,学会设置父子关系。
任务分析:3D 是 X、Y、Z 轴向的延伸空间,在 After Effects CS4 里实现 3D 效果,并设置位移、旋转等动画属性值,从而应用 3D 效果制作出空间感很强的作品。

6.1　在平面软件里实现三维效果

经常在电视栏目里看到的三维效果,例如色块的跳动变化、空间的转化等,这些都可以在 After Effects CS4 里实现。After Effects CS4 是一个二维特效合成软件,但是也有三维空间的合成功能。可以把一段视频或者图片在 After Effects CS4 里转换为 3D 图层后,对它进行编辑。当图层转换为 3D 图层后,即增加了前后纵向 Z 方向,那么就可以对该层进行三维空间的位置、角度等调整变化了,而且还能应用灯光、摄像机,来进行配合调整。于是形成了在电视栏目里看到的时尚片头,如图 6-1 所示。

图　6-1

接下来将学习 2D 图层转为 3D 图层的方法,以及 3D 图层的属性编辑和功能应用。

步骤 1　新建合成层

打开 After Effects CS4 软件,单击"新建合成组"按钮,在弹出的对话框中设置"名称"为"3D-box","预置"为"PAL D1/DV","宽"、"高"分别为"720px"、"576px","帧速率"为"25 帧/秒","持续时间"为"0:00:10:00",最后单击"确定"按钮。

步骤2 新建固态图层

在时间栏下方空白处右击,在弹出的快捷菜单中,执行"新建"→"固态层"命令,创建一个新的固态层,在弹出的"固态层设置"对话框中设置"名称"为"L1"、"颜色"为"柠檬黄",最后单击"确定"按钮。

步骤3 将 2D 图层转换为 3D 图层

单击软件左下方的"展开或折叠图层开关框"图标,可以显示"图层转换控制框",如图 6-2 所示。

也可以单击"展开或折叠转换控制框"来切换显示"图层转换控制框",此时在图层右侧会出现图层转换控制框。单击立方体盒子开关,将图层转换为 3D 图层,如图 6-3 所示。

图 6-2　　　　　　　　　　图 6-3

此时,在"合成"窗口,图层中心会出现 X(红色)、Y(绿色)、Z(蓝色)轴,Z 轴向是前后纵深的方向,因此在"合成"窗口中只显示为一个点。图层转换为 3D 图层后,就可以对其进行三维编辑了。

在三维空间中,After Effects CS4 提供了 3 种坐标系,即"本地轴方式"、"世界轴方式"和"查看轴方式"。在"本地轴方式"坐标系下,可以对当前对象的坐标系进行变换,这是默认的坐标系,也是最常用的坐标系。在"世界轴方式"坐标系下,可以使用合成图像的坐标系进行变换,这是绝对坐标系。当对合成图像中的层进行旋转时,可以发现坐标系没有发生任何改变,实际上,当建立一个摄像机,使用摄像机工具调节摄像机视角时,可以直观地看到视角坐标系的变化。在"查看轴方式"坐标系下,使用当前视图定位坐标系。

步骤4 打开 3D 图层的"变换"属性

单击图层左侧的小三角按钮,显示图层的"变换"和"质感选项"属性,其中"质感选项"是图层转换为 3D 图层后新加的属性,这个属性要配合以后的"灯光"属性进行进一步的特效编辑。继续单击"变换"属性前的小三角按钮,打开图层的"变换"属性。打开了 3D 开关的"变换"属性将多出一些新的 3D 属性,图 6-4 所示为打开前后的对比。

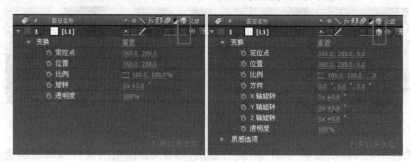

图 6-4

步骤5 编辑 3D 图层的"变换"属性

"定位点":在数值上左右拖曳,或者单击工具栏上的"定位点"图标,可以改变图层的中心定位点。Z轴向的默认数值是"0.0"。在图层旋转的时候尤其要注意定位点的位置。

"位置"：即图层在"合成"窗口显示的方位。编辑方法是用鼠标在数值上左右拖曳，或者单击工具栏上的"选择"图标，在"合成"窗口移动，可以改变图层的位移。Z轴向的默认数值是"0.0"。此时，将Z轴向数值改为"288.0"。在"合成"窗口中，图层会离窗口远去288个像素位置，所以看起来会比较小。

"比例"：即图层在"合成"窗口中显示的大小。在数值上左右拖曳，将数值改为"80.0"，此时图层会缩小。

"方向"：即3D图层的上下、左右、前后的方向，它们分别对应为X、Y、Z轴，将Y轴数值改为"45.0"，此时"合成"窗口上的图层显示为近大远小的三维画面。

"X轴旋转"：图像沿着X轴旋转，将数值改为"15.0"。

"Y轴旋转"：图像沿着Y轴旋转，将数值改为"10.0"。

"Z轴旋转"：图像沿着Z轴旋转，将数值改为"30.0"。

"透明度"：即图像的透明度。

此时"合成"窗口的画面显示为在三维空间里成角透视的色块，如图6-5所示。

步骤6　编辑3D图层的"质感选项"属性

单击"质感选项"左侧的下三角按钮展开图层的"质感选项"属性，如图6-6所示。

图　6-5

图　6-6

"投射阴影"：将其设置为"关闭"，则关闭图层的阴影投射；设置为"打开"，则可以使该图层向其他图层投射阴影；设置为"只有阴影"，原图层不可见。

"照明传输"：控制灯光穿透性，用于调节阴影传输模式，数值越高，透明效果越强。当设置为"打开"或"只有阴影"时，该参数可以改变阴影的颜色。该参数值为100%时，灯光将完全穿透原层，阴影颜色和层颜色完全相同；当参数值为0%时，灯光完全被原层遮挡住，阴影颜色则为黑色。

"接受阴影"：设置为"打开"，可以使该图层接受其他图层的阴影。

"接受照明"：设置为"打开"，图层接受灯光照明，并呈现出明暗效果。

"环境"：控制层受环境光影响程度属性参数。

"扩散"：控制该层接受灯光的发散级别，决定该层的表面将有多少光线覆盖。参数值越高，接受灯光的发散级别越高，对象就显得越亮。

"镜面高光"：控制对象镜面反射级别。参数值越高，反射级别越高。

"光泽"：控制高光点的大小光泽度。

"质感":控制金属属性级别。

3D图层的质感选项需要结合灯光与摄像机,才能产生画面效果,它对2D图层无效。

6.2 制作一个三维影视盒子特效

在这一节中,将学习 After Effects CS4 的 3D 图层特效的应用,进一步了解 After Effects CS4 的三维功能,并学习用关键帧控制动画的位移、旋转等效果,学习用父子关系来控制动画的跟随运动。

步骤 1 新建"合成"窗口

打开 After Effects CS4 软件,单击"新建合成组"按钮,设置"名称"为"3D-box"。在对话框中设置"预置"为"PAL D1/DV","宽"、"高"分别为"720px"、"576px","帧速率"为"25 帧/秒","持续时间"为"0:00:10:00",单击"确定"按钮。

步骤 2 导入素材

执行"文件"→"导入"→"文件"命令,选择所需要的素材,单击"打开"按钮,或者在"项目"窗口空白处双击,在弹出的对话框中选择所需要的素材打开。这里导入 6 段视频素材,并将素材拖曳到时间线图层上按顺序排列,如图 6-7 所示。

图 6-7

步骤 3 编辑视频素材尺寸,打开 3D 图层开关

因为要做一个封闭的影像盒子,所以要把各段影像资料的尺寸缩放为正方形。

选择每段视频图层,按 S 键,调出图层的"比例"属性,将视频的大小全部改为"50.0%",单击立方体盒子下的空格,显示立方体盒子图标,打开 3D 图层的开关。这样图层就转换为 3D 图层了,如图 6-8 所示。

图 6-8

步骤 4 调整视频的位置和尺寸

接下来要调整视频的位置,将视频在"合成"窗口中显示为一个盒子展开后的状态。

选择合成组,执行"图像合成"→"背景色"命令,将合成组的背景改为白色。回到"时间线"窗口,单击图层左侧的小三角按钮,打开"变换"的"位置"属性,或者按 P 键,显示图层的"位置"属性。

在每段视频的数值上拖曳,改变它们在"合成"窗口上的位置,或者直接在"合成"窗口上调整,配合工具栏的"手形工具"和键盘上的方向键,进行微调。

尽量保证它们的边缘没有缝隙,没有重叠,调整为一个盒子的展开状态,如图 6-9 所示。

图 6-9

这是一个盒子的展开状态。现在发现,当 02、03、04、05、06 各图层向 01 图层合拢的时候,其中 02 图层和 04 图层的宽是超过其他边的,会存在缝隙。

所以要再次回到 02 图层和 04 图层,按 S 键,显示图层的"比例"属性。将"比例"中的"约束比例"图标取消激活,将"X 轴向"的"50%"改为"45%",并再一次调整它们在"合成"窗口的位置。调整"位置"及"比例"属性后的最终效果如图 6-10 所示。

图 6-10

步骤 5   调整视频的定位点

在完成动画之前,要确定各个视频图像定位点的位置。因为需要 02、03、04、05、06 各图层向 01 图层合拢,所以要确定各个面分别是围绕哪个轴向旋转包装的。

选择视频"02.mov",按 Y 键,或者选择工具栏上的"定位点工具"图标。按住 Shift 键,在"合成"窗口中调整定位点的位置到图像的左边缘。然后依次调整"03.mov"的定位点到左边缘、"04.mov"的定位点到右边缘、"05.mov"的定位点到下边缘、"06.mov"的定位点到上边缘,如图 6-11 所示。

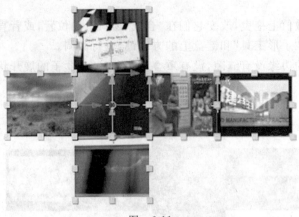

图 6-11

步骤 6 设置各个视频的旋转动画,让"盒子"包起来

首先选择"04.mov"视频文件,按 R 键,显示图层的"旋转"属性。单击时间栏上的"当前时间"按钮,在弹出的"跳转时间"对话框中设置时间,将时间线停留在第 1 秒处,如图 6-12 所示。

激活"Y 轴旋转"前的"时间秒表变化"图标,添加关键帧。此时图层当前时间线上会出现个小黄点。接着,将时间线停留在第 2 秒的位置,将"Y 轴旋转"的数值调整为"-90.0",即视频沿着 Y 轴旋转 90°(注意 Y 轴的旋转方向,应该是朝着读者的方向转过来),如图 6-13 所示。

图 6-12

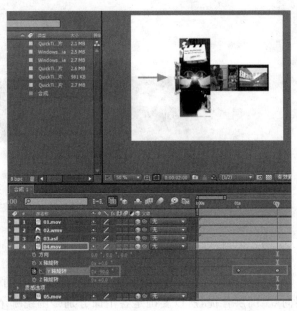

图 6-13

选择"06.mov"视频文件,按 R 键,显示图层的"旋转"属性。单击时间栏上的"当前时间"按钮,在弹出的对话框中设置时间,将时间线停留在第 1 秒第 13 帧处,激活"X 轴旋转"

前的"时间秒表变化"图标,添加关键帧。接着,将时间线停留在第 2 秒第 13 帧的位置,将"X 轴旋转"的数值调整为"-90.0",即视频沿着 X 轴旋转 90°(同样要注意 X 轴的旋转方向,应该是朝着读者的方向转过来)。

选择"05.mov"视频文件,按 R 键,显示图层的"旋转"属性。单击时间栏上的"当前时间"按钮,在弹出的对话框中设置时间,将时间线停留在第 2 秒处,激活"X 轴旋转"前的"时间秒表变化"图标,添加关键帧。接着,将时间线停留在第 3 秒的位置,将"X 轴旋转"的数值调整为"90.0",即视频沿着 X 轴旋转 90°(要注意 X 轴的旋转方向,应该是朝着读者的方向转过来)。

选择"02.wmv"视频文件,按 R 键,显示图层的"旋转"属性。单击时间栏上的"当前时间"按钮,在弹出的对话框中设置时间,将时间线停留在第 1 秒第 13 帧处,激活"Y 轴旋转"前的"时间秒表变化"图标,添加关键帧。接着,将时间线停留在第 2 秒第 13 帧的位置,将"Y 轴旋转"的数值调整为"90.0",即视频沿着 Y 轴旋转 90°(要注意 Y 轴的旋转方向,应该是朝着读者的方向转过来)。

步骤 7 设置"03.mov"视频文件的父级关系并设置 03 视频文件的动画

盒子的 4 个面已经合拢,那么 03 图层怎么办呢?这时候要引入"父级"的概念。"父级"其实就是个"跟随"的概念。在 After Effects CS4 里,如果要将当前图层跟随某个图层运动,则将那个图层设置为当前图层的"父亲",这就是"父级"。

接下来,将时间线停留在第 1 秒的位置。在时间栏上选择"03.asf",在图层右侧的"父级"下拉菜单中选择"02.wmv"文件。即让"03.asf"文件跟随"02.wmv"文件运动。设置完毕后,拖曳时间线观察它是否跟随运动。

此时,如果发现"03.asf"文件位置出现了偏差,则调整"03.asf"文件的 Z 轴向定位点,直到它的旋转轴向与"02.wmv"图层的右边缘重叠。此时,可以拖曳时间线测试效果,第 2 秒第 5 帧的效果如图 6-14 所示。

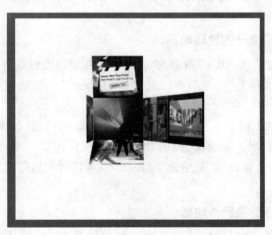

图 6-14

接着,设置"03.asf"文件的旋转包装动画。

选择"03.asf"文件,按 R 键,显示图层的"旋转"属性。单击时间栏上的"当前时间"按钮,在弹出的对话框中设置时间,将时间线停留在第 2 秒第 13 帧处,激活"Y 轴旋转"前的"时间秒表变化"图标,添加关键帧。接着,将时间线停留在第 3 秒第 13 帧的位置,将"Y 轴旋转"的数值调整为"90.0",即视频沿着Y轴旋转90°(同样要注意03.asf图层的旋转方向,应该是朝着读者的方向转过来)。至此,整个盒子就包起来了。

步骤8 设置各图层的"父级"关系

设置"01.mov"这个面的旋转动画,目的是要让其他各个面跟随"01.mov"这个面运动。当旋转或位移"01.mov"图层的时候,盒子就被破坏了,所以还得用到"父级"关系。

根据"父级"关系的原理,如果要让其他视频图层都跟随"01.mov"图层运动,则要把"01.mov"图层设置为其他周边4个视频文件的"父亲"。分别选择"02.wmv"、"04.mov"、"05.mov"、"06.mov"文件,在图层右侧设置它们的"父亲"为"01.mov"文件。"父级"关系设置如图6-15所示。

图 6-15

步骤9 移动"01.mov"视频图层的Z轴向定位点

在设置"01.mov"图层的动画之前,需要把它的定位点设置在整个盒子的重心上,否则盒子转动起来很难看。

将时间线移到第4秒的位置,此时整个盒子合拢完整。选择"01.mov"文件,按R键显示"旋转"属性,将"Y轴向"数值调整为"90.0",盒子沿Y轴旋转了90°,发现在蓝色的Z轴向上,定位点不在盒子的中心。

此时,按A键,显示"定位点"属性。调整"Z轴向"的数值为"-155.0",使定位点显示在盒子的中心,定位点设置完毕。"合成"窗口显示如图6-16所示。

图 6-16

步骤10 设置整个盒子的旋转动画

将"Y轴旋转"的数值从"90.0"调整为"0.0"。现在定位点设置好了,"父级"关系也设置好了。因为"01.mov"文件是"父亲",所以只要让"01.mov"图层动起来,其他图层就会跟随运动。

将时间线停留在第1帧处。在时间栏上选择"01.mov"图层,按R键,将"01.mov"图层的"旋转"属性展开。激活"Z轴旋转"前的"时间秒表变化图标",添加关键帧。将时间线停留在第3秒的位置,将"Z轴旋转"数值改为"220.0";再将时间线停留在第4秒的位置,将"Z轴旋转"数值改为"360.0"。

步骤11 设置盒子的推镜头动画

选择"01.mov"文件,将时间线停留在第3秒的位置,按S键,展开"比例"属性,将"比例"前的"时间秒表变化"图标激活,添加关键帧。将时间线停留在第4秒的位置,将图层的"比例"属性的数值调整为"188.0"。

这时候"合成"窗口上的图像可能有点偏离中心。接着按P键,将"位置"属性展开,在"位置"数值上用鼠标拖曳,并配合"合成"窗口上的显示,将位置调整好。三维影视盒子动画效果就完成了,最终效果如图6-17所示。

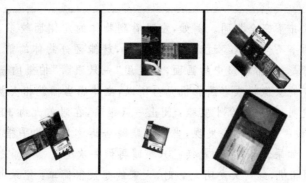

图 6-17

课堂练习

任务目标：根据本课学习，用 After Effects CS4 设计制作一个能表现三维空间感的影视特效。
任务要求：设计制作要求画面美观大方，有创意，在制作中能综合运用各种效果。

练习评价

项　　目	标 准 描 述	评定分值	得　　分
基本要求 75 分	正确使用 X、Y、Z 轴旋转视频	25	
	制作比较精细	25	
	动画流畅，有节奏	25	
拓展要求 25 分	最好加上自己的创意	25	
主观评价		总分	

本课小结

本课主要学习了视频图像的 3D 功能。通过打开图层的 3D 开关，可以实现视频图像的三维效果。通过旋转各个轴向，可以使图层在空间旋转，同时通过使用图层的父级功能，可以实现图层的跟随运动功能。这些功能是影视特效常用的功能。特别是将 3D 图层功能与将要学习的摄像机功能相结合后，更能实现真实的三维影视特效。这是制作影视特效最常用的功能之一，一定要掌握。

课后思考

（1）如何在 After Effects CS4 中实现三维影视特效？
（2）如何在 After Effects CS4 中利用父级关系制作跟随动画？

课外阅读

什么是 3D 电影

原理：两只眼睛的奥秘。

这要从人的视觉原理说起。当看物体时，因为两只眼睛的角度不同，同一个物体在视网膜上形成的像并不完全相同。例如,左眼看到物体的左侧面较多,右眼看到物体的右侧面较多。这两个不同的像经过大脑综合以后,就能区分物体的前后、远近——从而产生立体视觉。可是,通常电影中的画面,都是用"一只眼睛"拍摄的——你什么时候见过长成望远镜模样的摄像机或者照相机呢?所以,立体感当然就相去甚远。

为了更好地说明,不妨做个小实验:闭上一只眼睛,在眼前大约30cm处举起双手的食指,然后向中间缓缓靠近,你会发现,当你的眼睛告诉你自己的手指已经碰到一起时,其实它们并没有。如果还不相信,就换一只眼睛再做一次吧。

当人类发明照相机,继而又发明电影时,大家的想法很简单:纪录并再现眼睛所看到的现实。虽然,当年法国的卢米埃尔兄弟把世界上最早的一部电影《火车进站》放映给观众时,不少观众被迎面驶来的火车吓得逃离座位。但人们很快就发现,这东西跟现实还是有很大差距。难怪美国人后来就给电影起了另外一个诨名——moving picture,干脆简略说成 movie,意思就是"移动的画"——它只是画而已,从本质上与我们所生活的现实有差异和距离感。这也成为安德烈·巴赞等电影学家在构筑自己理论时的主要出发点之一。

电影人和发明家们跃跃欲试——既然原理大家都明白,何不设法让我们用"两只眼睛看电影"呢?"3D电影"这个概念很快便浮现出来(值得说明的是,本文所述"3D电影",即"立体电影",并非采用计算机图形技术制作的3D动画片)。19世纪末,英国电影工业的先驱威廉·弗莱斯·格林就提出了关于3D电影的设想:在银幕上同时放映两个画面,观众通过眼镜来获得立体感。

3D电影发展到今天,遵循的依然是这个基本原理。一般来讲,3D电影是用两个镜头如人眼那样从两个不同方向同时拍摄,然后在放映时,通过两个放映机,把用两个摄像机拍下的两组胶片同步放映,并将这略有差别的两幅图像重叠在银幕上。仅仅这样还不够,此时你只能看到一团模糊的像。这时要借助光学原理,在放映机前面安装偏光设备,改变光射出时光波的振动方式。当这两束偏振光投射到银幕上再反射到观众处时,配合专用的立体眼镜,人的每只眼睛就只能看到相应一侧的像——即左眼只能看到左机放映出的画面,右眼只能看到右机放映出的画面。用这种方法"欺骗"我们的大脑后,就会得到立体感很强的图像。

立体电影的制作有多种形式,其中较为广泛采用的是偏光眼镜法。它以人眼观察景物的方法,利用两台并列安置的电影摄像机,分别代表人的左、右眼,同步拍摄出两条略带水平视差的电影画面。放映时,将两条电影影片分别装入左、右电影放映机,并在放映镜头前分别装置两个偏振轴互成90°的偏振镜。两台放映机需同步运转,同时将画面投放在金属银幕上,形成左像右像双影。当观众戴上特制的偏光眼镜时,由于左、右两片偏光镜的偏振轴互相垂直,并与放映镜头前的偏振轴相一致;致使观众的左眼只能看到左像、右眼只能看到右像,通过双眼汇聚功能将左、右像叠合在视网膜上,由大脑神经产生三维立体的视觉效果。展现出一幅幅连贯的立体画面,使观众感到景物扑面而来、或进入银幕深凹处,能产生强烈的"身临其境"感。

观看立体电影是一种奇妙的体验,无法用语言描述。想象一下,当长着獠牙的怪兽冲破银幕向你扑来,当射出的子弹仿佛直冲你的脑门……这绝对是一个崭新的世界。

资料来源:豆丁 http://www.docin.com

第2章 After Effects CS4 软件初探

第 7 课　灯光与摄像机的应用

灯光的应用在制作影视特效时是常用的特效之一。特别是在制作时尚类的片头时,效果尤为突出,它能丰富画面、增加画面层次。此外,灯光在真实的影像合成中也不可或缺,它模拟自然光的真实程度一点也不差。

摄像机也需要借助 3D 图层开关的打开才能展现它的魅力。当需要对整个画面进行镜头的移动或者空间变换的时候,就需要用到摄像机功能。这在很多影视特效或者栏目包装里也是经常用到的特效之一。

课堂讲解

任务背景：学完 After Effects CS4 的 3D 功能后,再学灯光与摄像机的应用就容易多了,因为它们基本上是相辅相成的。

任务目标：熟练掌握以及应用 After Effects CS4 的灯光与摄像机功能,制作一个时尚电视栏目片头。

任务分析：3D 功能、灯光、摄像机是一脉相承的,如果图层不打开 3D 功能开关,灯光与摄像机则会失效。所以在应用灯光与摄像机之前要确认 3D 功能开关是否已打开。

7.1　如何在 After Effects CS4 里应用灯光

在 After Effects CS4 里,灯光属性必须要借助 3D 图层开关的打开才能表现出灯光效果。灯光效果能为影片展现绚丽的质感、多彩的层次感和丰富的画面特效。在当今很多时尚类电视栏目包装中,经常能见到它的身影。

步骤 1　准备 3D 素材

将上一课的 3D-box.aep 文件打开,执行"文件"→"另存为"命令,保存并命名为"light"。

步骤 2　创建灯光照明

在菜单栏中执行"图层"→"新建"→"照明"命令;也可以在时间栏空白处右击,在弹出的快捷菜单中执行"新建"→"照明"命令,创建灯光。"照明设置"对话框如图 7-1 所示。

灯光可以模拟各种光源对合成影片的照射,即"照明类型"包括"平行光"、"聚光灯"、"点光"和"环境";"强度"是灯光照射区域的明暗程度;"圆锥角"是灯光照射区域的大小;"锥角羽化"是灯光照射区域边缘的模糊程度。选中"投射阴影",灯光将会对合成图层产生投影效果;

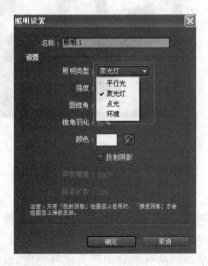

图　7-1

"阴影暗度"是投影的明暗程度;"阴影扩散"是投影的大小。单击"确定"按钮,完成设置。

步骤3 创建背景层

执行"图层"→"新建"→"固态层"命令,名称设置为"back","颜色"设置为"E1D8B8",单击"确定"按钮。在时间线上将图层拖到最下面一层。并选中"3D图层开关"复选框,展开"变换"属性,将"位置"中"Z轴向"的数值改为"360.0",即"360.0,288.0,360.0",如图7-2所示。并将图层的"比例"数值放大到"135.0",充满画面。此时,在图层上会有灯光效果呈现。

图 7-2

步骤4 打开各个图层的"投射阴影"开关

展开各个图层的"质感选项"属性,将"投射阴影"设置为"打开",此时在"合成"窗口可以看到阴影呈现出来,如图7-3所示。

步骤5 调整灯光的"目标兴趣点"和"位置"属性

展开"照明1"图层的"变换"属性。"目标兴趣点"是灯光照射方向,将数值调整为"370.0,280.0,−30.0";"位置"是灯光光源的位置,将数值调整为"345.0,210.0,−380.0"。

步骤6 调整灯光的"照明选项"属性

展开"照明选项"属性,将"强度"设置为"220%","圆锥角"设置为"90.0","锥形羽化"设置为"90%","颜色"设置为淡黄色,"阴影暗度"设置为"80%","阴影扩散"设置为"60.0",效果如图7-4所示。

图 7-3

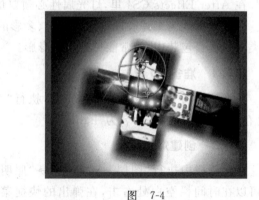

图 7-4

步骤7 调整灯光的位置动画

将时间线停留在第1帧处,展开"照明1"的"变换"属性,激活"时间秒表变化"图标,添加关键帧,将时间线停留在第1秒处,将"位置"数值改为"345.0,210.0,−500.0",将时间线停留在第4秒处,将Z轴向的"位置"改为"−900.0"。灯光的动画就完成了。可以自行给它增加一些有创意的镜头或者角度,效果如图7-5所示。

按空格键,预览动画,接着按"Ctrl+S"组合键,保存文件。接下来将要把它应用到下一

图 7-5

节的摄像机中。

7.2 如何在 After Effects CS4 里应用摄像机

摄像机运动动画用来在二维软件里表现三维特效,它是二维特效软件很好的延伸,基本上可以模拟三维软件的空间动画效果,给人以无尽的想象。

步骤1　准备3D素材

将已经制作好的含有 3D 图层的素材打开。在此继续应用上一节中的文件作为讲解内容。

打开 After Effects CS4 软件,执行"文件"→"打开项目"命令,打开上一节的"light.aep"文件,并随即另存为"camera.aep"。

步骤2　创建摄像机

执行"图层"→"新建"→"摄像机"命令,弹出"摄像机设置"对话框,如图7-6所示。

在"预置"中,分别有 15～200mm 的镜头。在一般的摄像机镜头术语里,小于 35mm 的镜头称为"广角镜头"。镜头值越小,它的广角越宽,例如在"摄像机设置"对话框中,可以看到,15mm 镜头的视角是 100.39°,而 200mm 镜头的视角只有 10.29°。广角最大的特点就是可以拍摄广阔的范围,具有将距离感夸张化、对焦范围广等拍摄特点。使用广角时可将眼前的物体放得更大,将远处的物体缩得更小,四周图像容易失真也是它的一大特点。

"焦长"就是镜头的长度,即胶片到镜头的距离。例如 15mm 镜头的焦长是 15mm,200mm 镜头的焦长是 200mm。"摄像机设置"对话框中的"变焦"就是"焦距",指镜头到物体之间的距离。变焦值与镜头值成正比。在本例中选择 35mm 镜头,单击"确定"按钮。

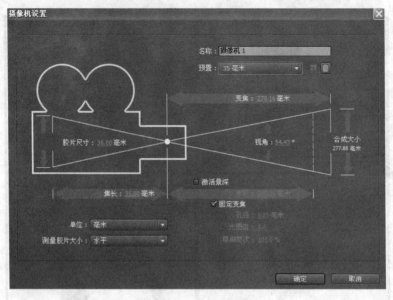

图 7-6

步骤3 调整摄像机的"目标兴趣点"和"位置"属性

创建好摄像机后,此时的"合成"窗口角度就是从摄像机的角度观察的。而摄像机的观察角度是可以调整的。

展开摄像机1的"变换"属性,"目标兴趣点"是摄像机的"拍摄焦点"。调整此数值可以改变物体显示的位置。在此将数值调整为"380.0,660.0,30.0"。

"位置"是摄像机的镜头所在处,改变此数值可以改变拍摄角度。此时,将数值设置为"500.0,1360.0,-440.0"。在第1秒第14帧时,"合成"窗口的效果如图7-7所示。

当"目标兴趣点"数值为"420.0,444.0,15.0","位置"数值为"315.0,1033.0,-560.0"时,第1帧的"合成"窗口效果如图7-8所示。

图 7-7

图 7-8

步骤4 调整摄像机的"摄像机选项"属性

展开"摄像机选项"属性,"缩放"选项是调整摄像机焦点的远近。参数值越大则焦点越近,画面也就越大,视觉范围越小。"景深"打开时,可设置焦点前后的模糊程度和距离,这样更容易让观众聚焦视觉目标点。"焦距"的参数值越大,"景深"越远,反之越近。"孔径"选项控制景深的深度。

将"缩放"设置为"765.8","景深"打开,"焦距"设置为"917.8mm","孔径"设置为"2208.0mm",画面效果如图7-9所示。

图　7-9

将"缩放"设置为"765.8","景深"打开,"焦距"设置为"940.8mm","孔径"设置为"500.0mm",画面效果如图7-10所示。

图　7-10

很明显,"孔径"越大,模糊的程度越大,焦点模糊的范围越小,即"聚焦"效果越厉害。反之,画面效果越平。

7.3　一个时尚片头实例——时尚生活之走近大师

步骤1　在Photoshop里制作素材文件

在Photoshop里执行"文件"→"新建"命令,在弹出的"新建"对话框中设置"宽度"为"320px"、"高度"为"390px"、"背景内容"为"透明"。制作4个图像素材层,为每个层的素材添加描边。双击图层图标,在弹出的"图层样式"对话框中设置"描边"为"18px"。设置完成后为图层命名,保存为"fashion.psd",如图7-11所示。

步骤2　打开After Effects CS4软件,新建合成组

打开After Effects CS4,在欢迎界面上单击"新建合成组"按钮,设置"合成组名称"为"C1"、"预置"为"PAL D1/DV"、"帧速率"为"25帧/秒"、"持续时间"为"0:00:10:00"。

步骤3　导入素材

双击"项目"窗口空白处,在弹出的"导入文件"对话框中,选择"fashion.psd"文件,单击"打开"按钮。在导入设置中,点选"选择图层"单选按钮,并分别选择1、2、3、4图层,点选"忽略图层样式"单选按钮,设置"素材尺寸"为"文档大小",单击"是"按钮。

图 7-11

从"项目"窗口将导入的素材拖曳到"时间线"窗口上,并按顺序排列好。按"Ctrl+S"组合键,弹出"另存为"对话框,设置"文件名"为"fashion.aep",单击"保存"按钮关闭对话框。

步骤 4　创建背景图层,打开 3D 图层开关

在"时间线"窗口空白处右击,在弹出的快捷菜单中执行"新建"→"固态层"命令,在"固态层设置"对话框中设置"名称"为"白色固态层 1"、"颜色"为"白色",单击"确定"按钮。然后在"时间线"窗口上将"白色固态层 1"拖曳至最下层。

单击图层右侧"3D 图层开关"按钮,将所有图层转换为 3D 图层,如图 7-12 所示。

图 7-12

步骤 5　创建摄像机

在"时间线"窗口下方空白处右击,在弹出的快捷菜单中执行"新建"→"摄像机"命令。在弹出的"摄像机设置"对话框中设置"名称"为"摄像机 1",勾选"激活景深"复选框,单击"确定"按钮,如图 7-13 所示。

步骤 6　调整自定义摄像机以及各图层的三维空间位置

单击"合成"窗口右下角的"3D 视图"下拉菜单,选择"自定义视图 1"选项,按 C 键,在"合成"窗口中调整视图的位置,如图 7-14 所示。

选择"图层 1",单击图层左侧的小三角按钮,打开"变换"属性,将"位置"数值的 Y 轴向调整为"800.0",将"X 轴旋转"数值调整为"90.0°"。

用同样的方法,将"图层 2"的"位置"数值设置为"100.0,400.0,0.0",将"X 轴旋转"数值设置为"90.0°";将"图层 3"的"位置"数值设置为"360.0,0.0,0.0",将"X 轴旋转"数值设置为"90.0°";将"图层 4"的"位置"数值设置为"100.0,-400.0,0.0",将"X 轴旋转"数值设置为"90.0°"。

第2章　After Effects CS4 软件初探

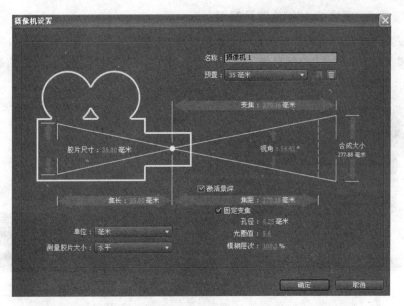

图 7-13

图 7-14

选择"白色固态层 1",单击图层左侧的小三角按钮,打开"变换"属性,将"位置"数值设置为"360.0,288.0,210.0",将"比例"数值调整为"400.0",全部数值设置好后,4 个图层在"合成"窗口中的位置如图 7-15 所示。

在调整"合成"窗口的观看视角时,选择"自定义视图 1",按 C 键,此处按 C 键可以切换摄像机镜头的"位置"、"缩放"、"旋转"等功能来配合调整视角,可以方便设置三维空间的位置。

步骤 7　调整"摄像机 1"的位置及视图

在"合成"窗口右下角的"3D 视图"里通过切换"摄像机 1"和"自定义视图 1",并配合快捷键 C 键和 V 键,来调整"摄像机 1"的位置视图,"摄像机 1"的"变换"属性里的数值调整如图 7-16 所示。

图　7-15　　　　　　　　　　　　　　　　　图　7-16

各个图层以及"摄像机 1"在"合成"窗口中的效果如图 7-17 所示。当前摄像机 1 的视图如图 7-18 所示。

图　7-17　　　　　　　　　　　　　　　　　图　7-18

步骤 8　创建灯光照明,调整灯光属性

在"时间"线窗口下方空白处右击,在弹出的快捷菜单中执行"新建"→"照明"命令。在弹出的对话框中,设置"名称"为"照明 1"、"颜色"为"白色"、"照明类型"为"聚光灯",勾选"投射阴影",单击"确定"按钮。

分别选择"图层 1"、"图层 2"、"图层 3"、"图层 4"和"白色固态层 1",单击图层左侧的小三角按钮,打开"质感选项"属性,将"投射阴影"打开。此时在"合成"窗口中出现投射阴影效果。

在"合成"窗口处的"3D 视图"里,选择"自定义视图 1",按 C 键,调整视图,然后按 V 键,调整"照明 1"属性中的"目标兴趣点"和"位置",也可以在"图层"的"变换"里调整。调整好后,效果如图 7-19 所示。

调整完毕后,摄像机 1 的视图效果如图 7-20 所示。

第2章 After Effects CS4 软件初探

图 7-19

图 7-20

步骤 9　创建环境照明，调整灯光属性

现在整个画面效果太暗了，还要再加一个环境照明。

在"时间线"窗口下方的空白处右击，在弹出的快捷菜单中执行"新建"→"照明"命令，在弹出的对话框中设置"名称"为"环境光"、"强度"为"40％"、"颜色"为"白色"，单击"确定"按钮。现在"合成"窗口中的视图效果明亮许多，如图 7-21 所示。

步骤 10　设置摄像机 1 的景深效果

在"合成"窗口的"3D 视图"里将当前视图转换为"摄像机 1"视图。选择"摄像机 1"图层，单击图层左侧的小三角按钮，展开"摄像机选项"属性。将"景深"打开，"焦距"数值设置为"900.0mm"，"孔径"设置为"200.0mm"，"模糊层次"设置为"250.0％"。"合成"窗口中的效果如图 7-22 所示。

图 7-21

图 7-22

步骤 11　设置摄像机 1 的动画

在"合成"窗口的"3D 视图"里选择"自定义视图 1"调整视图，以方便设置摄像机 1 的动画，如图 7-23 所示。

将时间线停留在第 1 秒处，在摄像机 1 图层的"变换"属性里激活"目标兴趣点"和"位置"左侧的"时间秒表变化"图标，添加关键帧；将时间线停留在第 1 秒第 6 帧处，按 V 键，在"合成"窗口移动摄像机的位置坐标轴至"图层 2"前，如图 7-24 所示。

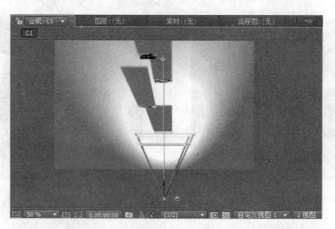

图 7-23

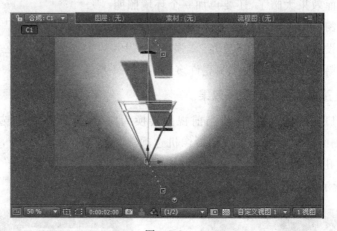

图 7-24

此时,摄像机1的视图效果如图7-25所示。

将时间线停留在第2秒第6帧处,将摄像机1的位置稍微向前移动一下或者左右稍微调整一下,使摄像机的运动有点缓冲动画效果。

将时间线停留在第2秒第12帧处,将摄像机1的位置移动到"图层3"前(调整的时候配合"自定义视图1"和"摄像机1"视图来观看效果);然后将时间线停留在第3秒第12帧处,稍微向前移动摄像机,设置摄像机的缓冲动画效果。

将时间线停留在第3秒第18帧处,将摄像机的位置调整到"图层4"前;然后将时间线停留在第4秒第18帧处,设置摄像机的缓冲动画效果。

图 7-25

步骤12 调整摄像机1的运动路径

在"合成"窗口处的"3D视图"里选择"自定义视图1",然后在图层中选择"摄像机1",显示出"摄像机1"的运动路径轨迹,调整轨迹,使动画更流畅,如图7-26所示。

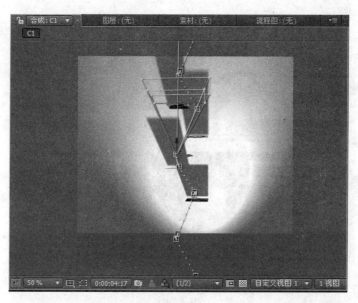

图 7-26

如果在设置动画的过程中发现,景深效果影响画面的清晰度,可以设置景深的动画。

步骤 13　修改"合成"窗口背景颜色,给影片增加音效

执行"图像合成"→"背景色"命令,在弹出的"背景色"对话框中选择"吸管工具",用"吸管工具"在"合成"窗口吸取与地面相近的颜色,如图 7-27 所示。

图 7-27

在"项目"窗口中双击,在弹出的对话框中选择素材"音效 011",单击"打开"按钮,然后在"项目"窗口中将"音效 011"拖曳到时间线上。这样就增加了背景音效。

步骤 14　渲染输出

按"Ctrl+S"组合键,保存项目,按小键盘的 0 键,预览动画,将"工作区域结束点"移动到第 6 秒处,按"Ctrl+M"组合键,渲染输出,最终效果如图 7-28 所示。

图 7-28

课堂练习

任务目标：参照第 7 课，设计一个有灯光和摄像机特效的时尚片头。
任务要求：画面美观大方、时尚、有创意。

练习评价

项　　目	标准描述	评定分值	得　分
基本要求 75 分	体现影像的摄像机动画效果	25	
	有灯光特效，景深运用得当	25	
	动画流畅，制作精细，节奏感强	25	
拓展要求 25 分	最好加上自己的创意	25	
主观评价		总分	

本课小结

在 After Effects CS4 里，灯光和摄像机属性必须借助 3D 图层开关的打开才能表现出效果。灯光效果能为影片展现绚丽的质感、多彩的层次感和丰富的画面特效。当需要对整个画面进行镜头的移动或者空间变换的时候，就需要用到摄像机功能。好的片头栏目或者视频包装都应该是对整个画面的动画特效有完全的掌控。而这些都需要借助摄像机的功能，无论是在 After Effects CS4 里还是在其他软件里，这都是很关键的。

课后思考

（1）灯光和摄像机的常用参数有哪些？
（2）有哪些元素可以表现出时尚的感觉？

课外阅读

电视包装的演变及发展

在这个日新月异的时代,电视已不是人们获取资讯、丰富生活的唯一手段。那么如何才能使电视栏目更吸引观众,电视内容和电视包装遭遇前所未有的挑战。面临强大压力的电视制作人开始对包装提出更高的要求,不仅要大气、美观、有视觉冲击力,还必须有个性、能够形成统一鲜明的频道特色。

下面,我们就循着电视技术特别是 CG 技术前进的脚步,来简要地重温并展望电视包装演变和发展的历程,并从电视包装这个角度来进行探讨。

1. 质感时代

在 20 世纪 90 年代中期,国内已经有了一批相对比较成熟的电视包装制作团队。当时制作人员经常挂在嘴边的一个名词是:质感。标志、片头元素的材料质感基本上能决定一条片头的质量。大部分的公司客户和创作人员也基本上是凭着物体元素的质感来判断一条片头的质量。因为当时广告界学美术出身的人基本上都在从事平面设计,很少有从事影视广告制作的,所以直接造成了当时许多电视片头缺乏艺术感和人文思想。

当然,纯三维制作的片头精品在这个时期也在不断涌现。一些有相当深厚摄像基础的创作人员充分利用被计算机彻底"解放"了的、不受制作成本制约的"道具"(这里指三维制作的元素),也完成了很多大气、富有冲击力,并且质感丰富的三维片头精品。这些作品都有一个普遍的特点,那就是充分发挥了三维动画软件在镜头、空间及道具上的长处,并且借鉴了传统电视摄像在镜头、布光及舞美上的技法。

2. 设计时代

宽泰以及 Flint(Flame)在电视包装制作的应用由于其高昂的价格而很难在制作群体中普及。直到 After Effects 这一基于 NT 平台而又相对廉价的软件出现,才使最广大的制作群体有了一个在广告及电视包装制作过程中可以充分展现设计才华的舞台。

在这个时期,许多从事平面设计创作的设计师投入到影视广告及电视媒体包装的领域,同时带来了成熟的设计理念和丰富的人文思想,使得电视包装更富于艺术想象和人文内涵,同时也更漂亮、更富有亲和力。使得作品仿佛一幅生动的油画,或是一幅空灵的国画,片头也仿佛一幅设计思想前卫的海报。

丰富多彩的创作手法带来了丰富多彩的艺术表现形式,这是一个里程碑式的进步。大气、质感及冲击力等名词不再被成天挂在嘴边。"有内涵"经常被用来形容制作精良、成功的片头。陕西省电视台国际部的《影像》栏目片头,以及节目《崭新的荧屏永恒的爱》的片头即属于这一类型中比较出彩的两个例子。

卡通形式非常早地就被引入电视包装,设想一下,可以创作一批取材于陕西本土神话故事的卡通类宣传片,在轻松幽默又富于情趣的表现形式下可以使宣传陕西电视台、宣传陕西的主题更有效地传播。

3. 整合时代

电视台现在将栏目看做产品,而整个频道则被视为品牌。通过整体包装,形成频道品牌形象。频道的标志、名称、标准色等品牌的主视觉元素成为整体包装的传播核心。单个片头的美观及单个宣传片的创意不再成为包装成败的评判标准,而包装的统一协调、主视觉元素的传达力度以及频道品牌形象的传播能力已成为评判电视包装成败的最主要依据。所以电视包装的重心从以往的概念创新和技术研发转移到概念整合及技术整合上来。

既然将栏目看做产品,将频道视为品牌,那么就必须用研究品牌的方法来研究媒体。通过对已经树立起来的强势品牌的研究,我们发现,这些品牌的背后都有一个经过提炼的品牌核心价值。而这个核心价值又会以品牌口号(广告语)的形式成为品牌形象传播的主体。确立了传播主体后,需要确立的是传播载体。频道的标准色、名称、标志等主视觉元素是以往传统的传播载体。但是在中国的特殊媒体环境中,由于电视媒体庞大的数量,使得主视觉元素的识别能力大大降低。如果一味地依赖传统的传播载体,传播效果肯定会大打折扣。2000年的一次观众调查表明,对于许多中小电视台而言,20%左右的正在收看该频道的观众不能够清晰准确地回答自己看的是什么频道、什么台,这就造成了收视率的大量流失。品牌概念的不清晰给电视媒体带来的直接经济损失可见一斑。而造成这种现象的一个重要原因就是传统传播载体的识别能力弱化。所以寻找新的频道品牌形象载体是提升电视整体包装品牌传播力的有效途径。

技术整合实际上就是创作资源的整合。经过多年的发展,各种日新月异的创作技巧和手段以创作资源的形式存在于影视制作人及相关合作的伙伴中。有责任感的影视制作人在完成整体包装时,为了最理想地完成包装的整体构思,即使在损失部分利润的前提下,也会将自己不擅长的制作镜头交给与包装相关的合作伙伴去完成。然后再由自己的艺术总监将其整合到自己的整体包装中去。那些认为什么都是自己做得最好的制作人,终将因为整合技术能力的缺乏而在竞争中处于劣势。此处的整合技术的定义已不仅仅是整合内部的创作资源,确切的定义应该是整合所有能调动的创作资源。

4. 未来趋势

电视媒体包装的技术与概念正在飞速发展,对于整个行业而言,革命性的变化就在眼前。

如果说提升频道形象是电视整体包装的直接目的话,那么,提升电视产品营销力是电视包装的最终目的,而营销力恰恰体现在广告收益上。

从目前国内整体情况来说,电视包装的营销力普遍不足。这有两个方面的原因:一是目标对象原因,频道包装是放给观众看的,而电视台广告的直接客户却是企业,而企业投放广告的最主要参考因素是权威调查机构的收视率调查以及覆盖范围等;二是目前电视台所习惯的包装结构中,具有直接营销力的只有广告部,显得力量单薄。

所以电视台除了做一套好的包装以外,也要做一些平面广告、海报等,还要搞路演等推广活动。但由于是在缺乏统一协调的情况下来完成这些工作的,使得最终的品牌传播效果大打折扣。

所以要实行整合营销传播。整合营销传播要求每一个传播主体必须在任何时间、任何地点都要传达协调的、一致的品牌最强音。而这正是目前国内各电视台在自我营销推广活动中最欠缺的。如果电视媒体上升到整合营销传播层次,势必对现有的市场产生极大的冲击。

资料来源:百度 http://www.baidu.com

第 8 课　遮罩的应用

在制作合成特技时，常会将多幅画面融合在一起，这样的画面效果在 After Effects CS4 里有多种合成方法。一种是用 After Effects CS4 自带的混合模式进行混合，这是基于图像本身的色调或者本身的明暗的；一种是用图像自带的 Alpha 通道（图像本身有透明信息）来进行与其他画面的叠加，但是一般的拍摄画面不会有这样的信息功能，除非是其他软件制作输出的带有通道信息的画面，例如 TARG、IFF、ALR 格式的图像等；还有一种方法就是利用软件本身功能制作一个通道或者遮罩，来对画面进行叠加，然后通过羽化或者调整透明度，来对画面进行柔化融合，达到完美的合成效果。

课堂讲解

任务背景：经常在电视里看到非常丰富的画面效果，有很多动画元素，传达丰富的画面信息，这些合成效果是怎么制作出来的呢？本课将用遮罩功能来实现它。

任务目标：熟练掌握 After Effects CS4 的遮罩功能，学会用多种方法合成画面和丰富画面效果。

任务分析：用钢笔工具能在图层上绘制各种形状的蒙板，After Effects CS4 还能与 Photoshop 或者 Illustrator 结合来制作遮罩。遮罩可以通过调整透明度或羽化效果，来与背景图像融合，以达到完美的画面效果。

8.1　遮罩的概念及其创建方法

遮罩（Mask），实际是一个路径或者轮廓图，用于修改图层的 Alpha 通道。在默认情况下，After Effects CS4 中均采用 Alpha 通道合成图层。对于运用了遮罩的图层，将只有遮罩里面的图像显示在合成图像中（如果要显示遮罩外面的图像，可以选择 Layer→Mask→Invert 命令）。遮罩在视频设计中广泛使用，例如可以用来"抠"出图像中的一部分，使最终的图像仅有"抠"出的部分被显示。After Effects CS4 提供了强大的遮罩创建、修改及动画功能，支持对某个特定的层设定多达 128 个的多重 Mask，单击"时间线"窗口中的相应影片素材层即可以建立它的遮罩。After Effects CS4 提供了方便的工具箱，可以使用钢笔、几何图形等工具对 Mask 进行修改，并且可以对 Mask 的变化和运动进行时间设定并制作出动画。

创建遮罩有以下几种方法。

1. 标准几何遮罩工具

After Effects CS4 提供了工具栏供用户使用，如图 8-1 所示为标准几何遮罩工具的

图 8-1

图标。

方法：用工具栏的几何遮罩工具直接在图层上拖曳绘制，快捷键为 Q。绘制时按住 Shift 键，可以绘制出标准几何形状，如图 8-2 所示。

图 8-2

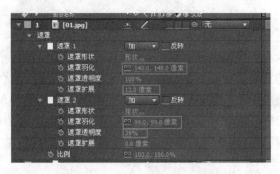

图 8-3

绘制好图形后，在"合成"窗口中可预览该图层的画面效果。该图层下会增加相应的"遮罩"属性，如图 8-3 所示。

"遮罩形状"：用来记录遮罩的形状变化时间，即记录形状的动画效果。

"遮罩羽化"：用来模糊遮罩边缘，与背景形成柔和的过渡效果。

"遮罩透明度"：设置遮罩对该图层的透明程度。

"遮罩扩展"：设置遮罩对其边缘的扩散影响范围。

"反转"：反向现实遮罩效果。

设置不同参数值图层会有不同的变化，遮罩效果如图 8-4 所示。

图 8-4

2．用钢笔工具绘制遮罩

使用工具栏中的"钢笔工具"也可以绘制遮罩，如图 8-5 所示。

图 8-5

工具栏的"钢笔工具"可以绘制任何形状的遮罩，提供最为精确的控制。要绘制直线，在工具栏直接单击"钢笔工具"按钮可以产生一个控制点，每次在新的位置单击，After Effects CS4 将自动连接这些控制点。绘制过程中如果要修改某点，可以按住 Ctrl 键进行修改，松开后可以继续进行绘制，如图 8-6 所示。

绘制好遮罩形状后，还可以利用"选择工具"和"钢笔工具"编辑遮罩形状，"钢笔工具"的使用与 Photoshop 中是一样的，如图 8-7 所示。

调整遮罩时，可以单独选择一个或者几个点，调节点的位置；也可以按住 Alt 键单击遮罩（或双击遮罩），选择整个遮罩，然后移动、旋转、缩放遮罩；还可以用方向键进行精确位置

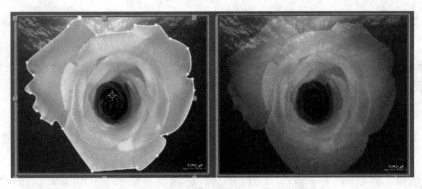

图 8-6

图 8-7

的调整。如果保持遮罩位置不变,要移动遮罩后面的图层,选择工具栏上的"定位点工具",在"合成"窗口中直接拖曳遮罩后面的图层即可。

3. 通过 Photoshop 或者 Illustrator 软件绘制路径,转成遮罩

在 Photoshop 或者 Illustrator 里绘制好路径后可以直接进行复制,然后粘贴到 After Effects CS4 里来制作遮罩。

在图层上右击,在弹出的快捷菜单中执行"遮罩"命令可以看到遮罩的更多选项,如图 8-8 所示。

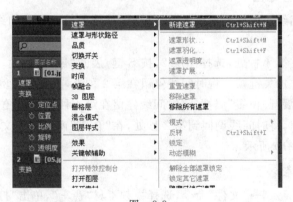

图 8-8

8.2 电影《疯狂的赛车》片头的蒙板特效制作

步骤 1 新建合成组

打开 After Effects CS4,单击"新建合成组"按钮,在弹出的对话框中设置"合成组名称"为"C1","宽"、"高"分别为"720px"、"576px","帧速率"为"25 帧/秒","持续时间"为"0:00:20:00",单击"确定"按钮。按"Ctrl+S"组合键,保存项目,项目命名为"crazy.aep"。

步骤2 创建背景层

在"时间线"窗口空白处右击,在弹出的快捷菜单中执行"新建"→"固态层"命令,在弹出的"固态层设置"对话框中设置"名称"为"back"、"宽"为"720px"、"高"为"100px"、"颜色"为"红色",单击"确定"按钮。

步骤3 输入文字

选择工具栏中的"文字输入"工具,在"合成"窗口中输入"终",在右侧的浮动窗口中修改文字属性,设置"大小"为"88px","字体"选择"长城特粗黑体"。

再次选择工具栏的"文字输入"工具,在"合成"窗口中输入"点Finish"。在"合成"窗口中修改并调整位置,在右侧的浮动窗口中修改文字属性,设置"大小"为"88px",中文字体选择"长城特粗黑体",英文字体选择"arial black",都不加粗,如图8-9所示。

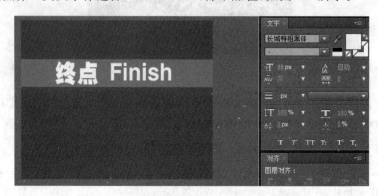

图 8-9

步骤4 制作文字动画

将图层1的时间线起始位置拖曳到第4秒处,再将图层3的时间线起始位置拖曳到第4秒处。

将时间线停留在第4秒处,选择图层2,按S键,展开"比例"属性,激活"比例"前的"时间秒表变化"图标,添加关键帧。将时间线停留在第2秒处,将文字比例数值改为"240.0%,240.0%"。按P键,展开"位置"属性,将时间线停留在第4秒处,激活位置前的"时间秒表变化"图标,添加关键帧,将时间线调回到第2秒处,在"合成"窗口中将文字的位置调整到"合成"窗口中心,如图8-10所示。

步骤5 导入素材

执行"文件"→"导入"→"文件"命令,选择视频素材"赛车",单击"打开"按钮。

从"项目"窗口中将"赛车"素材拖曳到时间线的最下面。将时间线起始位置拖曳到第4秒处,并在"合成"窗口中调整位置和大小,如图8-11所示。

步骤6 预合成图层

执行"图像合成"→"背景颜色"命令,在弹出的"背景色"对话框中将背景颜色修改为"黑色"。

将"终"图层拖曳到最上层。选中最下面三层,执行"图层"→"预合成"命令,设置"新建合成名称"为"CC2",勾选"移动全部属性到新建合成中"单选按钮,单击"确定"按钮。

图 8-10

图 8-11

图 8-12

步骤 7 制作遮罩动画

选择 CC2 图层，将时间线停留在第 4 秒处，选择工具栏的"矩形遮罩工具"，在 CC2 图层上绘制矩形遮罩。在工具栏上，单击"选择工具"按钮，在"合成"窗口中对遮罩形状进行调整（在选择多个遮罩控制点时，可以按住 Shift 键多选），如图 8-12 所示。

选择 CC2 图层，单击图层左侧的小三角按钮，打开"遮罩"的"遮罩 1"属性。确定将当前时间线停留在第 4 秒处，激活"遮罩形状"前的"时间秒表变化"图标，添加关键帧。然后将当前时间线停留在第 5 秒处，在"合成"窗口中将遮罩形状展开，调整形状，如图 8-13 所示。

将当前时间线停留在第 6 秒处，在"合成"窗口中调整遮罩的形状，将遮罩完全展开显示影像（移动遮罩点时，按住 Shift 键，可沿垂直或者水平方向移动）。此时在时间线上会自动增加关键帧，如图 8-14 所示。

图 8-13

图 8-14

步骤 8　添加"高斯模糊"滤镜

将当前时间线停留在第 6 秒处，选择"终"图层，在图层上右击，在弹出的快捷菜单中执行"效果"→"模糊与锐化"→"高斯模糊"命令。在弹出的"特效控制台"中激活"模糊量"前的"时间秒表变化"图标，添加关键帧，将当前时间线停留在第 7 秒处，将"模糊量"数值修改为"15.0"。

步骤 9　复制粘贴"高斯模糊"滤镜

选择"终"图层的"效果"，执行"编辑"→"复制"命令，然后双击 CC2 图层，选择"点 Finish"图层，执行"编辑"→"粘贴"命令；然后再选择 back 图层，执行"编辑"→"粘贴"命令。此时这两个图层都有了高斯模糊效果。

步骤 10　修剪时间线

回到 C1"合成"窗口，将当前时间线停留在第 9 秒第 10 帧处，分别选择"终"图层和 CC2 图层，按"Ctrl＋Shift＋D"组合键，裁切图层，并将后面多余的图层删除，如图 8-15 所示。

图 8-15

接下来保存文件,渲染输出,最终效果如图 8-16 所示。

图 8-16

课堂练习

任务目标:制作一个影视片头,用遮罩来进行特效的合成。
任务要求:画面美观大方,大气,动画节奏流畅。

练习评价

项　　目	标 准 描 述	评定分值	得　　分
基本要求 75 分	蒙板特效突出,视觉效果强烈	25	
	制作精细,动画流畅	25	
	画面美观大方	25	
拓展要求 25 分	有创意,能综合运用其他特效	25	
主观评价		总分	

本课小结

通过学习三维影像特效的制作,主要掌握用"钢笔工具"在图层上绘制各种形状的遮罩与背景影像进行合成。除此之外,After Effects CS4 还能与 Photoshop 或者 Illustrator 结合来制作遮罩。遮罩可以通过调整透明度或羽化效果,来与背景影像融合,以达到完美的画面效果。遮罩可以丰富画面元素、增加画面层次,在影像合成中是不可或缺的合成技巧之一。

课后思考

(1) 制作遮罩有哪些方法?
(2) 如何在 Photoshop 或 Illustrator 里绘制遮罩,并且应用到 After Effects CS4 中?

课外阅读

电视片头后期合成软件及制作流程与技巧

打开电视,总能被一些色彩绚丽、设计精致的短片所吸引,这些短小精悍的短片就是平时俗称的片头,确切地说应当称它们为电视频道整体包装。

例如《动物世界》的片头,传统的手段配上激进的音乐,回想起来还历历在目。现在电视媒体已经成为大众广泛接受的形式之一,频道和栏目众多,如果不进行醒目的整体策划包装,很难体现各自的频道特征,容易被淹没在电视节目的海洋中。

1. 片头制作常用的后期合成软件简介

在电视频道包装中经常会使用到的软件主要包括三个方面,分别是平面设计软件(如 Photoshop、Illustrator 等)、2D/3D 动画软件(Flash、Max、Maya、XSI 等)和后期合成软件(After Effects、Digital Fustion、Combustion、Shake 等),也就是说如果想成为一名合格的电视包装设计师必须学会至少 5 个 CG 软件。一般情况下,这些软件都是成套使用,虽然没有严格的界定,但是一般像 Maya 这样的 3D 软件习惯于配合 After Effects 或 Digital Fustion,而 3ds Max 和 Combustion 配合更能发挥出它的优势。

2. 片头制作流程简介

电视包装中片头制作占据了主要的位置,甚至片头成为整个包装的代名词,做任何事情大多需要有一个预先的规划,作为使用复杂计算机工具来制作电视美学形态的电视包装,也有其比较规范的制作流程,这个流程可以让你更为快速地解决问题,达到理想的视觉效果。整个电视包装系统极其庞大,这里以电视片头的制作为切入点来谈谈它的制作流程。

正规的电视包装的制作过程非常复杂,其中包括前期调研,品牌的定位与制作,整体策划和设计阶段,最后是具体的制作。国内由于一些特殊的原因,真正规范地按照这种科学的包装制作过程来制作的包装少之又少,大多停留在模仿国外电视台的包装制作手法上,甚至都没有比较全面地考虑风格,这不能不说是一种悲哀。

一般情况下,前期的调研都被无情地省略掉了,这使包装本身的目的性几乎全部丧失,目的性丧失后的包装基本属于是仅凭设计师制作经验在黑夜中摸索进行的。一般的制作步骤如下。

① 确定将要服务的目标。
② 确定制作包装的整体风格、色彩节奏等。
③ 设计分镜头脚本,绘制故事版。
④ 进行音乐与视频设计,拿出解决方案。
⑤ 与客户沟通,确定最终的制作方案。
⑥ 执行设计好的制作过程,包括涉及的 3D 制作、实际拍摄、音乐制作等。
⑦ 最终合成为成片输出播放。

以上是简单的片头的制作过程,这已经是被精简过的制作流程,但是在实际的工作当中还可以进行必要的调整。很多电视包装制作的周期相当短,这导致很多制作公司或者制作者将本来就很精简的制作过程再次精简,甚至取消脚本的绘制与设计,直接就在计算机上实现走一步算一步,这样一来制作出来的成片的质量可想而知。

国内的大多情况是将一条已经制作好的包装作为临摹的样片,将其中的文字进行替换,或将其中的色彩进行替换。在设计的过程中参考前人的成功案例,是快速提升制作水准的一种方法,但是如果是纯粹进行抄袭就没什么意义了,这个过程中通过临摹应当学习到更多的制作技巧,更重要的是要学习到设计方法和制作理念。

一般来说,临摹片子的步骤就更为精简。先是找到适合使用的片子的样本,将这些样本在后期制作软件中切成单一的镜头,然后对已经被分割成镜头的片段进行元素识别,看看里面使用了哪些元素,然后对片中使用的技术进行破解,这需要对软件有比较深入的了解,值得注意的是,技术破解千万不要等到真正开始制作的时候再去考虑。最后使用手中的工具生成自己经过修改的元素,完成整条片子的制作。

3. 音乐小样

一条电视包装片头的制作涉及多方面的因素,需要前期、后期音乐等部门密切合作、及时沟通才能完成。在一条片头中,节奏感非常重要,所以一般情况下有了大体的想法后就需将创意与音乐制作人及时沟通,生成音乐小样,然后依据已经有的音乐小样来控制画面效果达到音画同步。

4. 预先考虑裁剪需要

在制作过程中,一般情况是在生成故事版的时候就会将每一个镜头的时间做好设计,但是在实际的制作过程中,一般都会将这个时间向前与向后改动一点,这主要是考虑到剪辑问题,如果使用了正好的时间来制作某个镜头,在最后需要调整的时候不得不再次去制作一些,这样一来将耗费很多不必要的时间。所以说在制作的过程中就要预先考虑到这样的裁剪需要。

5. 预先准备元素,提高制作效率

制作电视片头一般都会和播出挂钩,所以时间都是说一不二的,这样一来就要求制作者要在非常紧迫的时间内完成任务,而大多数时间内,包装设计者是空闲的,累的时候又几天不能睡觉,感觉时间永远不是控制在自己的手中。

电视包装作为一个大众的媒体,很多的东西依然是使用套路的,里面的内容将是很多元素与特技的大杂烩。制作者在成片或者设计之前可以先将一些格式化的元素先制作出来,需要的时候直接拿出来用。所以在空闲的时间,建议大家在不同类型的包装中将要使用的动态背景多制作几套,这样在需要制作片头的时候可以直接调用这些已经制作好的背景图片,节省创意、制作和渲染的时间,大大地缩短制作的周期。

在电视包装中可以用这种方法预先制作的元素还是很多的,例如一些动态背景、标准图层和片头中的金属文字材质,制作者可以在工作的空闲时间内完成这些小元素的制作。一般制作者的空闲时间都浪费在游戏、上网聊天上了,如果将这些时间用于技术研究和这些素材的制作,那么工作效率将大大提高。

6. 注重学习和分析

任何文艺类型的作品都是可以通过临摹来进行学习和进步的,电视包装也是一样,但千万不要一味地只追求制作的效果,在进行临摹的时候更多的不只是表面地模拟一条片子的制作,要深层次地进行破解,研究一条片子的成功原因,把握成片制作的精神内涵,学习成功的制作理念而非表面的光影效果,做到临摹的片头看不出痕迹,这才是高手。

随着电视行业的蓬勃发展,电视包装必将以更快的速度发展,一年前的片子现在再去看很可能感觉漏洞百出。激烈竞争要求业内的每一位电视工作者都能迅速地提高自己的水平,无论是技术还是艺术修养。电视包装还是一个美丽而年轻的行业,真切地希望每一位热爱这个行业的包装设计师,都能制作出更多被大众欣赏和喜欢的包装,将美丽带到生活的每一个角落。

资料来源:http://www.5ds.com

第 3 章

After Effects CS4文字特效

知识要点

- 创建文字
- 编辑文字
- 中国书法文字
- 波纹荡漾的文字特效
- 粒子聚集成字特效
- 消失的粒子文字特效
- 文字光芒放射特效

第 9 课 如何在 After Effects CS4 里做文字特效

文字不仅是传达信息的最重要元素,也是画面构成不可缺少的设计元素。文字特效更是影视特效里必不可少的画面元素。无论电影片头的文字特效还是电视片头的文字特效,都是千变万化的。After Effects CS4 提供了非常强大的制作文字特效的工具,例如路径文字、书法文字等。After Effects CS4 还提供了强大的插件支持,使文字在影视中的表现更加绚丽多彩、引人注目。

课堂讲解

> **任务背景**:你可能已经学到了不少影视合成的技巧和影视特效的表现方法。接下来,使用 After Effects CS4 制作文字特效,可以使画面更加生动绚丽。
> **任务目标**:熟练掌握文字特效的创建方法,使用各种插件创建文字特效。
> **任务分析**:使用工具栏的文字工具和执行"效果"菜单中的命令均可以创建文字,"文字特效"菜单中还提供了基本文字、数字、路径文字和定时等滤镜特效。此外,还可以借助其他滤镜特效来制作文字效果。

9.1 创建和编辑文字

在 After Effects CS4 中创建文字有多种方法。

第一种创建文字的方法是,在工具栏中选择"创建文字"工具直接在"合成"窗口中输入文字,"创建文字"提供了两种排列方法,其一是"横排文字工具";其二是"竖排文字工具",如图 9-1 所示。

文字创建好后,在图层中会自动增加图层,在图层里可以进一步对文字进行编辑或者修改属性等,同时还可以用"文

图 9-1

字"浮动窗口进行排版、编辑等。在窗口中选择"段落"和"对齐",可分别打开"对齐"和"段落"浮动窗口,也可以对文字进行对齐、排版等,如图9-2所示。

图 9-2

第二种创建文字的方法是,执行"图层"→"新建"→"文字"命令,创建文字。它与第一种编辑文字的方法是一样的,如图9-3所示。

图 9-3

其实,After Effects CS4还有一种创建文字的方法,即应用滤镜里的"文字特效",可以创建多种文字方式,包括文字动画。

9.2 应用文字滤镜特效

"文字特效"是图层应用滤镜来创建文字的方法。它不仅可以创建9.1节所讲的基本文字,还能创建动态文字特效,包括"编号"、"时间码"、"基本文字"、"路径文字"等滤镜特效。

1. "编号"特效的创建方法

步骤1 在图层上创建"编号"滤镜

在图层上右击,在弹出的快捷菜单中执行"效果"→"文字"→"编号"命令,创建"编号"滤镜,如图9-4所示。

图 9-4

步骤2 编辑"编号"滤镜属性

在弹出的"特效控制台"窗口里,编辑"编号"属性,如图9-5所示。

图 9-5

"类型":编号的种类,提供有"编号"、"时间码"、"日期"等类型。
"随机值":选中该选项后,计算机会给出一个随机的数值。
"偏移":对数值进行调整。
"位置":更改 X、Y 值可以设定编码在"合成"窗口的位置。
"显示选项":描边与填充选项。
"文字间隔成比例":选中该选项后,编码的间隔将等比例显示。
"合成于原始素材之上":选中该选项后,编码将与原始素材合成,显示背景素材图像。

2. "时间码"特效的创建方法

步骤 1　在图层上创建"时间码"滤镜

在图层上右击,在弹出的快捷菜单中执行"效果"→"文字"→"时间码"命令,创建"时间码"滤镜。

步骤 2　编辑"时间码"滤镜属性

在弹出的"特效控制台"窗口里,编辑"时间码"属性,如图 9-6 所示。

图 9-6

3. "基本文字"特效的创建方法

步骤 1　在图层上创建"基本文字"滤镜

在图层上右击,在弹出的快捷菜单中执行"效果"→"旧版本"→"基本文字"命令,创建"基本文字"滤镜,如图 9-7 所示。

图 9-7

步骤 2　输入文字

在弹出的"基本文字"对话框里,输入文字。

步骤 3　编辑"基本文字"滤镜属性

在弹出的"特效控制台"窗口里,编辑"基本文字"属性,如图 9-8 所示。

图 9-8

"位置":文字在"合成"窗口的位置,可以在数值上拖曳鼠标,修改位置。

"显示选项":填充与边框的选项。

"填充色":文字显示的颜色。

"跟踪":文字的间距。

"合成于原始素材之上":选中该选项后,编码将与原始素材合成,显示背景素材图像。

4．"路径文字"特效的创建方法

步骤 1　在图层上创建"路径文字"滤镜

在图层上右击,在弹出的快捷菜单中执行"效果"→"旧版本"→"路径文字"命令,创建"路径文字"滤镜,如图 9-9 所示。

步骤 2　输入文字

在弹出的"路径文字"对话框里,输入文字。

第3章 After Effects CS4 文字特效

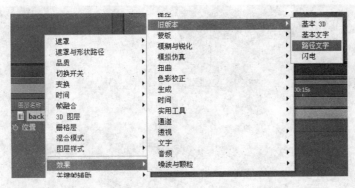

图 9-9

步骤 3 编辑"路径文字"滤镜属性

在弹出的"特效控制台"窗口里,编辑"路径文字"属性,如图 9-10 所示。

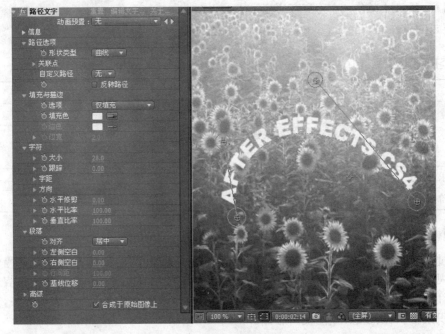

图 9-10

"形状类型":路径的形状类型,包括曲线、圆、循环、线。
"填充与描边"下的"选项":填充色与描边的选项。
"字符":编辑文字的大小、间距、比率等属性。
"段落":编辑文字的对齐方式。
"高级"下的"字符可见度":调整文字的出现动画。
"高级"下的"淡化时间":调整文字出现时的透明效果。
"高级"下的"抖动设置":设置文字的个性随机动画效果,包括字符间距、旋转、大小等属性。

调整参数后,效果画面如图 9-11 所示。

图 9-11

课堂练习

任务目标：设计并制作一个影视字幕的出现方法。
任务要求：画面精美、大气。

练习评价

项　　目	标 准 描 述	评定分值	得　　分
基本要求 75 分	文字特效突出，工具运用熟练	25	
	制作精细，视觉效果强烈	25	
	动画流畅，画面美观	25	
拓展要求 25 分	有创意，有音效	25	
主观评价		总分	

本课小结

通过学习文字特效的创建与编辑，主要掌握多种文字特效的创建方法。文字特效的制作是影视合成技术中非常重要的一环。文字不仅是影像设计元素，还是最重要的信息传播载体，所以掌握文字特效的编辑技巧非常重要。不同的影视风格有不同的表现方法，只有在平时的积累中多看、多想，才能使灵感源源不断。

课后思考

（1）文字特效的创建有哪些方法？
（2）文字和其他滤镜的结合还能做出什么样的效果来？

课外阅读

什么是数字电影

数字电影是以 0 和 1 方式制作、传输和放映的。它有以下三种制作方式：
① 计算机生成。
② 用高清晰摄像机拍摄。

③将胶片拍摄的影片扫描转为数字格式。

数字电影不仅可以避免胶片出现老化、退色，而且还可以确保影片永远光亮如新，确保画面没有任何抖动和闪烁，使观众再也看不到任何画面的划痕磨损现象。此外，数字电影节目的发行不再需要冲洗大量的胶片，既节约发行成本，又有利于环境保护。以数字方式传输节目，整部电影在传输过程中不会出现质量损失。也就是说，一旦数字电影信号发出，无论多少家数字影院，也不管它位于地球的什么位置，都可以使不同地区的观众同时欣赏到同一个高质量的数字节目。

同时，数字放映设备还可以为影院提供增值服务，如实时播放重大体育比赛、文艺演出、远程教育等。数字电影改变了影院胶片放映的单一模式，使其向实时、多功能、多渠道、多方位的经营模式转变。数字电影技术的巨大潜能，使其成为当今世界发展的趋势和方向。

资料来源：时光网 http://www.mtime.com

第 10 课　中国书法字特效

书法在中国是一种非常特殊的艺术表现形式，是艺术奇葩和国粹。它不仅在一般的视觉媒体上占有独特的分量，在影像中的表现也是千变万化、绚丽无比。

课堂讲解

任务背景：在用影像表现文化的时候往往使用书法效果来表现。篆书、隶书、行书、草书等，或优柔，或飘逸，或张狂，或含蓄。通过这些书法中的精髓表现东方文化的气质是非常恰当的。

任务目标：熟练掌握"矢量笔刷"书写书法文字特效的方法，熟悉用本土元素表现本土文化精髓的技巧。

任务分析："绘画"特效是 After Effects CS4 的滤镜特效，用"绘画"特效可以在软件中绘制矢量图形，并制作动画效果；"矢量笔刷"滤镜不仅可以方便地控制动画的运动路径，还可以非常方便地制作中国书法书写特效。

10.1 "矢量绘图"笔刷功能介绍及创建方法

在学习中国书法文字特效前，有必要掌握"矢量绘图"的一些工具。

"矢量绘图"是 After Effects CS4 的滤镜特效，它可以在固态层、影片图像上进行绘制，也可以应用为遮罩。所绘制的笔画轨迹动画能够被记录并保存下来。

在图层中选择一个目标图层，右击，在弹出的快捷菜单中执行"效果"→"绘图"→"矢量绘图"命令，即可创建笔刷特效。此时，鼠标指针将会变为笔刷。在弹出的"特效控制台"窗口中可以对笔刷进行设置。在特效"合成"窗口的左侧，会出现一个绘图快捷工具栏，如图 10-1 所示。

"画笔设置"：可以设置笔刷大小、笔刷类型、羽化、透明度、颜色等。

图 10-1

"播放模式":选择相应的播放模式,可以设置笔刷是静止描边还是动画描边。

"摆动控制":选中"有效摆动"复选框,笔刷效果将会出现动态的随机摆动特效,并列出相应的摆动属性可以调整。

"合成绘图":在此可以设置笔刷在图层上的应用,包括设置为"蒙板遮罩"或者"应用在当前图层"等。

接下来讲解绘制动态笔刷效果的步骤。

步骤1　选择目标图层,应用"矢量绘图"特效

选择目标图层,在图层上右击,在弹出的快捷菜单中执行"效果"→"绘图"→"矢量绘图"命令,创建笔刷特效。

步骤2　修改"矢量绘图"的笔刷属性

在弹出的"特效控制台"窗口中设置"半径"为"5.0","笔刷类型"为"笔刷","羽化"为"0.0","颜色"为"白色","透明度"为"100％","颜色克隆"为"关","播放模式"选择"动画描边","摆动控制"中选中"有效摆动"复选框,"合成绘图"设置为"在原始素材内"。设置完毕后,效果如图10-2所示。

图 10-2

步骤 3 用"鼠标笔刷"书写文字或者绘图

设置完毕后,将时间线停留在第 1 帧处,用"鼠标笔刷"在"合成"窗口中绘制或者书写。书写完成后,按空格键,播放动画。

步骤 4 修改或者删除笔刷效果

如果觉得不满意,可以使用"合成"窗口左侧的"选择工具"选择笔刷,删除画面,或者用"橡皮擦工具"擦除,如图 10-3 所示。

此外在"合成"窗口的工具栏上方,有一个下三角按钮,在此处,提供了"选择工具"、"画笔"等功能。其中"按 Shift 键-绘图记录"功能将在第 3 章的书法特效中发挥作用,如图 10-4 所示。

图 10-3

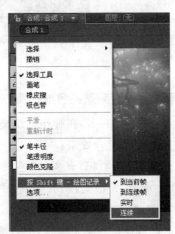

图 10-4

10.2 中国书法字特效实例——"英雄"文字特效

步骤 1 在 Photoshop 中制作文字素材

在 Photoshop 中执行"文件"→"新建"命令,在弹出的"新建"对话框中设置"宽度"为"576px","高度"为"720px","背景内容"为"透明",名称为"书法.psd",单击"确定"按钮,如图 10-5 所示。

图 10-5

步骤 2 创建"合成"窗口

打开 After Effects CS4,在弹出的对话框中单击"新建合成组"按钮,设置"名称"为

"C1","预置"为"PAL D1/DV","宽"为"720px","高"为"576px","帧速率"为"25 帧/秒","持续时间"为"0:00:10:00"。

步骤3 导入素材,排列图层

在"项目"窗口空白处双击,在弹出的窗口中选择"shufa.psd"文件,双击打开,在弹出的"导入设置"对话框中单击"是"按钮,将素材导入。

然后再次在"项目"窗口空白处双击,选择"b1.jpg"和"b2.jpg"文件,单击"打开"按钮。

在"项目"窗口中将素材分别拖曳到"时间线"窗口,如图10-6所示。

图 10-6

步骤4 设置背景的合成效果

在b1图层上右击,在弹出的快捷菜单中执行"混合模式"→"柔光"命令,此时画面出现比较柔和的图层混合效果。

打开b1图层的3D开关,将它转换为3D图层。单击图层左侧的小三角按钮打开"变换"属性。调整"X轴旋转"的数值为"-45"。此时合成的画面效果为该图层的空间透视效果。按S键,将"比例"数值调整为"150.0"。

将时间线停留在第1帧处,按P键,激活"位置"前的"时间秒表变化"图标,将数值调整为"360.0,420.0,0.0",然后将时间线停留在第10秒处,将数值调整为"360.0,50.0,0.0"。

选择b2图层,将时间线停留在第1帧处,按P键,展开"位置"属性,激活"位置"前的"时间秒表变化"图标,将数值调整为"480.0,288.0",然后将时间线停留在第10秒处,将"位置"数值调整为"230.0,288.0",如图10-7所示。

图 10-7

步骤 5　制作背景的蒙板遮罩效果

执行"图层"→"新建"→"固态层"命令，在弹出的对话框中设置"名称"为"mask"，"颜色"为"白色"，单击"确认"按钮。选择工具栏上的"钢笔工具"，在"合成"窗口的白色固态层上绘制一个遮罩。然后展开 mask 图层的"遮罩"下的"遮罩 1"，修改"遮罩羽化"为"84.0，84.0"，如图 10-8 所示。

图　10-8

单击 After Effects CS4 左下方的"展开或折叠转换控制框"按钮，展开"轨道蒙板"开关图标，将 mask 图层拖曳到 b1 图层上方，在 b1 图层的"轨道蒙板"下拉菜单中，选择"Alpha 蒙板'mask'"选项，如图 10-9 所示。

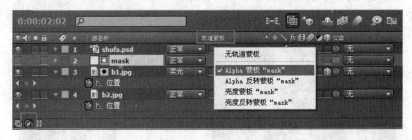

图　10-9

此时，"合成"窗口的效果是，透过 mask 图层显示 b1 的影像。如果觉得图像不够大，可以展开 mask 图层的"遮罩 1"，将"遮罩扩展"调整为"80.0px"，效果如图 10-10 所示。

步骤 6　为 b2 图层添加"色阶"滤镜

选择 b2 图层，在图层上右击，在弹出的快捷菜单中执行"效果"→"色彩校正"→"色阶"

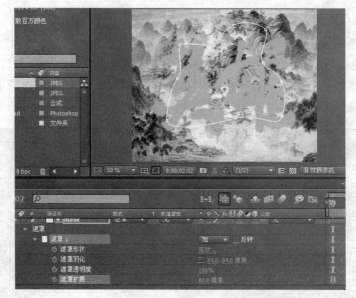

图 10-10

命令,在弹出的"特效控制台"窗口中设置"输入黑色"为"40.0","Gamma"值为"0.31",如图 10-11 所示。

步骤 7 为文字添加"矢量绘图"滤镜,绘制书法效果

选择 shufa 图层,按 S 键,将图层缩小至 72%。在图层上右击,在弹出的快捷菜单中执行"效果"→"绘图"→"矢量绘图"命令。在弹出的"特效控制台"窗口中设置"半径"为"16.0","笔刷类型"为"笔刷";单击"合成"窗口左侧的小三角按钮,在弹出的下拉菜单中选择"按 Shift 键-绘图记录"→"到连续帧",如图 10-12 所示。

接下来绘制文字的形状。按住 Shift 键,在文字上按照笔画顺序绘制,直到绘制完毕后再松开,如图 10-13 所示。

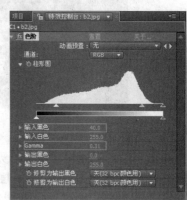

图 10-11

图 10-12

图 10-13

步骤 8　设置"矢量绘图"滤镜的动画属性

文字绘画好了,但是现在还没有动画效果,接下来继续设置。

回到"特效控制台"窗口,设置"播放模式"为"动画描边"、"播放速度"为"20.00"、"合成绘图"为"作为蒙板"。现在,按空格键,播放动画。

选择图层,在图层上右击,在弹出的快捷菜单中选择"效果"→"色彩校正"→"三色调",在弹出的"特效控制台"窗口里设置"中间色"为"红色",如图 10-14 所示。

图 10-14

步骤 9　设置图层样式

动画做好后,接下来设置图层样式。

选择 shufa 图层,执行"图层"→"图层样式"→"阴影"命令,再次选择"图层"→"图层样式"→"外侧辉光",增加发光效果。最终效果如图 10-15 所示。

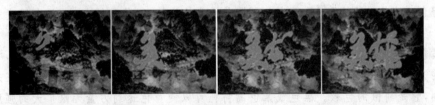

图 10-15

步骤 10　保存,预览,渲染输出

按"Ctrl+S"组合键保存文件,按空格键预览动画,按"Ctrl+M"组合键渲染输出影像。

课堂练习

任务目标：用中国书法的形式制作一个影视字幕的出现方法。
任务要求：画面精美、大气。

练习评价

项　　目	标准描述	评定分值	得　分
基本要求 75 分	书法文字特效明显	25	
	制作精细，文字书写流畅	25	
	蒙板及笔刷工具运用熟悉	25	
拓展要求 25 分	能综合运用其他特效	25	
主观评价		总分	

本课小结

通过学习书法文字特效的案例，主要掌握了"矢量笔刷"滤镜特效的使用方法。除了用软件制作书法文字特效，还需要在课外对中国的书法多了解，字体的运用以及书法力度、速度的运用都能影响到特效制作的效果。所以，"功夫在诗外"是很有道理的。

课后思考

（1）简要回顾"矢量笔刷"制作书法字的过程。
（2）"矢量笔刷"还可以制作其他影视特效吗？

课外阅读

色彩的表现力——基本色相心理

无论有彩的色还是无彩的色，都有自己的"表情"特征。每一种色相，当它的纯度或明度发生变化，或者处于不同的颜色搭配关系时，颜色的"表情"也就随之改变了，就像要说出世界上每个人的性格特征非常困难一样，然而对典型的性格做些描述总还是有趣并可能的。

红色：强有力的色彩，热烈、冲动的色彩。革命的旗帜使用红色可以唤起人民的斗志。红代表火光、日光、革命、庄严、温暖、吉祥、热烈、喜庆、恐怖、警觉。

橙色：波长仅次于红色，因此它也具有长波长的特征，使脉搏加速，并有温度升高的感觉。

黄色：亮度最高的色，在高明度下，能保持很强的纯度。黄色的灿烂、辉煌，有着太阳般的光辉，因此象征着照亮黑暗的智慧之光；黄色有着金色的光芒，因此又象征着财富和权利，它是骄傲的色彩。黑色或紫色的衬托可以使黄色达到力量无限扩大的强度。白色是吞没黄色的色彩，深的粉红色也可以像美丽的少女一样将黄色这骄傲的王子征服。黄色最不能承受黑色或白色的侵蚀，这两个色只要稍微地渗入黄色即刻会失去光辉。黄代表日光、火光、高贵、明亮、稚嫩、神圣、荒凉、激烈、疯狂。

绿色：鲜艳的绿色非常美丽、优雅，是很漂亮的色。绿色很宽容、大度，无论黄色或蓝色的渗入，仍旧十分美丽。黄绿色单纯、年轻，蓝绿色清秀、豁达。含灰的绿色，也仍是一种宁静、平和的色彩。绿——生机、平静、安定、希望、滋润、幽静、健康、向上、冷酷、阴森、卑鄙。

紫色：波长最短的可见光色。通常人们会觉得有很多紫色，因为红色加少许蓝色或紫色加少许红色都会明显地呈紫色，所以很难确定标准的紫色。约翰·伊顿对紫色做过这样的描述，紫色是非知觉色，给人印象深刻，有时给人以压迫感。并且因对比的不同，时而富有威胁性，时而又富有鼓舞性。当倾向于紫红时能明显产生恐怖感。紫色是象征虔诚的色相，当紫色深化暗化时，又是蒙昧迷信的象征。潜伏的大灾难就常从暗紫色中突然爆发出来。一旦紫色被淡化，当光明与理解照亮了蒙昧的虔诚之色时，优美可爱的景色就会使我们心醉。用紫色表现混乱、死亡和兴奋，用蓝紫色表现孤独与献身，用红紫色表现神圣的爱和精神的统辖领域。简而言之，这就是紫色色带的一些表现价值。紫代表神奇、安静、虚弱、妩媚、哀伤、阴险、恶劣、奇幻。

黑色、白色、灰色：无彩色在心理上与有彩色具有同样的价值。黑色与白色是对色彩的最后抽象，代表色彩世界的阴极和阳极。黑色所具有的抽象表现力以及神秘感，似乎能超过任何色彩的深度。康丁斯基认为，黑色意味着空无，像太阳的毁灭，像永恒的沉默，没有未来，失去希望。白色的沉默不是死亡，而是无尽的可能性，黑白两色是极端对立的色，然而有时候又令我们感到它们之间有着令人难以言状的共性，黑白又总是以对方的存在来显示自身的力量。它们似乎是整个色彩世界的主宰。在色彩体系中，灰色恐怕是最被动的色彩了，它是彻底的中性色，依靠邻近的色彩获得生命，灰色一旦靠近鲜艳的暖色，就会显出冷静的品格，若靠近冷色，则变为温和的暖灰色。

白——崇高、圣洁、素雅、寒爽、肃穆、清高、哀悼、西方方位色。
黑——深沉、厚重、严重、内向、神秘、阴森、黑暗、哀伤、北方方位色。
灰——高雅、简朴、含混、调和、沉默、空虚、沉着、莫测。
红——火光、日光、革命、庄严、温暖、吉祥、热烈、喜庆、恐怖、警觉、南方方位色。
黄——日光、火光、高贵、明亮、稚嫩、神圣、荒凉、激烈、疯狂。
橙——温暖、华贵、神化、决心、炽热、欢乐、欢庆、烦躁、震惊。
绿——生机、平静、安定、希望、滋润、幽静、健康、向上、冷酷、阴森、卑鄙。
紫——神奇、安静、虚弱、妩媚、哀伤、阴险、恶劣、奇幻。
褐——稳健、大方、古朴、老朽、孤寂。
玫红——娇艳、妖媚、生发、和煦、淫秽。
群青——神秘、冷静、迷信、高贵、哀丧。
金——华贵、脱俗、珍重、神圣、威严、仰慕、尊敬、迷信。
银——高贵、迷信、自傲、猜疑、清高、圣洁、超俗。

影响时尚消费的因素很多，其中色彩居主要地位，它不仅仅带来真实的视觉感受，更会使我们的视野从此告别单调乏味。

资料来源：百度 http://www.baidu.com

第 11 课　波纹荡漾的文字特效

波纹荡漾的文字在后期特效里是最常用效果之一。此外,水波特效在影像合成里对模拟现实中的水波效果也非常实用。本课主要学习 After Effects CS4 的内置滤镜"水波世界"、"焦散"以及蒙板的综合使用。

步骤 1　设置图像合成组

打开 After Effects CS4,在菜单栏中执行"图像合成"→"新建合成组"命令,或按"Ctrl+N"组合键,在弹出的对话框中设置图像合成组的名称和基本参数,设置"合成组名称"为"文字","预置"为"PAL D1/DV","宽"、"高"分别为"720px"、"576px","像素纵横比"为"D1/DV PAL(1.09)","帧速率"为"25 帧/秒","持续时间"为"0:00:03:00"。

步骤 2　新建文字层

执行"图层"→"新建"→"文字"命令,或按"Ctrl+Alt+Shift+T"组合键,创建文字图层。

步骤 3　输入文字并调整文字大小和位置

在"合成"窗口输入"CGTOWN FORUMS、中国 CG 城数字艺术中心、www.cgtow.com"等文字(可以根据实际需要,输入不同的文字)。在软件右侧的浮动面板窗口中,设置文字"大小"为"41px"、"字体"为"Arial Black"、文字的"颜色"为"白色",在"段落"浮动窗口里设置"对齐方式"为"居中对齐"。调整文字在整个画面的中心位置,如图 11-1 所示。

图　11-1

步骤 4　新建合成组

执行"图像合成"→"新建合成组"命令。在弹出的对话框里设置"合成组名称"为"遮罩","预置"为"PAL D1/DV","宽"、"高"分别为"720px"、"576px","像素纵横比"为"D1/DV PAL(1.09)","帧速率"为"25 帧/秒","持续时间"为"0:00:03:00"。

步骤 5　为文字图层创建遮罩

将"文字"合成组从"项目"窗口处拖曳到当前的"时间线"窗口中,选择"文字"层并在工具栏中选择"椭圆遮罩工具",如图 11-2 所示。

图 11-2

在"合成遮罩"窗口中为"文字"图层绘制一个遮罩,绘制完毕后,单击"选择工具"按钮,在"合成"窗口中,按住 Alt 键,拖曳鼠标调整遮罩的位置,如图 11-3 所示。

图 11-3

步骤 6 设置遮罩参数并创建关键帧

单击"文字"图层左侧的小三角按钮,打开"遮罩"属性,设置遮罩参数,使遮罩边缘产生羽化效果,设置"遮罩羽化"数值为"120.0,120.0",如图 11-4 所示。

图 11-4

创建遮罩关键帧。分别将当前时间线停留在第 1 帧和第 1 秒处,分别为"遮罩形状"添加关键帧,然后将当前时间线停留在第 1 帧处,单击"形状"按钮,在弹出的"遮罩形状"对话框里,设置"上"参数为"288",下为"288",左为"360",右为"360",这是从小到大的蒙板形状变化的动画效果,如图11-4所示。

步骤7　创建新的图像合成组

执行"图像合成"→"新建合成组"命令,在弹出的对话框里设置"合成组名称"为"波纹","预置"为"PAL D1/DV","宽"、"高"分别为"720px"、"576px","像素纵横比"为"D1/DV PAL(1.09)","帧速率"为"25帧/秒","持续时间"为"0:00:03:00"。

步骤8　新建一个固态层

在图层面板下方空白处右击,在弹出的快捷菜单中执行"新建"→"固态层"命令,在弹出的对话框中设置为"波纹","颜色"为"黑色"。

步骤9　选择"波纹"固态层,应用"水波世界"滤镜特效并调整参数

选择"波纹"固态层,执行"效果"→"模拟仿真"→"水波世界"命令;或右击,在弹出的快捷菜单中执行"效果"→"模拟仿真"→"水波世界"命令。

在弹出的"特效控制台"里调整水波世界滤镜特效参数,设置"查看"为"高度贴图","线框图控制"的"水平旋转"为"0,30","垂直旋转"为"0,30","制作1"的"类型"为"环形","高度/长度"为"0.28","宽度"为"0.28","振幅"为"0.5","频率"为"1.2","相位"为"0,-50",如图11-5所示。

步骤10　为"波纹"固态层制作关键帧动画

将当前时间线停留在第1帧处,打开"水波世界"属性,激活"制作1"的"振幅"和"频率"前的"时间秒表变化"图标,添加关键帧,设置"振幅"为"0.5"、"频率"为"1.2";然后将当前时间线停留在第9帧,设置"振幅"为"1"、"频率"为"1.8"。

图　11-5

将当前时间线停留在"0:00:02:01"处,设置"振幅"为"0";将当前时间线停留在"0:00:02:14"处,"变换"的"透明度"设为"100",并添加关键帧;当前时间线在"0:00:02:22"处时,设置"透明度"为"0",如图11-6所示。

图　11-6

步骤11　新建一个图像合成组

执行"图像合成"→"新建合成组"命令。在弹出的对话框里设置"合成组名称"为"波纹文字","预置"为"PAL D1/DV","宽"、"高"分别为"720px"、"576px","像素纵横比"为"D1/DV PAL(1.09)","帧速率"为"25 帧/秒","持续时间"为"0:00:03:00"。

步骤 12 拖曳"遮罩"合成组和"波纹"合成组到当前时间线

在"项目"窗口里选择"遮罩"合成组和"波纹"合成组,并拖曳到当前的"波纹文字"合成组的"时间线"窗口上,调整两个层的位置,如图 11-7 所示。

图 11-7

步骤 13 选择"遮罩"层应用"焦散"滤镜特效并调整参数

选择"遮罩"层,执行"效果"→"模拟仿真"→"焦散"命令;或在"遮罩"层上右击,在弹出的快捷菜单中执行"效果"→"模拟仿真"→"焦散"命令,为"遮罩"层应用"焦散"滤镜特效。调整焦散滤镜特效参数,设置"水"的"水面"为"波纹"层,"波形高度"为"0.4","平滑"为"10","水深"为"0.25","折射率"为"1.5","表面色"为"白色","表面透明度"为"0","焦散强度"为"0.8","天空"的"强度"为"0"、"聚合"为"0","照明"的"照明强度"为"0"。

在"波纹"图层的右侧,关闭"波纹"层的小眼睛,隐藏"波纹"层,预览效果,如图 11-8 所示。

图 11-8

步骤 14 创建新的图像合成组

在菜单中执行"图像合成"→"新建合成组"命令。在弹出的对话框里,设置"合成组名称"为"文字合成","预置"为"PAL D1/DV","宽"、"高"分别为"720px"、"576px","像素纵横比"为"D1/DV PAL(1.09)","帧速率"为"25 帧/秒","持续时间"为"0:00:03:00"。

步骤 15 导入背景图像和"波纹文字"合成组到当前时间线上

执行"文件"→"导入"→"文件"命令,在弹出的对话框中选择"动态背景"素材单击"打开"按钮,导入素材。在"项目"窗口里选择"动态背景"和"波纹文字"合成组,拖曳到当前时间线上,如图 11-9 所示。

图 11-9

步骤 16　选择"波纹文字"层应用"辉光"滤镜特效并调整参数

选择"波纹文字"层,执行"效果"→"风格化"→"辉光"命令;或在"波纹文字"层上右击,在弹出的快捷菜单里执行"效果"→"风格化"→"辉光"命令,为"波纹文字"层应用"辉光"滤镜特效。在弹出的"特效控制台"里调整"辉光"滤镜特效参数,设置"辉光阈值"为"20","辉光半径"为"40","辉光强度"为"1.5","辉光色"为"A 和 B 颜色","A 颜色"和"B 颜色"分别为"蓝色"和"淡蓝色"。

步骤 17　保存文件,并渲染输出

设置"波纹文字"的"混合模式"为"添加",调整"动态背景"素材的颜色。

最后,按"Ctrl+S"组合键保存文件,命名为"波纹文字",按 0 键,可以预览最终合成效果。按"Ctrl+M"组合键在弹出的"渲染序列"里设置渲染输出属性和输出影像。最后输出的效果如图 11-10 所示。

图 11-10

第 12 课　粒子聚集成字实例

"粒子聚集成字"特效在制作片头以及制作说明性文字时是常用的方法,体现绚丽的科技感和时代的动感。"粒子聚集成字"特效主要通过外挂滤镜"FE Pixel Polly"特效和"辉光"特效实现。通过本课的学习,可以学到如何使用软件的外挂滤镜进行特效的制作,以及配合其他特效来制作复杂的文字特效。

步骤 1　设置文字素材和背景素材

在 Photoshop 中新建一个透明的文件,设定"宽"为"720px","高"为"576px",背景为透明的 PSD 文件。用文字工具输入文字并调整字号大小,调整好后,用移动工具把文字移动到画面的正中心。设置完毕后保存为"txt.psd"文件,如图 12-1 所示。

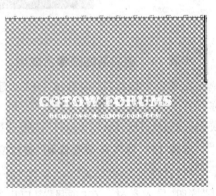

图 12-1

第3章 After Effects CS4 文字特效

步骤 2　设置图像合成组

打开 After Effects CS4,执行"图像合成"→"新建合成组"命令,在弹出的对话框里设置"合成组名称"为"Text01","预置"为"PAL D1/DV","宽"、"高"分别为"720px"、"576px","像素纵横比"为"D1/DV PAL(1.09)","帧速率"为"25 帧/秒","持续时间"为"0:00:03:00"。

步骤 3　应用"FE Pixel Polly"特效和"辉光"特效

双击"项目"窗口空白处,或执行"文件"→"导入"→"文件"命令,选择制作好的"txt.psd"文字素材,单击"打开"按钮,导入文件。在"项目"窗口中,将素材拖曳到时间线上。

在制作滤镜特效之前,选择素材里的"FE Pixel Polly"滤镜,然后复制到 After Effects 安装目录的 Plug-ins 文件夹下,并重新启动 After Effects CS4,如图 12-2 所示。

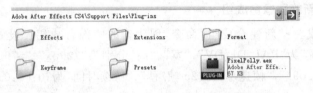

图 12-2

选中当前的文字图层,在图层上右击,在弹出的快捷菜单中执行"效果"→"Final Effects"→"FE Pixel Polly"命令,为文字图层应用"FE Pixel Polly"特效,如图 12-3 所示。

在弹出的"特效控制台"窗口中调整"FE Pixel Polly"特效参数,设置"Scatter Speed"为"2"、"Gravity"为"0.30"、"Grid Spacing"为"2",如图 12-4 所示。

图 12-3

图 12-4

在文字图层上再应用"辉光"效果。执行"效果"→"风格化"→"辉光特效"命令,或者在图层上右击,在弹出的快捷菜单里执行"效果"→"风格化"→"辉光特效"命令。

在弹出的"特效控制台"窗口中调整"辉光"参数,设置"辉光阈值"为"39%","辉光半径"为"20","辉光强度"为"3","辉光色"选择为"A 和 B 颜色","A&B 中间点"为"70%","颜色 A"为"黄色(FFDE00)","颜色 B"为"红色(FF0000)"。

步骤 4　创建文字图层的关键帧

将当前时间线停留在第 1 帧处,设置"FE Pixel Polly"的"Center Force"为"720,288";将当前时间线停留在第 1 秒处,设置"Center Force"为"550,288";当前时间为第 3 秒的时候,设置"Center Force"为"0,288",如图12-5所示。

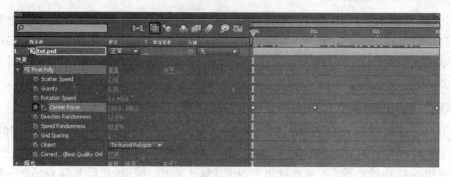

图 12-5

步骤5 创建新的图像合成组

执行"图像合成"→"新建合成组"命令,创建新的图像合成组。设置"合成组名称"为"texteffects","预置"为"PAL D1/DV","宽"、"高"分别为"720px"、"576px","像素纵横比"为"D1/DV PAL(1.09)","帧速率"为"25帧/秒","持续时间"为"0:00:03:00"。

步骤6 导入合成组"Text01",使用"时间重置变速"功能

用"时间重置变速"功能,使当前的动画效果逆向播放。

在"项目"窗口将合成组"Text01"拖曳到当前时间线上,按"Ctrl+Alt+T"组合键,调出图层的"时间重置变速"功能,并创建第一组关键帧。时间线上"0:00:00:00"重置为"0:00:03:00";当时间线显示"0:00:02:10"的时候,设置时间为"0:00:00:00",如图12-6所示。

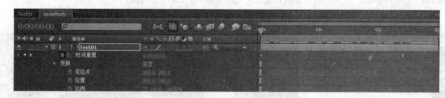

图 12-6

使用快捷键T调出其"透明度"并设置第二组关键帧,在当前时间为"0:00:02:10"的时候设置"透明度"为"100";在当前时间为"0:00:03:00"的时候设置"透明度"为"0"。

步骤7 导入文字图层并调整图层位置和创建关键帧

在"项目"窗口中将"txt.psd"文字图层拖曳到当前时间线上,将当前时间线指针移动到"0:00:02:09"上,使用快捷键[,整体移动层到当前位置,也可拖曳鼠标移动时间线到当前位置。使用快捷键T调出其"透明度"属性并创建关键帧,在当前时间为"0:00:02:10"的时候,设置"透明度"为"0";当前时间为"0:00:03:00"的时候设置"透明度"为"100",如图12-7所示。

图 12-7

步骤 8 导入背景序列图，合成影像

执行"文件"→"导入"→"文件"命令，选择素材里的 bg01 序列图的其中一张，在对话框的左下角选中"Targa 序列"复选框，单击"打开"按钮，导入素材，如图 12-8 所示。

图 12-8

在"项目"窗口中，将背景序列素材拖曳到时间线上并调整至最后层。

步骤 9 保存动画并渲染输出

按"Ctrl+S"组合键，保存动画；按空格键，预览动画。按"Ctrl+M"组合键，输出动画。最终效果如图 12-9 所示。

图 12-9

第 13 课 3D 文字飞入动画特效

"3D 文字飞入"特效是常在电视片头以及电影字幕里出现的特效之一，其动感十足、空间感强烈，是很多后期特效师的最爱。它主要运用了外挂滤镜"Light Factory"插件以及"Shine"插件。通过它们的功能配合，可以做出非常绚丽的 3D 文字特效。

步骤 1 设置文字素材和背景素材

在 Photoshop 中新建一个透明的文件，设定"宽"为"720px"，"高"为"576px"，背景为透

明。使用文字工具输入文字并调整字号大小，调整好以后用移动工具把文字移动到画面的正中心。设置好后保存为txt.psd文件，如图13-1所示。

图 13-1

步骤2　设置图像合成组

打开After Effects CS4，执行"图像合成"→"新建合成组"命令，或按"Ctrl+N"组合键。在弹出的对话框里设置图像合成组的名称和基本参数，设置"合成组名称"为"text01"，"预置"为"PAL D1/DV"，"宽"、"高"分别为"720px"、"576px"，"像素纵横比"为"D1/DV PAL (1.09)"，"帧速率"为"25帧/秒"，"持续时间"为"0:00:04:00"。

步骤3　导入文字素材到当前时间线上

双击"项目"窗口空白处，在弹出的"导入"对话框中选择制作好的"txt.psd"文字素材，单击"打开"按钮，导入素材。在"项目"窗口中，将素材拖曳到时间线上。

步骤4　为文字图层"txt.psd"添加"碎片"效果并调整其参数

选中文字图层，执行"效果"→"模拟仿真"→"碎片特效"命令，也可以在文字图层上右击，在弹出的快捷菜单中执行"效果"→"模拟仿真"→"碎片特效"命令。

在弹出的"特效控制台"窗口里调整碎片特效参数，在"查看"下拉菜单中选择"渲染"；"外形"的"图案"中选择"自定义"，"自定义碎片映射"选择"txt.psd"，"挤压深度"设为"0.3"；"焦点1"的"位置"设为"720,288"，"深度"设为"0.2"，"半径"设为"0.3"，"强度"设为"1.2"，"物理"的"旋转速度"设为"1"，"随机度"设为"0"，"粘性"设为"0"，"重力"设为"10"，"重力倾斜"设为"90"；"质感"的"侧面图层"选择"txt.psd"；"摄像机位置"的"Z位置"设为"2"，如图13-2所示。

步骤5　为"txt.psd"创建关键帧，制作文字离散动画效果

当前时间为"0:00:00:00"的时候，设置"焦点1"的"位置"为"720.0,288.0"、"深度"为"0.20"；设置"摄像机位置"的"Y轴旋转"为"0,0.0"，如图13-3所示。

当前时间为"0:00:03:24"的时候，设置"焦点1"的"位置"为"0,288.0"、"深度"为"-0.20"；"摄像机位置"的"Y轴旋转"设为"0,-20°"。

图 13-2

图 13-3

步骤 6　创建新的图像合成组

执行"图像合成"→"新建合成组"命令，创建新的图像合成组，并将其命名为"text02"，在基本参数里设置"预置"为"PAL D1/DV"，"宽"、"高"分别为"720px"、"576px"，"像素纵横比"为"D1/DV PAL(1.09)"，"帧速率"为"25 帧/秒"，"持续时间"为"0:00:04:00"。

步骤 7　导入合成组"text01"使用时间重置功能并添加关键帧

在"项目"窗口中将合成组"text01"拖曳到当前时间线上，使用时间重置功能(按"Ctrl+Alt+T"组合键)，并添加关键帧。当前时间为"0:00:00:00"时，将其重置为"0:00:04:00"，"比例"设为"100.0,100.0%"；当前时间为"0:00:02:00"时，将其重置为"0:00:00:00"，"比例"设为"100.0,100.0%"；当前时间为"0:00:03:12"时，比例设为"108.0,108.0%"，如图 13-4 所示。

图 13-4

步骤 8 为合成组"text01"添加色彩平衡特效并设置其参数

选择合成组"text01"层,执行"效果"→"色彩校正"→"色彩平衡"命令,在弹出的"特效控制台"窗口里调整其参数。"阴影蓝色平衡"设为"-50","中值蓝色平衡"设为"-50","高光红色平衡"设为"50","高光蓝色平衡"设为"-20",选中"保持亮度"复选框,如图13-5所示。

步骤 9 创建新的图像合成组

执行"图像合成"→"新建合成组"命令,创建新的图像合成组。合成组命名为"text312",设置"预置"为"PAL D1/DV","宽"、"高"分别为"720px"、"576px","像素纵横比"为"D1/DV PAL(1.09)","帧速率"为"25帧/秒","持续时间"为"0:00:04:00"。

步骤 10 创建一个固态层,应用"Light Factory"特效并设置其参数

执行"图层"→"新建"→"固态层"命令,创建固态层(按"Ctrl+Y"组合键),设置固态层参数,"宽"为"720px","高"为"576px","单位"为"像素","颜色"选择"黑色"。

在添加新的滤镜特效之前,把素材里的"Light Factory"插件复制到After Effects CS4安装目录下的"plug-ins"里。

按"Ctrl+S"组合键,保存当前项目文件,关闭软件,重新启动软件。

为固态图层应用"Light Factory"特效,选择当前固态层,在图层上右击,在弹出的快捷菜单中执行"效果"→"Knoll Light Factory"→"Light Factory"命令,如图13-6所示。

图 13-5　　　　　　　　　　　　　　　　图 13-6

在弹出的"特效控制台"窗口里设置选项属性,单击"选项"属性按钮,弹出"Lens Editor"(镜头编辑)对话框,单击"Load"(加载)按钮,选择做好的灯光效果,单击"打开"按钮替换当前的灯光,如图13-7所示。

在"特效控制台"窗口里设置"Light Factory"特效参数,"Brightness"设为"80","Light Source Location"设为"-25,288"。

步骤 11 导入背景序列图作背景

执行"文件"→"导入"→"文件"命令,选择序列图的其中一张,在对话框的左下角勾选"Targa序列"复选框,单击导入,如图13-8所示。

第3章 After Effects CS4 文字特效

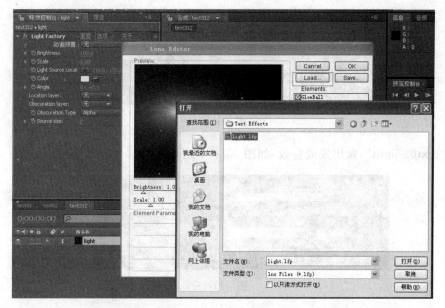

图 13-7

图 13-8

步骤 12　导入背景序列图层和"text02"图像合成组到当前时间线

选中背景序列图层和"text02"图像合成组，拖到当前时间线上。

选择 light 图层，在当前图层上右击，在弹出的快捷菜单中执行"混合模式"→"添加"命令，设置固态层的"混合模式"为"添加"，如图 13-9 所示。

步骤 13　复制合成组"text02"，为其添加"Shine"特效并调整其参数

选中"text02"图像合成组，按"Ctrl+D"组合键，复制为一个新的图像合成组，为其重新

图 13-9

命名为"text02-light",做出发光特效,如图 13-10 所示。

图 13-10

将素材里的"Shine"滤镜进行安装并注册。保存当前项目文件,并重新启动软件。

选择"text02-light"图层,执行"效果"→"Trapcode"→"Shine"命令,为图层"text02-light"添加"Shine"滤镜特效,如图 13-11 所示。

在"特效控制台"窗口里设置"Shine"特效参数,在"Pre-Process"中勾选"Use Mask"复选框,"Mask Radius"设为"400","Ray Length"设为"6","Boost Light"设为"8","Colorize"的"Colorize…"选择"Electric",如图 13-12 所示。

图 13-11

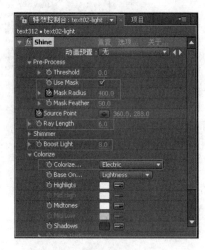

图 13-12

步骤 14　为图层"text02-light"创建关键帧

为图层"text02-light"设置 Shine 插件光效的关键帧动画。

当前时间为"0:00:00:00"时,设置"Source Point"为"0,288"、"Mask Radius"为 400,添加关键帧。

当前时间为"0:00:03:01"时,"Mask Radius"设为 550,设置"Source Point"为"760,

288","透明度"设为"100";当前时间为"0:00:03:01"时,"透明度"设为"0"。

这些属性值不是固定的,可以自行设计,直到有完美的视觉效果为止。

步骤 15　创建固态层关键帧

选择"light"固态层,展开"Light Factory"属性。

当前时间为"0:00:00:00"时,"Brightness"设为"80","Light Source Location"设为"-25,288",透明度设为"0";当前时间为"0:00:01:21"时,透明度设为"100";当前时间为"0:00:02:00"时,"Brightness"设为"150";当前时间为"0:00:03:06"时,"Brightness"设为"100";当前时间为"0:00:03:09"时,"Brightness"设为"80","Light Source Location"设为"720,288",透明度设为"0"。

这些属性值不是固定不变的,可以自行设计,直到有完美的视觉效果为止。动画出现的时间和节奏可以通过调整关键帧的位置来调整。

步骤 16　保存、预览、输出动画

按"Ctrl+S"组合键,保存动画,按 0 键预览动画,按"Ctrl+M"组合键输出动画,最终效果如图 13-13 所示。

图　13-13

第 14 课　文字光芒放射特效

"文字光芒放射"特效也是电视片头以及电影字幕里常用的特效之一,它表现出来的影像效果很有力量感,视觉效果非常强烈。本课主要运用了 After Effects CS4 自带的"径向模糊"、"彩色光"等滤镜以及外挂滤镜"Light Factory"。

步骤 1　设置文字素材和背景素材

在 Photoshop 中新建一个透明的文件,设定"宽"为"720px","高"为"576px";背景为透明的 psd 文件。用文字工具输入文字并调整字号大小,调整好以后用移动工具把文字移动到画面的正中心。设置好后保存为"txt.psd",如图 14-1 所示。

步骤 2　设置图像合成组

打开 After Effects CS4,执行"图像合成"→"新建合成组"命令,或按"Ctrl+N"组合键。在弹出的对话框里设置"合成组名称"为"text01","预置"为"PAL D1/DV","宽"、"高"分别为"720px"、"576px","像素纵横比"为"D1/DV PAL(1.09)","帧速率"为"25 帧/秒","持续时间"为"0:00:03:00"。

步骤 3　导入文字图层,为其添加填充特效并调整参数

导入素材文件"txt.psd"到当前时间线,执行"效果"→"生成"→"填充特效"命令,或者

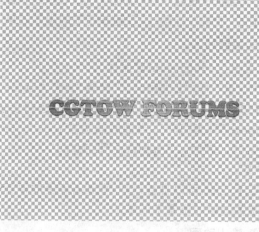

图 14-1

在图层上右击,在弹出的快捷菜单里执行"效果"→"生成"→"填充特效"命令,为"txt.psd"图层应用"填充特效"。

调整填充特效参数,设置"颜色"为"白色"。

步骤 4 为图层"txt.psd"添加"高斯模糊"特效并调整参数

选择图层"txt.psd",应用"高斯模糊"特效,执行"效果"→"模糊与锐化"→"高斯模糊"命令,在"特效控制台"窗口里,设置"模糊量"为"3"。

步骤 5 创建关键帧并调整参数

创建"txt.psd"层的拉镜头动画,按 S 键,展开"比例"属性,在时间线"0:00:00:00"处,将"比例"设为"125.0,114.0%";在时间线"0:00:02:24"处,将"比例"设为"109.1,100.0%";选择最后一个关键帧,右击,在弹出的快捷菜单中执行"关键帧辅助"→"柔缓曲线"命令,或者按 F9 键;或单击时间线上的图形编辑器按钮,如图 14-2 所示。

图 14-2

在"图形曲线编辑器"中选择最后一个关键帧,单击红色框处的"柔缓曲线"按钮,如图 14-3所示。

按空格键或 0 键预览画面,动画效果是一个渐缓的动画过程。

步骤 6 创建新的图像合成组

执行"图像合成"→"新建合成组"命令。在弹出的对话框里设置"合成组名称"为"text02","预置"为"PAL D1/DV","宽"、"高"分别为"720px"、"576px","像素纵横比"为

"D1/DV PAL(1.09)","帧速率"为"25帧/秒","持续时间"为"0：00：03：00"。

步骤7 导入"text01"合成组添加"径向模糊"并调整参数

从"项目"窗口中将"text01"合成组拖曳到当前时间线,为该层应用"径向模糊"滤镜特效。执行"效果"→"模糊与锐化"→"径向模糊"命令；或在图层上右击,在弹出的快捷菜单中执行"效果"→"模糊与锐化"→"径向模糊"命令。

调整"径向模糊"参数,"模糊量"设为"300.0","中心"设为"360.0,288.0","类型"选择"比例","抗锯齿(最高品质)"选择"高",如图14-4所示。

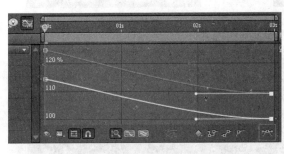

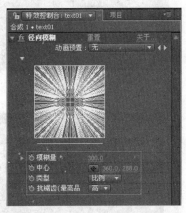

图 14-3   图 14-4

步骤8 再次为"text01"层添加"径向模糊"滤镜特效并调整参数

再次为"text01"层添加"径向模糊"滤镜特效,执行"效果"→"模糊与锐化"→"径向模糊"命令；"模糊量"设为"100.0","中心"设为"360.0,288.0","类型"选择"比例","抗锯齿(最高品质)"选择"高",如图14-5和图14-6所示。

步骤9 继续为"text01"层添加"色阶"滤镜特效并调整参数

选择"text01"层,为该层添加"色阶"滤镜特效,执行"效果"→"色彩校正"→"色阶"命令；或在图层上右击,在弹出的快捷菜单中执行"效果"→"色彩校正"→"色阶"命令。在"特效控制台"窗口里,设置"色阶"滤镜特效参数,"通道"选择"Alpha"；"Alpha输入白色"设为"180.0",如图14-7所示。

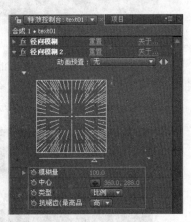

图 14-5

步骤10 创建"text01"层的关键帧并调整关键帧动画

选择"text01"层,在时间线"0：00：00：00"处,将"径向模糊"的"中心"设为"0.0,288.0","径向模糊2"的"中心"设为"0.0,288.0","变换"的"透明度"设为"0"；在时间线"0：00：00：10"处,"变换"的"透明度"设为"100"；在时间线"0：00：02：03"处,"变换"的"透明度"设为"100"；在时间线"0：00：02：18"处,"变换"的"透明度"设为"0"；在时间线"0：00：02：24"处,"径向模糊"的"中心"设为"720.0,288.0","径向模糊2"的"中心"设为"720.0,288.0",如图14-8所示。

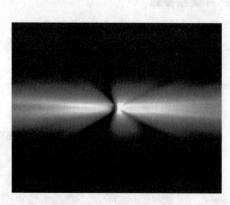

图 14-6

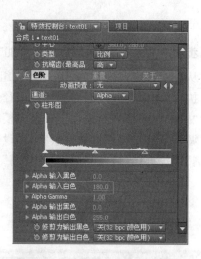

图 14-7

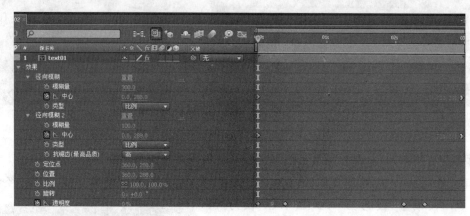

图 14-8

选择"径向模糊"滤镜特效下的"中心"的 4 个关键帧，右击，执行"关键帧辅助"→"柔缓曲线"命令，或者按"Shift+F9"组合键。

调整后动画效果如图 14-9 所示。

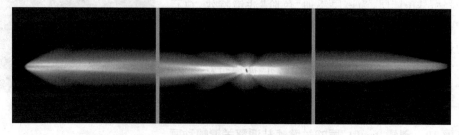

图 14-9

步骤 11 创建一个新的图像合成组

执行"图像合成"→"新建合成组"命令。在弹出的对话框里设置"合成组名称"为"texteffects"，"预置"为"PAL D1/DV"，"宽"、"高"分别为"720px"、"576px"，"像素纵横比"为"D1/DV PAL(1.09)"，"帧速率"为"25 帧/秒"，"持续时间"为"0:00:03:00"。

步骤 12　导入 "text02" 并调整其在时间线上的位置

从 "项目" 窗口中拖曳 "text02" 到当前时间线上，更改其名称为 "text02-color"。在图层上右击，在弹出的快捷菜单中执行 "混合模式" → "添加" 命令，调整其混合模式为 "添加"，并整体移动该层向前一帧，如图 14-10 所示。

图　14-10

步骤 13　为 "text02-color" 层应用 "彩色光" 滤镜特效并设置参数

选择 "text02-color" 层，应用 "彩色光" 滤镜特效。执行 "效果" → "色彩校正" → "彩色光" 命令；或者在图层上右击，在弹出的快捷菜单中执行 "效果" → "色彩校正" → "彩色光" 命令。在 "特效控制台" 窗口里设置 "彩色光滤镜" 参数，"输入相位" 的 "获取相位自" 设为 "Alpha"，"添加相位自" 设为 "Alpha"，"添加模式" 设为 "包围"；"输出循环" 的颜色设置成红色渐变色，如图 14-11 和图 14-12 所示。

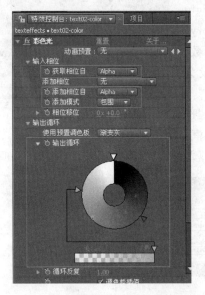

图　14-11

图　14-12

步骤 14　继续为 "text02-color" 层应用 "色相位/饱和度" 滤镜特效并设置参数

选择 "text02-color" 层，执行 "效果" → "色彩校正" → "色相位/饱和度" 命令；或在图层上右击，在弹出的快捷菜单中执行 "效果" → "色彩校正" → "色相位/饱和度" 命令。在 "特效控制台" 窗口中设置 "主色调" 为 "0x＋13"，如图 14-13 和图 14-14 所示。

步骤 15　新建一个固态层

新建一个固态层，设置名称为 "light"、"宽" 为 "720"、"高" 为 "576"、"单位" 为 "像素"、"像素纵横比" 为 "D1/DV PAL(1.09)"、"颜色" 为 "黑色"。

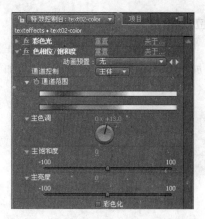

图 14-13　　　　　　　　　　　　图 14-14

步骤16　调整light层"混合模式"为"添加"

选择light层,调整其"混合模式"为"添加"。

步骤17　为light固态层添加"Light Factory"滤镜特效并调整参数

选择light固态层,执行"效果"→"Knoll Light Factory"→"Light Factory"命令,应用"Light Factory"滤镜特效,设置"Light Factory"滤镜特效参数。"Brightness"设为"60.0","Light Source Location"设为"0.0,288.0",如图14-15所示。

图 14-15

在"特效控制台"窗口里单击"Light Factory"的"选项"属性按钮,弹出"Lens Editor 光斑编辑器"对话框,单击"Load"按钮,选择制作好的"warm sunflare.lfp"光芒素材,双击导入,如图14-16所示。

图 14-16

也可以根据自己的喜好来调整更佳的光照效果。

步骤18　创建light固态层的关键帧并调整其动画

在时间线"0:00:00:00"处,"Brightness"设为"50.0","Light Source Location"设为"0.0,288.0","透明度"设为"0";在时间线"0:00:00:07"处,"透明度"设为"100";在时间线"0:00:01:05"处,"Brightness"设为"80.0";在时间线"0:00:02:11"处,"透明度"设为"100";在时间线"0:00:02:17"处,"Brightness"设为"50.0";在时间线"0:00:02:20"处,"透明度"设为"0";在时间线"0:00:02:24"处,"Light Source Location"设为"720.0,288.0",如图14-17所示。

图　14-17

步骤19　导入"txt.psd"图层到当前时间线并为其添加"辉光"滤镜特效

从"项目"窗口将"txt.psd"拖曳到当前"时间线"窗口,放置在最底层,如图14-18所示。

图　14-18

选择"txt.psd"图层,执行"效果"→"风格化"→"辉光"命令,应用"辉光"滤镜特效,"辉光阈值"设为"100","辉光半径"设为"15","辉光强度"设为"0.2","辉光色"设为"A和B颜色","A&B中间点"设为"70","颜色A"选择"白色","颜色B"选择"黑色"。

步骤20　创建"txt.psd"层的动画关键帧

创建"txt.psd"层的关键帧,在时间线"0:00:00:00"处,"辉光强度"设为"0.2",添加关键帧,展开"变换"的"比例"属性,"比例"数值设置为"120.0,110.0%";在时间线"0:00:00:21"处,"辉光强度"设为"1.2";在时间线"0:00:02:24"处,"比例"设为"109.0,100.0%",如图14-19所示。

步骤21　添加背景,预览最终效果并渲染输出

为画面添加背景图层,按空格键预览最终效果,按"Ctrl＋S"组合键保存项目,按"Ctrl＋M"组合键,渲染输出影像,最终效果如图14-20所示。

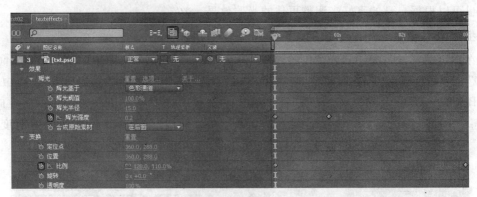

图 14-19

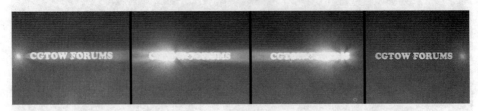

图 14-20

第 4 章

After Effects CS4进阶训练

知识要点

- 图层混合模式的应用
- After Effects CS4 与 Illustrator 结合应用实例
- After Effects CS4 与 Flash 结合应用实例
- After Effects CS4 与 Maya 结合应用实例
- After Effects CS4 的嵌套功能
- 用嵌套制作电视栏目包装

第 15 课 After Effects CS4 图层混合模式的应用

图层的混合模式在影片合成中的应用非常广泛,不相关的影片元素通过一定的混合模式叠加在一起,能生成新的画面效果,这些新的画面效果包含的信息量以及画面的层次感,能达到令人惊异的丰富。它是特效师们最广泛使用的影片合成技术之一。图层的混合模式基于图像所包含的色彩属性。在影像图层中,不同的影像包含有不同的亮度信息、不同的色调和色相等。在影片合成时,通过对这些图层应用不同的混合模式,使它们对其他图层产生相应的叠加,于是形成了千变万化的影像特效。

课堂讲解

任务背景:在大众所熟悉的 Photoshop 软件里提供了不少图层的叠加模式,多层混合后往往能达到惊艳的合成效果。影像合成的方法多种多样,在 After Effects CS4 里,图层"混合模式"是最直接的影像合成方法,在 After Effects CS4 里提供了几十种不同的混合模式,可以根据不同的创意来选择不同的混合模式以展现完美的影像视觉。

任务目标:熟悉常用的混合模式特效,会使用混合模式特效来制作影片。

任务分析:图层与图层的影像按照一定方式进行"混合",能展现出新的影像效果,这些效果由图像本身的颜色信息所决定。多层图像进行混合,并使之运动,便能制成丰富多彩的影像特效。

15.1 "混合模式"在特效合成中的应用

将素材"01"、"02"、"09"拖曳到"时间线"窗口,它们在图层中的位置从上至下依次为

"02"、"09"、"01"。在"时间线"窗口左下方,单击"展开或折叠转换控制框"按钮,打开"混合模式"选项开关,如图 15-1 所示。

图 15-1

在展开的"混合模式"开关中,可以单击下三角按钮展开下拉菜单选择不同的"混合模式"。还有一种设置图层混合模式的方法是在图层上右击,在弹出的快捷菜单中执行"混合模式"命令,然后根据需要选择相应的模式;也可以执行"图层"→"混合模式"命令,然后根据需要选择模式。下面将对典型的混合模式效果进行讲解。混合素材如图 15-2 所示。

图 15-2

"溶解":层与层之间半透明或渐变透明区域的混合效果,效果为溶解颗粒状。
"变暗":明亮的像素区域将被替换掉,适合制作颜色反差大的效果。
"正片叠底":混合后影像色调变暗、亮部减弱、强光变灰,如图 15-3 所示。
"颜色加深":混合后中间色调即灰色调变暗。
"线性加深":中间色调变暗,亮部成灰色调,如图 15-4 所示。

图 15-3   图 15-4

"暗色":使用此效果后,亮色将被消除。
"添加":将当前层影片的颜色相加到下层,效果更明亮,适合制作强烈光效,如图 15-5 所示。
"变亮":消除下一图层影片的暗色,使当前图层显现。
"屏幕":得到当前图层半透明的、柔和的混合效果,如图 15-6 所示。
"颜色减淡":消除当前图层的灰色调,使亮色相混合并显得更亮。
"线性减淡":得到与"添加"混合模式类似的效果,如图 15-7 所示。

图 15-5　　　　　　　　图 15-6　　　　　　　　图 15-7

"亮色"：将下一图层的暗部消除，使下一图层的亮色显示在当前图层上。
"叠加"：将亮部相混合，消除灰色调，如图 15-8 所示。
"柔光"：将亮部相混合，可以得到稍柔和的"叠加"效果。
"强光"：使当前图层灰色调变暗，得到亮色相叠加融合的效果，适合制作强烈光效。
"线性光"：可以得到比"强光"效果对比度更大、更强烈的效果，如图 15-9 所示。
"艳光"：消除灰色调，使两图层的亮部相混合，得到强光混合的效果。
"固定光"：消除当前图层的固有光。
"强烈混合"：层颜色和底色进行混合，使亮色更高，暗色更暗，中间色将被消除，如图 15-10 所示。

图 15-8　　　　　　　　图 15-9　　　　　　　　图 15-10

"差值"：显示两图层相差的影像。
"排除"：可以得到柔和的混合效果，如图 15-11 所示。
"色相位"：使当前图层的主要色相与下一图层混合。
"饱和度"：以当前图层的饱和度控制混合后的影像饱和度，如图 15-12 所示。
"颜色"：以当前图层的颜色控制混合后的影像色调。
"亮度"：将当前图层的亮色消除，并显示下一图层的固有色，如图 15-13 所示。

  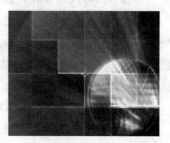

图 15-11　　　　　　　　图 15-12　　　　　　　　图 15-13

15.2 After Effects CS4 混合模式片头实例——文化中国

步骤 1 新建合成组

打开 After Effects CS4,单击"新建合成组"按钮,设置"合成组名称"为"C1","预置"为"PAL D1/DV","持续时间"为"0:00:10:00",单击"确定"按钮,如图 15-14 所示。

图 15-14

步骤 2 导入"长城"和"shufa"素材,制作动画

双击"项目"窗口空白处,在弹出的对话框中选择素材文件夹下的"长城",单击"打开"按钮。将素材从"项目"窗口中拖曳到"时间线"窗口上。按 S 键,打开"比例"属性,将"数值"调整为"104.0%"。

双击"项目"窗口空白处,在弹出的对话框中选择素材文件夹下的"shufa",单击"打开"按钮。将素材从"项目"窗口中拖曳到"时间线"窗口上。打开 3D 图层开关,打开"变换"属性,将"比例"调整为"200.0%",将"X 轴旋转"数值调整为"-38.0",在第 0 秒处,激活"位置"左侧的"时间秒表变化"图标,添加关键帧,将数值调整为"364.4,264.3,0.0",将当前时间线停留在第 2 秒第 3 帧处,将数值调整为"364.4,294.3,0.0"。

选择"长城"图层,将当前时间线停留在第 1 秒第 10 帧处,按"Ctrl+Shift+D"组合键,裁剪素材,将后半截删除。

选择"shufa"图层,在图层上右击,在弹出的快捷菜单中执行"混合模式"→"柔光"命令。

步骤 3 导入"guohua"素材,制作动画,设置混合模式

导入"guohua"素材,将素材拖曳到当前"时间线"窗口上,将当前时间线停留在第 20 帧处,按[键,打开"变换"属性,激活"比例"和"透明度"左侧的"时间秒表变化"图标,将比例数值设置为"100.0,139.0%",将透明度设置为 0%,在第 1 秒第 9 帧处,设置透明度为 100%,在第 2 秒第 4 帧处,设置比例为"146.0,203.0%"。

在图层上右击,在弹出的快捷菜单中执行"混合模式"→"叠加"命令。

步骤 4 导入"laowu"素材,制作动画

导入"laowu"素材,将素材拖曳到当前"时间线"窗口上,将当前时间线停留在第 1 秒第

6帧处,按[键,打开"变换"属性,设置"比例"为"155.2,133.2％";激活"位置"和"透明度"左侧的"时间秒表变化"图标,将位置数值设置为"360.0,144.0",将"透明度"设置为"0％"。在第1秒第14帧处,设置"透明度"为"100％"。在第2秒第4帧处,设置"位置"为"360.0,413.0"。"时间线"窗口中的图层位置及属性。如图15-15所示。

图 15-15

步骤 5　导入"群马"和"打高尔夫球"素材,制作动画

导入"群马"素材,将素材拖曳到当前"时间线"窗口上,将当前时间线停留在第1秒第23帧处,按[键。按S键,将"比例"数值调整为"111.0％"。

导入"打高尔夫球"素材,将素材拖曳到当前"时间线"窗口上,将当前时间线停留在第3秒第13帧处,按[键。按S键,将"比例"数值调整为"103.0％"。

将当前时间线停留在第4秒第9帧处,按"Ctrl+Shift+D"组合键,裁剪素材,将前半截删除。

将当前时间线停留在第5秒第11帧处,按"Ctrl+Shift+D"组合键,裁剪素材,将后半截删除。

选择"打高尔夫球"图层,在图层上右击,在弹出的快捷菜单中执行"效果"→"色彩校正"→"色相位/饱和度"命令,在"特效控制台"窗口中,设置"主色调"为"-156.0",设置"主饱和度"为"-57",设置"主亮度"为"-2",如图15-16所示。

图 15-16

步骤 6　导入 EXPC 序列图素材和 05 素材,制作动画

导入 EXPC 序列图素材,将当前时间线停留在第5秒第11帧处,按[键。

导入 05.jpg 素材,将当前时间线停留在第5秒第19帧处,按[键。按T键,打开"透明度"属性,激活左侧的"时间秒表变化"图标,将数值修改为"0％",在第6秒第4帧处,设置"透明度"为"50％",在第6秒第13帧处,设置"透明度"为"0％"。

步骤 7 导入 s01、s02、s03、s04 素材，制作动画，设置混合模式

导入 s01、s02、s03、s04 素材，设置它们的持续时间为 3 帧。分别放置在时间线上的 5 秒 20 帧、5 秒 23 帧、6 秒 01 帧、6 秒 04 帧的位置。

分别设置它们的"混合模式"为"正片叠底"，如图 15-17 所示。

图 15-17

步骤 8 制作文字动画

选择工具栏上的文字输入工具，在"合成"窗口中输入"文化中国"，在右侧的文字浮动窗口上选择"字体"为"篆书"，"大小"为"89"，"AV"为"650"。

选择文字图层，将当前时间线停留在第 6 秒第 13 帧处，按[键。打开图层的"变换"属性，激活"比例"与"透明度"左侧的"时间秒表变换"图标，添加关键帧，将"透明度"调整为"0％"，在第 7 秒第 2 帧处，设置"透明度"为"100％"，在第 9 秒第 16 帧处，设置"比例"为"148％"。

步骤 9 制作文字的光效动画

选择文字图层，在图层上右击，在弹出的快捷菜单中执行"效果"→"Trapcode"→"Shine"命令。

在"特效控制台"中，激活"Source Point"和"Ray Length"左侧的"时间秒表变化"图标，添加关键帧。将"Source Point"数值调整为"653.0,288.0"，将"Ray Length"数值调整为"0.0"。

在第 8 秒第 24 帧处，设置"Source Point"数值为"26.0,288.0"，设置"Ray Length"数值为"2.9"，在第 9 秒第 5 帧处，设置"Ray Length"数值为"0.0"，效果如图 15-18 所示。

步骤 10 保存，渲染输出

将音效"文化中国"导入，将音效拖曳到"时间线"窗口上，按"Ctrl+S"组合键，保存文件"overly.aep"，按 0 键，预览动画，按"Ctrl+M"组合键输出影片。最终画面效果如图 15-19 所示。

第4章　After Effects CS4 进阶训练

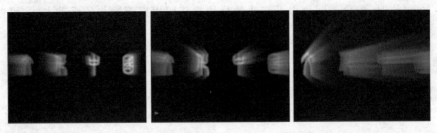

图　15-18

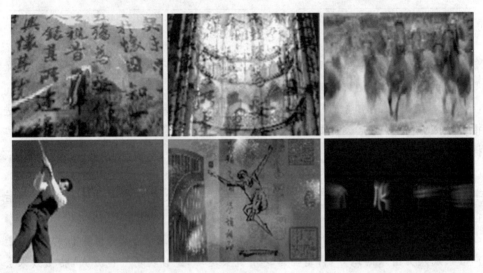

图　15-19

课堂练习

任务目标：制作一个电视宣传片，要求合成方式里用到混合模式。
任务要求：画面精美、大气、有节奏感。

练习评价

项　　目	标准描述	评定分值	得　　分
基本要求90分	混合模式运用得当,特效突出,视觉效果强烈	30	
	节奏感强烈,有音效	30	
	动画流畅	30	
拓展要求10分	有创意,能综合运用其他特效	10	
主观评价		总分	

本课小结

通过本课的学习,掌握了不少画面的合成方法,掌握了"混合模式",对电视里的某些画面叠加技巧恍然大悟。通过对画面的叠加,可以大大丰富影像的信息量和画面视觉效果的层次感。在制作时,配合透明度以及镜头的推拉摇移跟甩摆等镜头的运动方式,可以做出十足的影像视觉效果来。

课后思考

(1) 记住几种常用的"混合模式"方法以及它们的合成效果。

(2) 多画面融合技术还有其他方法吗?

课外阅读

拍摄时要注意的基本事项

① 取景构图要把握画面自然的感觉,让画面看起来不要太呆板,能突出主题,景物不要太杂乱,适时运用镜头的变化,顺序拍摄即可。

② 除非有特殊的表现方式,尽可能使用三脚架或使用现场可以有倚靠的物体进行拍摄,取得稳定的画面是最重要的,手持时可以用稍微广角的镜头或较接近主体的方式拍摄。

③ 现场的声音是很重要的,拍摄时如果画面不满意,也不要关闭摄像机的电源,因为事后补录音往往效果不佳,画面可以通过补拍一些观众或现场的布置来补救,事后剪辑也可用其他方式再做补救。

④ 如果是拍摄固定的场所,而且不能中断,要先观察场景,定出摄像机的位置,避开人声嘈杂或人员出入的地方,再适当地运用镜头运动,配合现场分镜方式,拍摄效果会比较好。

⑤ 如果拍摄对象极少移动位置,可以借镜头的动态来表现,让画面产生一些不同的变化,包含了 ZOOM IN/OUT(推入与推出)、PANL/R/U/D(左、右、上、下移动镜头)。

⑥ 拍摄时可用分镜的方式表现主体,针对拍摄的主题或画面构成,可以使用全景、中景、近景、特写的镜头,配合上、下、左、右角度的改变以及和主体位置的相对距离交叉汇编拍摄,画面会比较活泼有变化。

⑦ 动线处理包含人的视线主体移动的方向,一般要预留一些画面空间,视觉上比较自然。如果用分镜组合的方式表现移动的主题,要注意180°线的原则,以免产生空间错乱的情形。

资料来源:青青岛社区 http://club.qingdaonews.com

第 16 课 After Effects CS4 与其他软件的结合

After Effects CS4 在进行影像合成创作的时候显示了它强大的聚合能力。其实,在进行影视创作的时候,数据往往非常庞大而复杂,在创作的时候需要根据具体情况、不同的信息和不同的工具软件来进行合成处理。After Effects CS4 在这方面更显示了它"海纳百川"

的一面，它跟很多软件的结合都达到了"合一"的境界。在之前的课程中，用到 Photoshop 来进行图像素材的处理合成，这就是 After Effects CS4 与 Photoshop 的结合使用。很多影像合成师将 After Effects CS4 比喻成"会动的 Photoshop"，这是很有道理的。这在某种程度上说明了它与当前应用最广泛的 Photoshop 有着一定的关联性——它们之间的数据交换非常方便。此外，其他软件与 After Effects CS4 的结合也非常方便。例如 Adobe Illustrator、Adobe Flash、Adobe Premiere、Maya、3ds Max 等。

课堂讲解

任务背景：正是因为 After Effects CS4 无比强大的功能以及它与其他软件的结合能力，才使它拥有如此众多的用户。与各个软件的结合，更显示了 After Effects CS4 在影视后期合成行业中占举足轻重的地位。

任务目标：熟练掌握 After Effects CS4 与其他常用软件的结合，制作出出奇制胜的影视特效和多媒体视觉作品。

任务分析：除了掌握 After Effects CS4 外，还需要掌握其他常用软件，如 Photoshop、Illustrator、Flash、Maya、3ds Max 等软件，它们都能与 After Effects CS4 较好地结合。

16.1 与 Illustrator 结合制作界面应用实例——酷炫片头

Adobe Illustrator 是一款非常优秀的矢量绘图软件，是出版、插画和多媒体工业标准的矢量绘图软件，在 Adobe Illustrator 里绘制的图形可以无限放大而图像信息不会丢失，而且存储的文件数据量也很小。After Effects CS4 与 Adobe Illustrator 的结合，可以制作出非常精美时尚的影像效果，如图 16-1 所示。

步骤 1　打开 Adobe Illustrator，设置文档

打开 Adobe Illustrator，执行"文件"→"新建"命令，在弹出的"新建文件"对话框中，设置"名称"为"bg"，"宽度"为"720px"，"高度"为"576px"，点选"RGB 颜色"单选按钮，单击"确定"按钮，如图 16-2 所示。

图 16-1

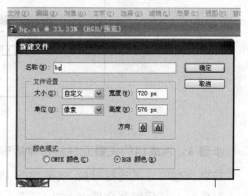

图 16-2

步骤 2　在 Adobe Illustrator 里绘制矢量图

在 Adobe Illustrator 里配合各个绘图工具的使用，绘制矢量元件，如图 16-3 所示。

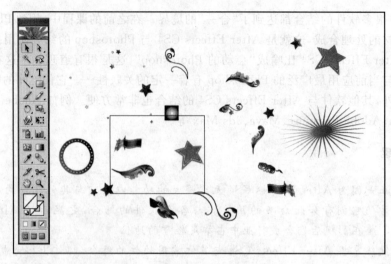

图 16-3

步骤3 将绘制的矢量元件归类成组,分层放置

将绘制好的矢量元件,归类成组,选择该组元件按"Ctrl+G"组合键组合该组物体,这样选择起来会更加方便。

按F7键,打开"图层"面板,单击图层下方的"创建新图层"按钮,创建新的图层,选择该图层,然后选择某组合,右击,在弹出的快捷菜单中执行"排列"→"发送到当前图层"命令,分别将各组放进不同的图层里,进行分层管理,如图16-4所示。

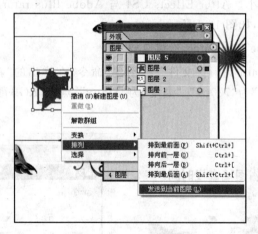

图 16-4

步骤4 将成组的矢量元件进行排版设计

按照预想的方案进行排版,效果如图16-5所示。

制作好元件后保存文件名为"bg.ai"。

步骤5 将After Effects CS4打开,导入AI格式文件

打开After Effects CS4,新建合成组,命名为"aep-ai",设置"预置"为"PAL D1/DV",单击"确定"按钮。

图 16-5

执行"文件"→"导入"→"文件"命令,选择素材"bg.ai"文件,将"导入为"设为"合成",单击"打开"按钮,如图 16-6 所示。

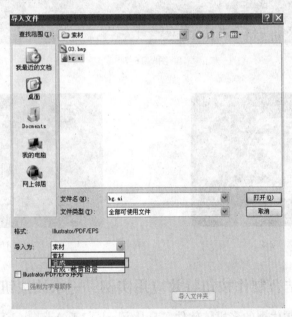

图 16-6

此时导入的文件,将会在 After Effects CS4 的"项目"窗口自动创建一个合成组,并且将 Adobe Illustrator 的所有图层自动分配到 After Effects CS4 的各个层。双击该合成组可以看到"合成"窗口的效果和"时间线"窗口的层关系,如图 16-7 所示。

步骤 6 在 After Effects CS4 里制作动画特效

所有准备工作都做好后,就可以在 After Effects CS4 里制作动画特效了,可以将其他的影片素材导入,进行合成,如图 16-8 和图 16-9 所示。

因为在 Adobe Illustrator 里进行矢量图以及路径的绘制非常方便,很多艺术家还习惯于在 Adobe Illustrator 里绘制矢量路径,然后直接复制并粘贴到 After Effects CS4 里制作遮罩。

图 16-7

图 16-8

图 16-9

16.2 与 Flash 结合制作按钮特效应用实例——水波按钮

Flash 是一款非常优秀的多媒体软件。自从 Flash 归于 Adobe 门下，成为 After Effects 兄弟软件后，它与 After Effects 结合得更紧密了。目前在网络上看的大多数视频，很多就是在 After Effects CS4 里制作，并输出为 FLV 格式文件，然后在网络上用 Flash 播放器加载播放。FLV 格式的文件信息精细，文件储存量小，很受当前网络广告商们的青睐。

Flash 是一款比较简单易用的多媒体软件，它不能制作出真实绚丽的效果，所以在制作多媒体广告时，往往需要借助 After Effects CS4 来完成前期工作。Flash 最新版本界面如图 16-10 所示。

步骤 1 在 Photoshop 制作 LOGO

在 Photoshop 软件里，处理图片素材，将制作好的 LOGO 保存为"logo.psd"文件，如图 16-11 所示。

图 16-10

图 16-11

步骤 2 在 After Effects CS4 里导入 LOGO

打开 After Effects CS4，单击"新建项目"按钮，设置"预置"为"PAL D1/DV"，"帧速率"为"25 帧/秒"，"持续时间"为"0:00:10:00"。

双击"项目"窗口空白处，选择"logo.psd"素材，单击"打开"按钮，在弹出的对话框中设置合并图层，单击"是"按钮。将"logo.psd"素材拖曳到"时间线"窗口上，如图 16-12 所示。

图 16-12

步骤 3　为素材添加"辉光"滤镜和"波纹"滤镜

在素材上右击，在弹出的快捷菜单中执行"效果"→"风格化"→"辉光"命令，应用"辉光"滤镜，将"辉光半径"设置为"5.0"。

在素材上右击，在弹出的快捷菜单中执行"效果"→"扭曲"→"波纹"命令，添加"波纹"滤镜。将当前时间线停留在第 1 帧处，在弹出的"特效控制台"窗口中激活"半径"前的"时间秒表变化"图标，添加关键帧，设置"半径"为"0.0"；然后将时间线停留在第 6 帧处，设置"半径"为"30.0"；将当前时间线停留在第 2 秒处，设置"半径"为"30.0"；将当前时间线停留在第 3 秒处，设置"半径"为"0.0"。

将当前时间线停留在第 1 帧处，激活"波纹宽度"前的"时间秒表变化"图标，添加关键帧，将数值修改为"18.0"；将当前时间线停留在第 2 秒处，修改数值为"30.0"；将当前时间线停留在第 3 秒处，修改数值为"18.0"，如图 16-13 所示。

图　16-13

步骤 4　输出为 PNG 序列图

将工作区域栏的结束点拖曳到第 3 秒处，按"Ctrl＋M"组合键，在弹出的"渲染序列"对话框里设置"渲染设置"为"最佳设置"，单击"输出组建"右侧的下三角按钮，在弹出的对话框中选择"格式"为"PNG 序列"，如图 16-14 所示。

单击"输出到"按钮，在弹出的"输出影片为"对话框里新建一个文件夹，命名为"PNG"，双击打开，设置文件名为"logo.png"，单击"保存"按钮。

然后，单击"渲染队列"右上侧的"渲染"按钮，渲染序列图片。稍等片刻，就渲染好了，接下来可以打开 Flash 软件，将序列图片导入到 Flash 里并制作元件。

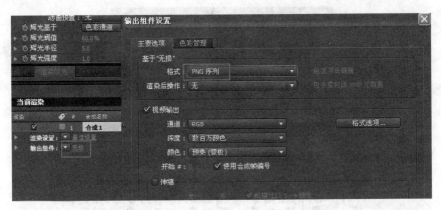

图 16-14

步骤5　打开Flash，设置文档

打开Flash，新建Flash文档，设置文档"大小"为"800×600像素"，"背景"为"黑色"，"帧频"为"25fps"，如图16-15和图16-16所示。

图 16-15

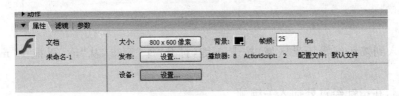

图 16-16

步骤6　创建影片剪辑，导入PNG素材

按"Ctrl+F8"组合键，创建一个影片剪辑，在弹出的"创建新元件"对话框中设置"名称"为"mc1"，点选"影片剪辑"单选按钮，单击"确定"按钮，如图16-17所示。

在"mc1"影片剪辑的场景里，执行"文件"→"导入"→"导入到舞台"命令，在弹出的"导入"对话框中选择PNG序列图中的一张，单击"打开"按钮，然后在弹出的对话框中单击"是"按钮，导入序列图，如图16-18所示。

图 16-17

图 16-18

此时在"时间线"窗口上有 75 个关键帧,说明已经导入了 75 张序列图。

步骤 7 创建按钮,嵌入 mc1 影片剪辑

按"Ctrl+F8"组合键,弹出"创建新元件"对话框,设置"名称"为"BUT1",单击"确定"按钮,如图 16-19 所示。

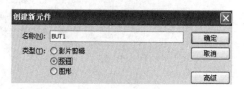

图 16-19

此时进入到按钮编辑场景区域,按 F11 键,打开"库"窗口,从"库"里拖曳"mc1"到按钮的"弹起"帧。

按 F6 键,在指针经过处插入关键帧。

回到"弹起"帧,按"Ctrl+B"组合键,打碎当前帧的动画。因为不需要在默认状态就有动画效果。

在"点击"处按 F7 键,插入空白关键帧。激活"时间线"窗口下方的"绘图纸外观"图标,选择工具栏的"矩形工具",不要边框色,画一个响应区域,将文字特效的图像盖住,如图 16-20 所示。

步骤 8 回到场景,将按钮从库里拖曳到场景

单击"时间线"窗口上方的"场景 1",回到场景,将按钮从库里拖曳到场景中,调整位置,

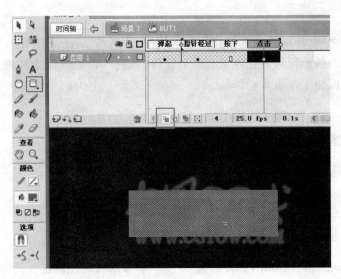

图 16-20

按钮就做好了。按"Ctrl+S"组合键,保存文件。按"Ctrl+Enter"组合键,预览并发布动画。这是一个鼠标停留动画效果,如图 16-21 所示。

图 16-21

课堂练习

任务目标:根据本课知识点,结合其他软件制作一个影视特效项目。
任务要求:画面精美,大气,有节奏感。

练习评价

项 目	标 准 描 述	评定分值	得 分
基本要求 90 分	软件运用得当	30	
	节奏感强烈,有音效	30	
	制作精细,软件使用熟练	30	
拓展要求 10 分	有创意,能综合运用其他软件	10	
主观评价		总分	

本课小结

在学习本课之前,必须熟练掌握其他常用软件,才能与 After Effects CS4 熟练转换,得心应手。一个复杂的影像特效往往需要多个软件的结合,否则难以达到理想效果。而且多个软件的结合可以使工作事半功倍。

课后思考

(1)熟练掌握常用的 Adobe 软件。
(2)会熟练运用 After Effects CS4,能熟练输入/输出文件并进行多个软件互相编辑。

课外阅读

IMAX 是什么

IMAX(Image Maximum,最大影像)是一种能够放映比传统胶片更大和更高解像度的电影放映系统。整套系统包括以 IMAX 规格摄制的影片复制件、放映机、音响系统、银幕等。标准的 IMAX 银幕为 22m 宽、16m 高,但完全可以在更大的银幕播放,而且迄今为止不断有更大的 IMAX 银幕出现。

在 IMAX 之前,出现了两种大画面放映系统:Cinemascope 和 VistaVision,这两套系统由于各方面的原因,诸如安装复杂、操作困难、画面质量不稳定等,没有得到推广。IMAX 的三名加拿大发明者(Graeme Ferguson、Roman Kroitor 和 Robert Kerr)早先也研究与 Cinemascope 相仿的多投影机大银幕放映系统,但他们在 1967 年蒙特利尔世界博览会上的试验不够理想,出现了不少技术问题,因而促使他们转向研发新的单放映机、单摄像机式的大银幕放映系统,最终催生了 IMAX。

IMAX 影片为了大幅增加影像的解析度,采用了特殊的 65mm 底片及其专用摄像机摄制,然后冲印成 70mm 胶片。传统 70mm 胶片的影像尺寸为 48.5mm×22.1mm,而 IMAX 胶片的影像尺寸为 69.6mm×48.5mm,即 15/70 格式——胶片每格上有 15 个齿孔。因此,IMAX 影片的每格画面的感光面积是普通 35mm 胶片每格画面的 10 倍,传统 70mm 胶片的 3 倍。这决定了在"巨幕"上投放出的影像比一般电影更清晰、更亮丽。这种胶片的复制非常笨重,放映时需要专门的起重设备或集合多人之力才能搬动。由于尺寸比一般的胶片大得多,所以 IMAX 胶片的进片速度也是一般胶片的 3 倍,每 6ms 就放映一格,每 1 秒钟放映的胶片长 1.7m,每分钟则是 102.6m,因此,时长两小时的 IMAX 影片,其胶片长度有 12.312km。

因为传统 70mm 胶片在放大 500 多倍(即布满银幕)后图形不稳定,因此 IMAX 特别采用一种"波状环行"(Rolling Loop)的技术用于影片放映,增加了一个压缩空气装置来加速胶片传动,并把一个圆柱形镜头放在放映机前端,在放映过程中保持真空状态。IMAX 放映机用螺钉固定,四颗螺钉和齿轮把放映机固定在完全水平的状态。IMAX 放映系统还通过增加凸轮控制臂来抵消放映过程中的细微晃动,而其快门长度也比传统设备长大约 20%。放映机的灯泡亮度惊人,功率最大(15kW)的 IMAX 放映机发出的灯光,甚至在月球上都能看得见。所以,IMAX 放映系统造价高昂,而且重达 1.8t 以上。

IMAX 放映机精密度最高,功率最强,达到了前所未有的先进水平。其运作的可靠性及稳定性的关键在于采用了独特的"波状环行"进片技术。这项技术使电影胶片如波浪般沿水平方向运行。在放映过程中,每一画格都由真空装置牢牢吸附在镜头的后部,使画面的稳定性大大超过任何常规标准,而图像更是水晶般清晰。

IMAX 体验中的一个重要因素是它的音响。IMAX 六声道超级音响系统包含有超低音频道。专门为 IMAX 影院设计的 Sonics 声源均衡喇叭系统使影院内每个地方的音量和音质完全相同,观众无论坐在哪儿都能享受同样质量的音响效果。为了使声音传播畅通无阻,银幕上还有成千上万个小孔,同时,大坡度的座位设计使得每个观众的视野无阻碍。

IMAX 影院的构造也与普通电影院有很大的区别。据形状的不同,IMAX 银幕分为矩形幕和球形幕两种,前文所述的标准 IMAX 幕尺寸指矩形幕,而球形幕直径可达30m。球形幕主要放映全天域电影(IMax Dome,旧称 OmniMax)。此类电影采用"鱼眼"镜拍摄,使得180°的景物能成像于平坦的胶片上。放映时再采用另一个鱼眼镜头即可让全景重现银幕。

由于 IMAX 画面解析度极高,观众可以更靠近银幕,一般所有座位的范围都在一个银幕的高度内(而普通传统影院座位跨度可达到8~12个银幕)。而且座位倾斜度也比一般影院大(球形幕的放映厅倾斜度达23°),以便观众能够更好地面向银幕中心。

IMAX3D 则是 IMAX 立体影片的放映技术,IMAX3D 使用两盘 IMAX 专用的15/70胶片,一盘胶片对应一只眼睛,通过偏振过滤眼镜或红外同步系统配合电子眼镜以提供两个单独的图像。结合 IMAX 巨幕,IMAX3D 能够产生逼真的全视野立体效果。

资料来源:百度 http://www.baidu.com

第 17 课 After Effects CS4 与 Maya 结合实例——熊熊烈火

课堂讲解

任务背景:掌握了众多常用软件后,你应该已经能做不少实例来了,但是通过 Maya 的掌握,一定能让你制作影视特效时如虎添翼。

任务目标:熟练掌握 After Effects CS4 与 Maya 的结合使用,制作三维影视特效。

任务分析:Maya 是制作三维影视特效的佼佼者,After Effects CS4 与 Maya 较好地结合能制作出神奇的影视特效。Maya 的分层渲染以及通道渲染等,都为在 After Effects CS4 里进行特效合成,带来了很大的方便。

Maya 是一款非常强大的影视动画前期制作软件,它几乎可以创作一切虚拟的自然物体。它被广泛地应用于影视特效制作、游戏制作以及其他多媒体创作。其最新版本界面如图 17-1 所示。

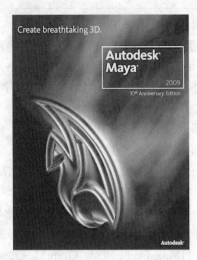

图 17-1

步骤 1 在 Maya 里创建场景

打开 Maya，创建一个 NURBS 平面，再创建一个摄像机，然后将摄像机的"电影门"打开，调整摄像机的位置，如图 17-2 所示。

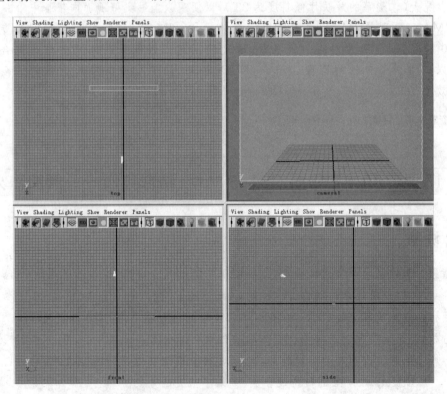

图 17-2

步骤 2 在 Maya 里创建"火"效果

选择 NURBS 面板，执行 Dymamic 模块里的"Effects"→"Creat fire"命令，此时面板会

生成火焰效果。在"时间线"窗口中将时间结束点设为 300 帧,单击"播放"按钮播放动画。

在摄像机视图里选择火焰,在右侧的通道栏里修改"Fire Lifespan"为"1.5",修改"Fire Density"为"12",如图 17-3 所示。

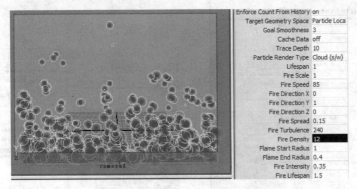

图 17-3

此时播放动画观看效果,单击"最终渲染"按钮渲染效果,最终效果可根据实际情况在右侧的通道栏里修改,如图 17-4 所示。

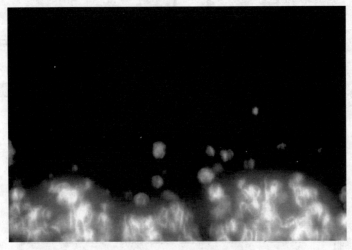

图 17-4

步骤 3　渲染设置并输出

单击渲染设置按钮,在弹出的"渲染设置"对话框里设置渲染属性。

设置"Image format"(渲染格式)为"Maya IFF(iff)","Frame/Animation ext"(帧动画扩展)为"name.♯.ext","End frame"(结束帧)为"300.000"。"Renderable Camera"为"camera1","Presets"选择"CCIR 601/Quantel NTSC","高"、"宽"分别为"720"、"486";"Render Using"为"Maya Software",在"Maya Software"选项卡里,将"Quality"设为"Production quality"。单击窗口下方的"Close"按钮,如图 17-5 所示。

接下来可以设置文件,保存文件,这样可以更方便地找到渲染的序列文件。然后进入 Rendering 模块,执行"Render"→"Batch Render"命令,勾选"Use all available processors"复选框,单击"Batch render and close"按钮进行渲染,如图 17-6 所示。

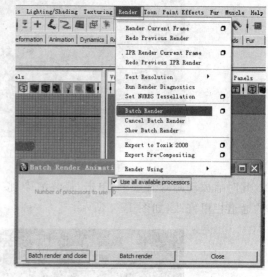

图 17-5   图 17-6

可以打开最右下方的"Script Editor"窗口,看到渲染进程和渲染的文件夹所在位置,如图 17-7 所示。

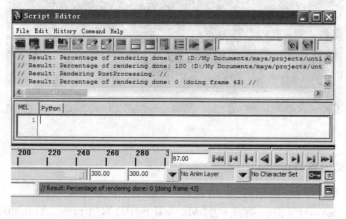

图 17-7

步骤 4　打开 After Effects CS4,新建合成组

打开 After Effects CS4,新建合成组,设置"合成组名称"为"合成 1","预置"为"NTSC D1","宽"为"720px","高"为"486px","帧速率"为"29.97 帧/秒","持续时间"为"0:00:20:00",在此创建的这个合成组设置是根据将要使用的素材的帧速率来设置的,设置完毕后单击"确定"按钮,如图 17-8 所示。

第4章 After Effects CS4 进阶训练

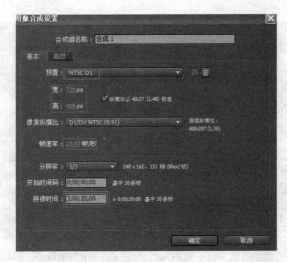

图 17-8

步骤5　导入影像素材

在"项目"窗口空白处双击,选择素材"红河谷.AVI",单击"打开"按钮。将素材拖曳到"时间线"窗口上。

再次在"项目"窗口空白处双击,选择在 Maya 里制作好的 IFF 序列素材图,单击"打开"按钮,在弹出的对话框中选择"直通-物蒙板",单击"确定"按钮,此时将导入全部序列图片,然后将素材拖曳到"时间线"窗口的最上层,如图 17-9 所示。

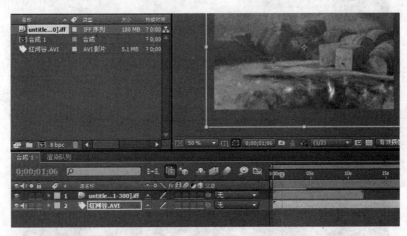

图 17-9

步骤6　裁剪素材,调整火焰位置

将导入的火焰素材调整位置,使火焰处于近景的位置。制作推镜头动画,使动画镜头与原始影像素材的镜头匹配,如图 17-10 所示。

步骤7　渲染输出

激活"合成"窗口,执行"图像合成"→"制作影片"命令,在弹出的"渲染队列"窗口里,单击输出组建"无损"按钮,在弹出的窗口里,"格式"选择"QuickTime 影片",单击"格式选项",弹出"压缩设置"窗口,如图 17-11 所示。

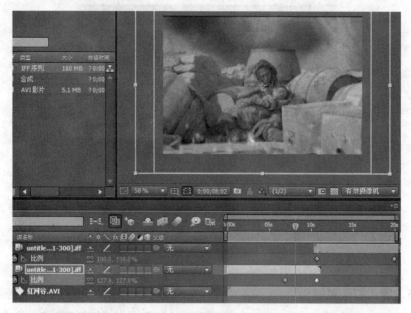

图 17-10

图 17-11

如果影片有音乐，要勾选"输出音频"复选框，然后单击"确定"按钮，回到"渲染队列"里，单击"输出到"按钮，设置输出的路径位置。

此外，Maya 不仅可以输出自带的 IFF 文件，还可以输出无损的 TGA 或 TIF 格式文件以及带 Z 通道的 ALR 格式文件，这使 Maya 与 After Effects CS4 的结合更加方便了。

课堂练习

任务目标：结合所学软件，制作一个影视特效片头。
任务要求：画面精美，大气，视觉极具震撼力。

练习评价

项　　目	标　准　描　述	评定分值	得　　分
基本要求 90 分	与软件结合完好，不穿帮	30	
	制作精细，视觉效果突出	30	
	镜头匹配完好	30	
拓展要求 10 分	有创意，技术含量高	10	
主观评价		总分	

本课小结

　　Photoshop 是最流行、最常用、最方便的图像处理软件，在影视后期中的应用几乎不可或缺。After Effects CS4 俗称"会动的 Photoshop"，足以证明它们之间的紧密联系。Illustrator 是制作矢量图像元素的好帮手，制作时尚片头和影像素材元素的时候不可缺少。Flash 是多媒体互动软件中比较容易掌握的软件之一，自从 After Effects CS4 能输出 FLV 格式后，Flash 与 After Effects CS4 联系就更紧密了，网络时代的广告制作及视频编辑使它们能碰撞出绚丽的火花。其他三维软件例如 Maya 或 3ds Max，更是在影视后期特效处理中不可缺少的工具之一。只要掌握其中一种，就能使影视后期制作如虎添翼。

课后思考

（1）掌握几种常用的与 After Effects CS4 结合得比较好的图像处理软件。
（2）试用 Maya 与 After Effects CS4 制作一个电视栏目包装动画。

课外阅读

运动镜头的二十条基本规律

　　运动镜头虽然给影片带来新的空间和自由，但在运用的过程中它也可能成为一种危险的武器，它会轻易地破坏幻觉。不恰当地使用运动镜头，就会造成干扰，它会影响影片的节奏，甚至和故事的含义发生矛盾。要获得成功的画面调度，不仅要知道如何去创造它，而且要知道调度的时机和目的。
　　① 当拍摄一个激烈的动作时，运动镜头可以从剧中人物的角度表现，从而使观众身临其境。
　　② 把摄像机当成一个演员的眼睛（主观手法，不大容易获得成功的镜头）。

③摇摄或移动摄影可以用来直接或是通过一个演员的眼睛来表现场景(纪实风格、直接报道)。

④摇镜头或移动镜头可以在动作结尾时揭示出一种预料中的或意外的情况。

⑤直接切入要比运动镜头快些,因为它立即转入一个新的视角(避免摇移镜头浪费大量时间表现无关紧要的东西)。

⑥摇移镜头可以跟着一个次要的人物,从一个兴趣中心转移到另一个中心。

⑦镜头从一个兴趣中心转移到另一个中心,它的动作可以分三段,开始摄像机是静止的,中间是运动部分,最后摄像机重新停下来(避免视觉的跳动)。

⑧摇移镜头经常结合起来去拍摄活动的人物或车辆。

⑨跟着一个做重复性动作的对象移动或大范围的摇摄,其长度不限,可以根据剪辑的需要而定。

⑩以摇移镜头接到一个有活动的人和物的静止镜头时,把对象保持在画面上的同一部位是有好处的。画面上的运动方向也要保持不变。

⑪镜头的运动,不论是不是摇移,都可以有选择地删去多余的东西,并且可以在跟着主要运动时,在场景中引进新的人物、实物或背景。

⑫摇移要有把握和准确,动作要得心应手。痉挛式的摇摄,或镜头的运动拿不定主意,就是业余的水平。

⑬人物的动作可以使观众不去注意镜头的运动。

⑭当连续摇移时,摄像机要走简单的路线,让人物或车辆在画面范围内做各种复杂的运动。

⑮注意摇移的起幅、落幅,在构图上保持画面的平衡。

⑯静态镜头的有效剪辑长度取决于镜头内的运动;而运动镜头的长度取决于摄像机运动的持续时间,过长或过短的运动都会妨碍故事的发展。

⑰摇移经常用来重新平衡画面的构图。

⑱把对象置于背景放映或前景放映的摄影屏幕前可以得到运动的幻觉。

⑲推拉镜头经常用来在整个镜头拍摄过程中保持固定的画面构图。

⑳运动常常是假定性的。

镜头的运动任何时候都必须有正当的理由。很多要素是以拍电影为前提的,在影视后期动画中也可以借鉴。

资料来源:数码资源网 http://www.smzy.com

第18课　After Effects CS4 的嵌套功能

在进行影视特效处理的过程中,After Effects CS4 的嵌套功能功不可没,在制作复杂的影视特效作品的时候,没有嵌套功能,工作几乎无法完成。其实在之前的课程学习中,已经接触过,即"图层"里的"预合成"功能。执行"图层"→"预合成"命令,即可打开。

第4章 After Effects CS4 进阶训练

课堂讲解

任务背景：你可能已经学到了 After Effects CS4 的不少功能，而且能做出不少很酷的特效，但是，如果还没用到 After Effects CS4 的预合成功能，那么你还没有进入到较高的技术水准。接下来你会发现，预合成功能很好用、很神奇。

任务目标：熟练掌握 After Effects CS4 的预合成功能，并能制作复杂的影视特效。

任务分析：After Effects CS4 的"嵌套"即预合成功能，其本质上是"合成多个图层"，而每个合成层还可以单独进行编辑，并能独立制作特效，并且所有这些操作都可以返回并可以反复修改、编辑。

18.1 After Effects CS4 的预合成功能

"预合成"的概念是，将当前制作好的图层"合并"为一个合成层，进而进行总编辑，而且这一过程是完全可逆的，即可以反复进行编辑，进行镜头的运动，逐步添加滤镜直至完善，最终合成完美的影像效果。

创建预合成的方法是，选择所有编辑好的图层，然后执行"图层"→"预合成"命令，同时点选"移动全部属性到新建合成中"单选按钮，如图 18-1 所示。

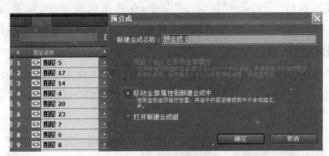

图 18-1

18.2 用嵌套制作电视栏目包装案例——时尚波纹动画特效

步骤1 新建合成组

打开 After Effects CS4，新建一个项目，新建一个合成组。在对话框中，设置"合成组名称"为"C1"、"预置"为"PAL D1/DV"、"帧速率"为"25 帧/秒"、"持续时间"为"0:00:10:00"。

步骤2 创建新的固态层，添加蒙板

在"时间线"窗口空白处右击，在弹出的快捷菜单中执行"新建"→"固态层"命令，创建一个固态层，将固态层命名为 back，设置"颜色"为"玫瑰红"。

执行"视图"→"标尺"命令，将标尺显示出来，在"合成"窗口中从上边和左边拉两根辅助线，调整辅助线的位置，使中心点位于"合成"窗口的中心，如图 18-2 所示。

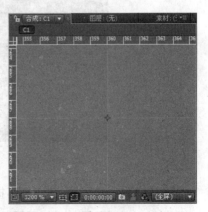

图 18-2

选择工具栏的"圆形遮罩"工具,在"合成"窗口中按住 Shift 键绘制一个圆形的遮罩。绘制完毕后,将鼠标转换为选择工具,按住 Alt 键,移动圆形遮罩形状,配合方向键,进行微调,直到将圆形遮罩的中心点与辅助线的中心点对齐,如图 18-3 所示。

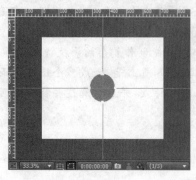
图 18-3

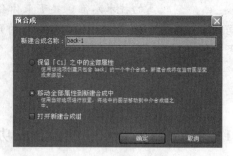
图 18-4

步骤 3　预合成图层,复制遮罩

选择当前的 back 图层,单击图层左侧的小三角按钮,打开"遮罩"属性,选择"遮罩 1",按"Ctrl+C"组合键,复制"遮罩 1"。

选择 back 图层,执行"图层"→"预合成"命令,在弹出的窗口中,设置"新建合成名称"为"back-1",点选"移动全部属性到新建合成中"单选按钮,单击"确定"按钮,如图 18-4 所示。

步骤 4　粘贴遮罩,制作圆环

选择"back-1"图层,按"Ctrl+V"组合键,粘贴"遮罩 1"到当前图层,单击图层左侧的小三角按钮,打开"遮罩"属性,再打开"遮罩 1"属性,勾选"反转"复选框,将"遮罩扩展"数值调整为"-30.0 像素",如图 18-5 所示。

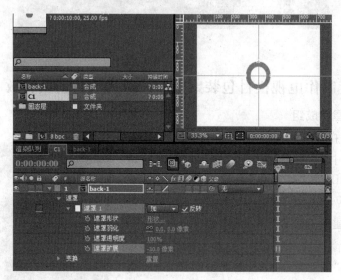
图 18-5

步骤 5　预合成图层,制作圆环扩散动画

选择"back-1"图层,执行"图层"→"预合成"命令,命名为"back-2",点选"移动全部属性到新建合成中"单选按钮,单击"确定"按钮,可以将"合成"窗口的标尺和辅助线隐藏。

选择当前的"back-2"图层,按 T 键,打开"透明度"属性,在第 1 帧处,激活"透明"属性的"时间秒表变化"图标,添加关键帧,然后将当前时间线停留到第 1 秒处,设置"透明度"为"0"。

按 S 键,打开"比例"属性,激活"比例"属性左侧的"时间秒表变化"图标,添加关键帧,在比例数值上拖曳,调整数值为"30％"。然后将当前时间线停留在第 1 秒的位置,将当前的数值调整为"120％"。此时,画面效果为一个渐渐放大并逐渐消失的圆环,如图 18-6 所示。

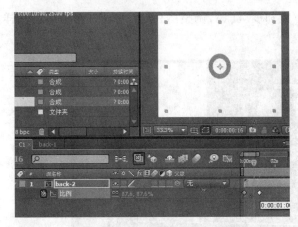

图 18-6　　　　　　　　　　　　　　　图 18-7

步骤 6　预合成图层,制作多个同心圆环扩散动画

按照前面的方法,继续将"back-2"预合成,将新的合成层命名为"back-3"。

在"时间线"窗口上选择"back-3",按"Ctrl＋D"组合键两次,复制两个图层,拖曳复制的两个图层到"时间线"窗口,如图 18-7 所示。

步骤 7　为图层添加"色相位/饱和度"滤镜

在"时间线"窗口选择第一层,在图层上右击,在弹出的快捷菜单中执行"效果"→"色相位/饱和度"命令添加滤镜,将当前图层颜色调整为紫色。

在"时间线"窗口选择第二层,在图层上右击,在弹出的快捷菜单中执行"效果"→"色相位/饱和度"命令添加滤镜,将当前图层颜色调整为橙色,效果如图 18-8 所示。

图 18-8

步骤8 预合成图层

将三个图层全部选中,然后执行"图层"→"预合成"命令,设置"名称"为"back-4",单击"确定"按钮。

选择图层"back-4",按"Ctrl+D"组合键,复制四个图层,在时间线上调整它们的起始位置,使它们的动画效果在"合成"窗口中随机一点出现。在"合成"窗口中调整它们的出现位置,使它们随机排列。

分别给前三个图层添加"色相位/饱和度"滤镜,调整颜色,使它们的色相都不一样,如图18-9所示。

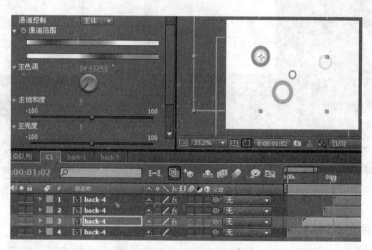

图 18-9

接下来,可以自行增加一些创意或者特效,各显神通。完成后,将它渲染输出,最终效果如图18-10所示。

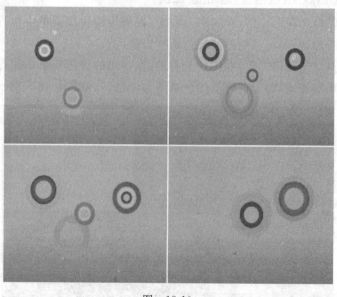

图 18-10

课堂练习

任务目标:用预合成的方法,制作一个较复杂的时尚片头。
任务要求:画面精美、动感、有节奏。

练习评价

项 目	标 准 描 述	评定分值	得 分
基本要求 90 分	熟练掌握预合成功能	30	
	视觉效果技术含量(难易度)	30	
	动画流畅	30	
拓展要求 10 分	有创意,有新意	10	
主观评价		总分	

本课小结

After Effects CS4 的"嵌套"即预合成功能,实际上就是"合成多个图层"的意思。合成后的每个合成组可以进行编辑,也可以再次合成和制作特效,并且所有这些操作都可以返回到以前的图层进行反复修改、编辑。用 After Effects CS4 的预合成功能可以制作复杂的影视特效。

课后思考

试用 After Effects CS4 的嵌套功能制作一个时尚片头动画。

课外阅读

浅谈 DV 拍摄时如何使用变焦拍摄

数码摄像机和数码相机一样具有变焦镜头,都具有光学变焦和数码变焦。光学变焦是由光学镜头结构来实现变焦,变焦方式与 35mm 相机差不多,就是通过摄像头的镜片移动来放大与缩小需要拍摄的景物,光学变焦倍数越大,能拍摄的景物就越远。如今的数码相机的光学变焦倍数大多在 3~5 倍,长焦数码相机则拥有 10 倍甚至 12 倍光学变焦的能力。而数码摄像机的光学变焦倍数在 10~25 倍,能比较清楚地拍到几十米外的东西。

数码变焦实际上是图像的数字放大,经过"插值"处理手段把原来 CCD 感应器上的一部分像素做放大处理。这样,通过数码变焦拍摄是以牺牲画质来达到放大的目的,所以数码变焦在实际拍摄中并没有太大的实际意义。目前数码相机的数码变焦一般在 2~4 倍,数码摄像机的数码变焦在 40~500 倍。

数码摄像机和数码相机变焦最大不同点就是,绝大部分数码相机在拍摄短片时是不能进行变焦的,但是数码摄像机可以在拍摄的同时变焦。在拍摄远处某个目标时,可以利用变焦镜头把景物拉近,当合适时,才按下录影键,拍摄想要的画面。也可以在拍摄的过程中进行变焦,适时放大或者缩小画面,在有些拍摄场合会拍出很好的效果。

什么时候在拍摄的同时做变焦的动作比较合适呢？在要表达某件物品或者某个人的时候，拍摄中的变焦就显得尤为重要，下面以两个例子来说明。

例1：特写一个烛光约3秒，然后慢慢地将镜头拉远，画面渐渐出现，原来是一个插满蜡烛的蛋糕。这个动作让画面更为生动有趣，不需要旁白及说明，可由画面的变化看出拍摄者所要表达的内容及含义，这就是所谓的"镜头语言"。

例2：画面开始是一群小孩在表演舞蹈的全景，几秒钟后画面渐渐推近到其中一个小孩的半身景，然后镜头就跟着他。这种拍法就像在告诉你，这个小孩就是要拍摄的主角，整个拍摄画面在引导观看者。这种推近的变焦拍摄方法，意在说明特定的目标或人物。

上面两种都是比较常用的变焦拍摄方法，各有意义，恰当的运用则具有画龙点睛的效果。滥用变焦镜头、画面忽近忽远重复地拍摄、漫无目标、镜头到处乱飞，这是许多DV初学者常犯的错误。掌握基本的两个变焦拍摄动作，记住无论是拉近还是推远的变焦拍摄，每拍完一次后就暂停，换另外一个角度或画面，再开机拍摄，养成好的拍摄技巧，一定能拍摄出不错的作品。

资料来源：太平洋电脑网 http://www.pconline.com.cn

第 5 章

After Effects CS4 滤镜特效高级编辑技巧

知识要点

- After Effects CS4 滤镜介绍
- 缥缈水花成字特效制作
- 飞舞的流光特效制作
- LOGO 成烟特效制作
- 三维光束空间特效制作
- 三维空间图像特效制作

第 19 课 常用滤镜特效简介

　　After Effects CS4 本身集成了 CC 系列滤镜特效，使用滤镜制作特效更加方便、快捷。After Effects CS4 自带许多标准的滤镜特效，包括三维、音频、模糊与锐化、生成、噪波与颗粒、透视、仿真、风格化、时间、切换等。滤镜特效不仅能够对影片进行丰富的艺术加工，还可以提高影片的画面质量和效果。

课堂讲解

> **任务背景**：通过学习前面的课程，你肯定已经知道在 After Effects CS4 中影视特效技巧或者影视特效表现方法的一些具体操作。其实 After Effects CS4 的中心功能都集中在"滤镜"特效上，几乎所有令人惊讶的特效都需要借助"滤镜"来实现。
>
> **任务目标**：熟练掌握多种常用特效的使用方法和影像效果，能综合运用软件的"滤镜"特效来制作合成影像。
>
> **任务分析**：After Effects CS4 的滤镜比以前的版本更加丰富，以前需要独立安装滤镜插件，在最新版本中已经集成到"效果"里。在运用这些"滤镜"特效时，往往并不是一个滤镜特效就可以实现完美的效果，需要多个滤镜插件的结合运用才能表现完美的影像效果。

　　除 After Effects CS4 自带的标准滤镜以外，还可以根据需要安装第三方滤镜来增加特效功能。After Effects CS4 中的所有滤镜都存放于安装目录下的 Plug-ins 文件夹中，扩展名为.AEX。After Effects 插件常见的安装方法有以下两种。

　　一种是插件本身有安装程序，只需运行相应的安装程序，根据提示将插件安装到指定的

Support File\Plug-ins 目录，就可以完成安装了。如果出错，检查插件所适用的 After Effects 版本及安装的位置是否正确，如图 19-1 所示。

另一种是插件本身为.AEX 文件，对于这种插件只要直接把文件复制到 After Effects 安装目录下的 Support File\Plug-ins 文件夹里就可以了。如果不能正常运行，检查插件所适用的 After Effects 版本及.AEX 的只读属性是否取消，如图 19-2 所示。

 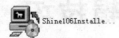  

图 19-1 　　　　　　　　　　　　　　　　图 19-2

每次启动时系统会自动搜索 Plug-ins 文件夹中的滤镜，并将搜索到的滤镜加入 After Effects 的"特效"菜单中。

如果要为某一图层增加滤镜特效，有以下三种方法。

第一种方法是，确定该图层处于选择状态，单击菜单栏中的"效果"，在弹出的下拉菜单中选择所要添加的滤镜，如图 19-3 所示。

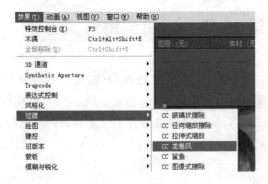

图 19-3

第二种方法是，在图层上右击，在弹出的快捷菜单中选择"效果"，然后在子菜单中选择所要添加的滤镜，如图 19-4 所示。

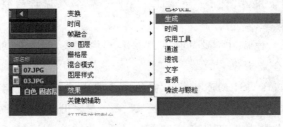

图 19-4

第三种方法是，选择需要增加特效的层，在软件右侧的"效果和预置"栏里选择要添加的滤镜，拖曳到该图层上。

下面将对 After Effects CS4 自带的常用标准内置滤镜以及它们的功能效果作简要介绍。

19.1 风格化

风格化滤镜特效通过对图像中的像素及色彩进行替换和修改等处理,可以模拟各种画派的风格,创作出丰富而真实的艺术效果。该组滤镜特效中提供的艺术化特效,包括CC RGB阈值、CC玻璃、CC胶片烧灼、CC万花筒、CC形状颜色映射、CC阈值、CC重复平铺、笔触、材质纹理、彩色浮雕、查找边缘、粗糙边缘、动态平铺、浮雕、辉光、卡通、马赛克、散射、闪光灯、阈值、招贴画等滤镜特效。

执行"效果"→"风格化"命令,即可选择相应滤镜。利用风格化中各种滤镜特效制作不同的视觉效果,原始图片如图19-5所示。

图 19-5

1. CC玻璃

"CC玻璃"滤镜特效中提供了"表面"、"照明"和"明暗"三种滤镜选项中的多种参数设置,调整这些参数值,可以使图像得到不同的视觉效果,如图19-6所示。

图 19-6

2. CC胶片烧灼

"CC胶片烧灼"滤镜特效中提供了"烧灼"、"中心"和"随机种子"三种滤镜参数设置,如图19-7所示。

图 19-7

3. CC 万花筒

"CC 万花筒"滤镜特效中提供了"中心"、"大小"、"镜像"、"旋转"和"浮动中心"等滤镜参数设置,如图 19-8 所示。

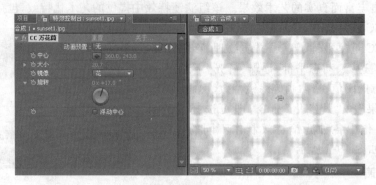

图 19-8

4. CC 重复平铺

"CC 重复平铺"滤镜特效中提供了"右扩展"、"左扩展"、"下扩展"、"上扩展"、"平铺"和"混合边界"等滤镜参数设置,如图 19-9 所示。

图 19-9

5. 笔触

"笔触"滤镜特效可以创建出画笔描绘的粗糙外观效果,通过设置笔触的各项属性可以完成各种画派风格,如图 19-10 所示。

图 19-10

"画笔大小":控制每个单独笔触的大小、尺寸。
"笔触角度":使用该参数控制笔触生成的方向。
"笔触长度":以像素为单位,控制每个单独笔触的长度。
"笔触密度":使用该选项的参数控制笔触的密度。
"笔触随机度":控制描边效果的随机性。
"绘制面":设置图像中使用描边的范围。
"与原始图像混合":控制描边效果与原始图像之间的混合程度。

6. 材质纹理

"材质纹理"滤镜特效可以指定一个层,使用被指定层的图像作为纹理映射到当前层的图像中,如图 19-11 所示。

图 19-11

"材质层":设置一个层作为材质层。
"照明方向":控制光源的照射方向。
"材质对比度":控制纹理显示的对比度。
"材质替换":设置纹理化效果的应用类型。

7. 彩色浮雕

"彩色浮雕"滤镜特效可以为平面图像创建彩色的立体浮雕效果,如图 19-12 所示。

图 19-12

"方向":该参数控制光源照射的方向,通过调整光源的方向控制浮雕的角度。

"起伏":该参数控制浮雕的深度。

"对比度":控制浮雕效果与原始图像之间的颜色对比度,从而影响效果与图像的分离程度。

"与原始图像混合":控制浮雕效果与原始图像之间的混合程度。

8. 粗糙边缘

"粗糙边缘"滤镜特效可以对图像的边缘进行粗糙化处理,创建出艺术化边框效果,如图 19-13 所示。

图 19-13

"边缘类型":设置边缘处理类型,系统提供了多种处理方式。当选择颜色的处理方式时,可以通过边缘颜色选项设置所需要的颜色。

"边缘色":设置边缘的使用颜色。

"边框":该选项控制图像边缘的宽度。

"边缘锐化":控制边缘的锐化程度。

"不规则影响":控制边缘效果的粗糙碎片对相邻像素的影响程度。

"比例":控制边缘粗糙程度的缩放效果。

"伸缩宽度或高度":控制图像边缘的宽度和高度的拉伸程度。

"偏移(紊乱)":控制粗糙边缘碎片的偏移点位置。

"复杂度":控制边缘粗糙效果的复杂度。

"演进":控制边缘粗糙碎片的演化角度。

"演进选项":对"演进选项"进行设置,其中提供了"循环演进"和"任意种子数量"两项参数设置。

9. 动态平铺

"动态平铺"滤镜特效可以复制多个源图像到输出图像中,整个屏幕分割为许多个小方块,并且在每个小方块中都显示整个图像,如图 19-14 所示。

"平铺中心":控制被分割出的全部方格的中心位置。

"平铺宽度":设置平铺的宽度。

"平铺高度":设置平铺的高度。

"输出宽度":控制输出图像的宽度。

第5章 After Effects CS4 滤镜特效高级编辑技巧

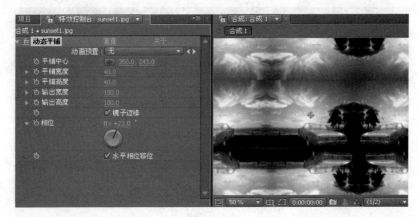

图 19-14

"输出高度"：控制输出图像的高度。

"镜子边缘"：当选择该选项后，以中心点的分割图像为基准，控制其周围所有分割出的图像都以镜像的方式被复制。

"相位"：控制相邻平铺的偏移量。默认状态下系统使用垂直偏移。

"水平相位移位"：选择该选项后，平铺相位将以水平方式进行偏移。

10. 浮雕

"浮雕"滤镜特效中提供了"方向"、"起伏"、"对比度"和"与原始图像混合"四种滤镜参数设置，如图 19-15 所示。

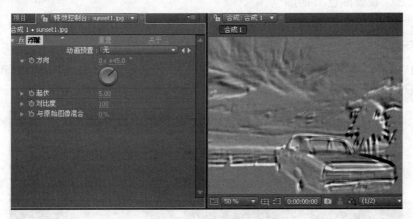

图 19-15

11. 辉光

"辉光"滤镜特效通过搜索图像中的明亮部分，对其周围像素进行加亮处理，创建一个扩散的辉光效果，如图 19-16 所示。

"辉光基于"：控制辉光效果基于哪一种通道方式产生辉光。

"辉光阈值"：控制辉光效果的极限值。

"辉光半径"：控制辉光效果的半径。

"辉光强度"：控制辉光效果的强度。

"合成原始素材"：设置辉光效果与原始图像混合的应用方位。

图 19-16

"辉光操作":控制辉光的产生方式。选择不同的操作方式可以产生不同的辉光效果。

"辉光色":控制辉光颜色的使用方式。包括原始颜色、A 和 B 颜色、任意贴图等方式。

"色彩循环":设置色彩光圈的使用方式。

"色彩循环":控制在辉光中产生颜色循环的色轮圈数。

"色彩相位":控制色彩循环的开始点。

"A&B 中间点":控制 A&B 颜色之间的平衡点。该参数低于 50%时用较少的 A 颜色,高于 50%时用较少的 B 颜色。

"颜色 A":设置颜色 A 的颜色。

"颜色 B":设置颜色 B 的颜色。

"辉光尺寸":设置辉光的扩展方式。可以使用水平和垂直、水平或垂直等方式。

12. 卡通

"卡通"滤镜特效中提供了"渲染"、"详细半径"、"详细阈值"、"填充"、"边缘"和"详细"等滤镜参数设置,如图 19-17 所示。

图 19-17

13. 马赛克

"马赛克"滤镜特效中提供了"水平块"、"垂直块"和"锐化色彩"三种滤镜参数设置,如图 19-18 所示。

第5章　After Effects CS4 滤镜特效高级编辑技巧

图　19-18

14. 散射

"散射"滤镜特效可以在不改变每个独立像素色彩的前提下，重新分配随机的像素。利用分散层中的像素，创建一种模糊或污浊的涂抹外观效果，如图 19-19 所示。

图　19-19

"扩散量"：控制特效分散出的颗粒数量。

"颗粒"：控制颗粒扩散的方式。其中可以设置"颗粒全方位"、"水平"或"垂直"等扩散方式。

"随机扩散度"：控制效果是否随机排列在每一帧上。

15. 闪光灯

"闪光灯"滤镜特效中提供了"闪光色"、"与原始图像混合"、"闪光长度(秒)"、"闪光周期(秒)"、"随机闪光几率"、"闪光"、"闪光操作"和"随机种子"等滤镜参数设置，如图 19-20 所示。

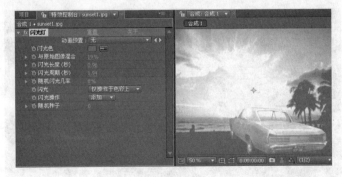

图　19-20

19.2 过渡

过渡滤镜特效可以在过渡层与其下的所有层之间建立过渡,并且两个镜头进行连接。在影片合成的过程中经常需要创造各种特殊的切换来进行两个镜头之间的过渡,过渡特效针对这项工作提供了多项滤镜特效,包括了 CC 玻璃状擦除、CC 径向缩放擦除、CC 拉伸式缩放、CC 龙卷风、CC 鲨鱼、CC 图像式擦除、CC 网格擦除、CC 照明式擦除、百叶窗、渐变擦除、径向擦除、卡片擦除、块溶解、线性擦除和形状改变等多项滤镜特效。

图 19-21

执行"效果"→"过渡"命令,即可打开相应滤镜特效。利用过渡滤镜中的各种滤镜特效制作出各种不一样的视觉效果,原始图片如图 19-21 所示。

1. CC 玻璃状擦除

"CC 玻璃状擦除"滤镜特效中提供了"完成度"、"显示图层"、"渐变图层"、"柔化"和"置换数值"等滤镜参数设置,如图 19-22 所示。

图 19-22

2. CC 径向缩放擦除

"CC 径向缩放擦除"滤镜特效中提供了"完成度"、"中心"和"反转过渡"三种滤镜参数设置,如图 19-23 所示。

图 19-23

3. CC 拉伸式缩放

"CC 拉伸式缩放"滤镜特效中提供了"拉伸"、"中心"和"方向"三种滤镜参数设置,如图 19-24 所示。

图 19-24

4. CC 鲨鱼

"CC 鲨鱼"滤镜特效中提供了"完成度"、"中心"、"方向"、"高"、"宽"和"形状"等滤镜参数设置,如图 19-25 所示。

图 19-25

5. CC 图像式擦除

"CC 图像式擦除"滤镜特效中提供了"完成度"、"边缘柔化"、"自动柔化"和"渐变"等滤镜参数设置,如图 19-26 所示。

图 19-26

6. CC 网格擦除

"CC 网格擦除"滤镜特效中提供了"完成度"、"中心"、"旋转"、"边缘"、"平铺"、"形状"和"反转过渡"等滤镜参数设置,如图 19-27 所示。

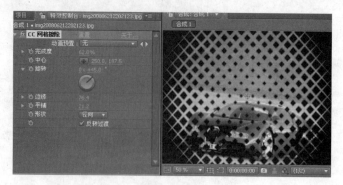

图 19-27

7. CC 照明式擦除

"CC 照明式擦除"滤镜特效中提供了"完成度"、"中心"、"强度"、"形状"、"方向"、"色彩来自素材源"、"颜色"和"反转过渡"等滤镜参数设置,如图 19-28 所示。

图 19-28

8. 百叶窗

"百叶窗"滤镜特效中提供了"变换完成量"、"方向"、"宽度"和"羽化"等滤镜参数设置,如图 19-29 所示。

图 19-29

9. 渐变擦除

"渐变擦除"滤镜特效以指定一个层的亮度值为基础，创建一个渐变过渡的效果。在"渐变擦除"中，"渐变层"的像素亮度决定当前层中哪些对应像素透明，以显示底层，如图 19-30 所示。

图 19-30

"完成过渡"：控制渐变擦除的程度。
"柔化过渡"：控制切换时渐变层擦除边缘的柔和程度。
"渐变层"：设置渐变层的擦拭。
"渐变方位"：控制渐变层擦除的位置和大小。
"反转渐变"：选择该选项可以反转渐变层。

10. 径向擦除

"径向擦除"滤镜特效可以围绕特定的点辐射状擦拭层，如图 19-31 所示。

图 19-31

"过渡完成量"：控制辐射状擦拭范围的大小。
"开始角度"：控制开始擦拭的角度。
"划变中心"：控制擦拭范围的中心位置。
"划变"：设置擦拭范围的扩散方式。
"羽化"：控制擦拭边缘的羽化程度。

11. 卡片擦除

"卡片擦除"滤镜特效中提供了"变换完成度"、"变换宽度"、"背面图层"、"行&列"、"行"、"列"、"卡片比例"、"反转轴"、"反方向"、"反转顺序"、"渐变层"、"随机时间"、"随机种子"、"摄像机系统"、"摄像机位置"、"角度"、"照明"、"质感"、"位置振动"和"旋转振动"等滤镜参数设置,如图 19-32 所示。

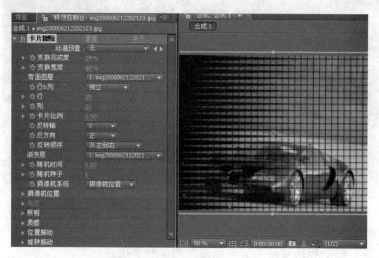

图 19-32

12. 块溶解

"块溶解"滤镜特效以随机的方块对两个层的重叠部分进行切换,如图 19-33 所示。

图 19-33

"变换完成度":控制块面的溶解程度。
"块宽度":控制块面的宽度。
"块高度":控制块面的高度。
"羽化":控制块面边缘的羽化程度。
"柔化边缘(最佳品质)":设置块面边缘是否柔和。该选项作用与羽化基本相同。

13. 线性擦除

"线性擦除"滤镜特效中提供了"完成过渡"、"擦除角度"和"羽化"三种滤镜参数设置,如

图 19-34 所示。

图 19-34

19.3 模糊与锐化

模糊与锐化滤镜特效可以使图像模糊或清晰化。它针对图像的相邻像素进行计算来产生效果。可以利用该特效模仿摄像机的变焦以及制作其他一些特殊效果。After Effects CS4 中的模糊与锐化滤镜特效提供了 CC 放射状快速模糊、CC 放射状模糊、CC 矢量模糊、方向模糊、非锐化遮罩、复合模糊、高斯模糊、盒状模糊、降低隔行扫描闪烁、径向模糊、镜头模糊、快速模糊、锐化、双向模糊、通道模糊、智能模糊等丰富的针对图像模糊和锐化的滤镜特效。

执行"效果"→"模糊与锐化"命令，即可打开相应滤镜。

1．CC 放射状快速模糊

"CC 放射状快速模糊"滤镜特效中提供了"中心"、"数量"和"缩放"三种滤镜参数设置，适当调整参数使图片得到不同的模糊效果，如图 19-35 所示。

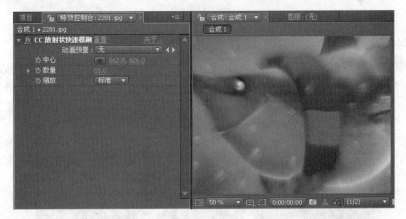

图 19-35

2．CC 放射状模糊

"CC 放射状模糊"滤镜特效中提供了"类型"、"数量"、"品质"和"中心"等滤镜参数设置，选择不同的类型将得到不同的模糊效果，如图 19-36 所示。

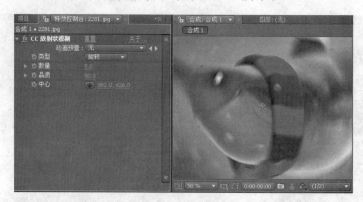

图 19-36

3. CC 矢量模糊

"CC 矢量模糊"滤镜特效中提供了"类型"、"数量"、"角度偏移"、"脊线平滑"、"矢量映射"、"属性"和"映射柔化"等滤镜参数设置，适当调整参数将得到不同的视觉效果，如图 19-37 所示。

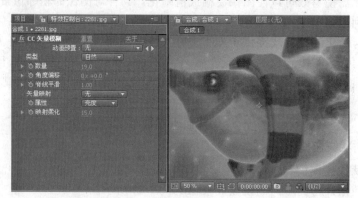

图 19-37

4. 方向模糊

"方向模糊"滤镜特效可以使图像沿着指定的方向产生模糊效果，该滤镜特效通过模糊方向的变化使图像产生一种速度感，"方向模糊"滤镜特效参数设置如图 19-38 所示。

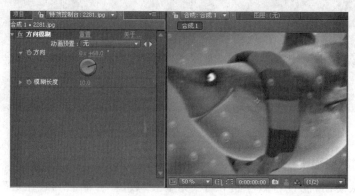

图 19-38

"方向"：调整模糊的方向。

"模糊长度"：调整滤镜的模糊程度，数值越大，模糊的程度也就越大。

5．非锐化遮罩

"非锐化遮罩"滤镜特效也就是印刷中经常提到的 USK 锐化。该滤镜特效通过增加定义边缘颜色的对比度产生边缘遮罩锐化效果，"非锐化遮罩"滤镜特效参数设置如图 19-39 所示。

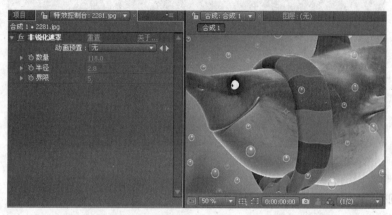

图 19-39

"数量"：控制图像边缘锐化程度。

"半径"：控制模糊像素的范围。数值越大，应用模糊的像素也就越多。

"界限"：定义边缘的允许公差，防止全部像素进行对比度调整。

6．高斯模糊

"高斯模糊"滤镜特效是 After Effects CS4 中最常用也是最具有使用价值的模糊滤镜特效之一。通过该滤镜特效可以模糊、柔和图像并消除图像噪点，"高斯模糊"滤镜特效参数设置如图 19-40 所示。

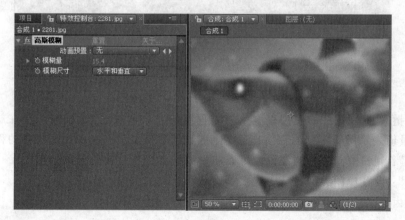

图 19-40

"模糊量"：调整图像的模糊程度。

"模糊尺寸"：设置模糊的方式。提供了水平和垂直、水平、垂直三种模糊方式。

7. 盒状模糊

"盒状模糊"滤镜特效中提供了"模糊半径"、"重复"、"模糊尺寸"和"重复边缘像素"等滤镜参数设置,适当调整参数会得到不同的模糊效果,如图 19-41 所示。

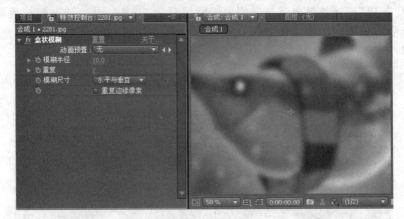

图 19-41

8. 径向模糊

"径向模糊"滤镜特效可以在层中围绕特定点为图像增加移动或旋转模糊的效果,"径向模糊"滤镜特效参数设置如图 19-42 所示。

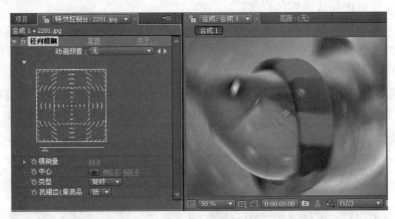

图 19-42

"模糊量":控制图像的模糊程度。模糊程度的大小取决于选取的类型,在旋转类型状态下模糊量值表示旋转模糊的程度;而在比例类型下模糊量值表示比例模糊的程度。

"中心":调整模糊中心的位置。可以通过调整参数指定中心点的位置。

"类型":设置模糊类型。其中提供了旋转和比例两种模糊类型。

"抗锯齿":图像保真。该功能只在图像的最好品质下起作用。

9. 镜头模糊

"镜头模糊"滤镜特效可以通过模拟镜头景深产生模糊效果。

在"镜头模糊"滤镜特效窗口中可以设置"景深映射层"、"景深映射通道"、"反转景深映射射"、"模糊焦距"、"光圈形状"、"光圈半径"、"光圈叶片弯度"、"光圈旋转"、"光圈亮度"、"光圈阈值"、"噪波数量"、"噪波分布"、"单色噪波"、"如果图层大小不同"等滤镜参数设置，如图 19-43 所示。

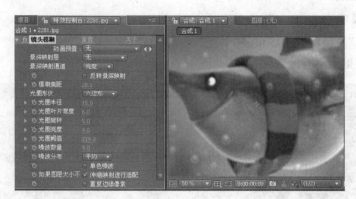

图 19-43

10. 快速模糊

"快速模糊"滤镜特效中提供了"模糊量"、"模糊方向"和"重复边缘像素"三种滤镜参数设置，如图 19-44 所示。

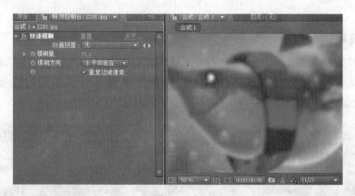

图 19-44

11. 锐化

"锐化"滤镜特效通过增加相邻像素点之间的对比度使图像清晰化。可以使用该滤镜来锐化模糊的图像，使其变得清晰，"锐化"滤镜特效参数设置如图 19-45 所示。

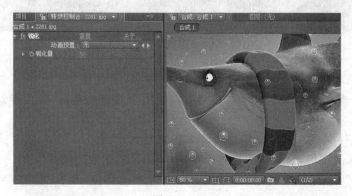

图 19-45

"锐化量":调整锐化程度,数值越大,产生的清晰化效果也就越强,但数值若设置过大,画面中会产生杂点。

12. 双向模糊

"双向模糊"滤镜特效中提供了"半径"、"阈值"和"彩色化"三种基本滤镜参数设置,适当调整参数,将会得到不同的视觉效果,如图19-46所示。

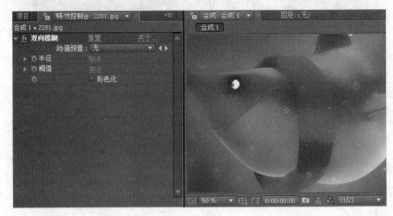

图 19-46

13. 通道模糊

"通道模糊"滤镜特效对图像中的"红色模糊"、"绿色模糊"、"蓝色模糊"和"Alpha模糊"进行单独的模糊,使用该滤镜可以制作特殊的发光效果或者使图像的边缘变得模糊,"通道模糊"滤镜特效参数设置如图19-47所示。

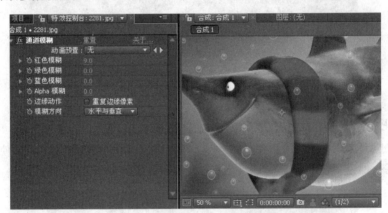

图 19-47

"红色/绿色/蓝色/Alpha模糊":调整红色、绿色、蓝色和Alpha通道的模糊值。可以针对单独的某一通道进行调整。同时也可以设置所有通道的参数,将会得到图像整体模糊的效果。

"边缘动作":描述如何处理实施模糊效果之后图像的边缘区域,重复边缘像素选项可以复制图像边缘周围像素,防止图像边缘变黑,从而保持图像边缘的锐化。

"模糊方向":指定模糊的方式。其中提供了水平与垂直、水平、垂直三种选项。

14. 智能模糊

"智能模糊"滤镜特效可以精确地模糊图像。在除图像边线以外的其他部分,只在对比值低的颜色上设置模糊效果,"智能模糊"滤镜特效参数设置如图 19-48 所示。

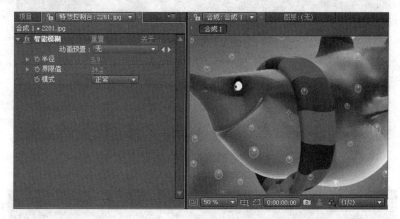

图 19-48

"半径":控制模糊像素的范围。值越大,应用模糊的像素也就越多。
"界限值":设置应用在相似颜色上的模糊范围。
"模式":设置效果的应用方法,其中提供了正常、只有边缘、覆盖边缘三种选项。

19.4 模拟仿真

模拟仿真滤镜特效中提供了粒子运动效果,该组滤镜特效主要用于模拟现实世界中物体间的相互作用,创建出反射、泡沫、雪花和爆炸等效果。其中提供了 CC 吹泡泡、CC 滚珠操作、CC 粒子仿真世界、CC 粒子仿真系统Ⅱ、CC 毛发、CC 散射效果、CC 水银滴落、CC 细雨滴、CC 下雪、CC 下雨、CC 像素多变形、CC 星爆、焦散、卡片舞蹈、粒子运动、泡沫、水波世界、碎片等滤镜特效。

执行"效果"→"模拟仿真"命令,即可打开相应滤镜。利用模拟仿真滤镜中的各种滤镜特效,制作出各种不同的视觉效果,原始图片如图 19-49 所示。

图 19-49

1. CC 吹泡泡

"CC 吹泡泡"滤镜特效中提供了"泡泡数量"、"泡泡速度"、"摆动幅度"、"摆动频率"、"泡泡大小"、"反射类型"和"明暗类型"等滤镜参数设置,如图 19-50 所示。

2. CC 滚珠操作

"CC 滚珠操作"滤镜中提供了"散射"、"旋转坐标"、"旋转"、"扭曲特性"、"扭曲角度"、"网格间隔"、"滚珠大小"和"不稳定状态"等滤镜参数设置,如图 19-51 所示。

3. CC 粒子仿真世界

"CC 粒子仿真世界"滤镜特效中提供了"操作杆"、"网格"、"底层"、"产生率"、"寿命(秒)"、"产生点"、"物理性"、"粒子"和"摄像机"等滤镜参数设置,如图 19-52 所示。

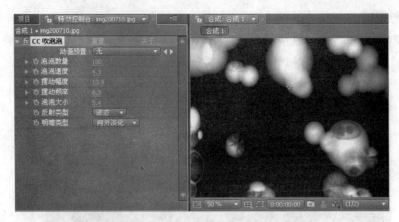

图 19-50

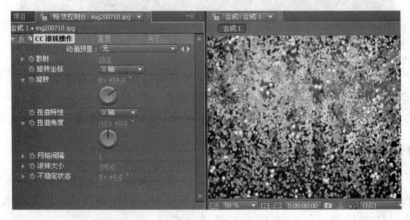

图 19-51

图 19-52

4. CC 粒子仿真系统Ⅱ

"CC 粒子仿真系统Ⅱ"中提供了"生长速率"、"寿命（秒）"、"产生点"、"物理"、"粒子"等滤镜参数设置，如图 19-53 所示。

第5章　After Effects CS4 滤镜特效高级编辑技巧

图　19-53

5．CC 毛发

"CC 毛发"滤镜特效中提供了"长度"、"厚度"、"宽度"、"恒定质量"、"密度"、"毛发映射"、"毛发色"、"照明"和"明暗"等滤镜参数设置，如图 19-54 所示。

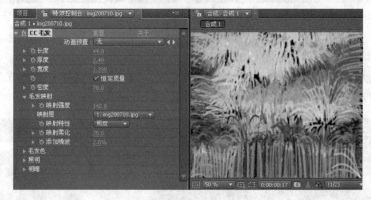

图　19-54

6．CC 散射效果

"CC 散射效果"滤镜特效中提供了"散射"、"右扭曲"、"左扭曲"和"转换模式"等滤镜参数设置，如图 19-55 所示。

图　19-55

7. CC 水银滴落

"CC 水银滴落"滤镜特效中提供了"半径 X"、"半径 Y"、"产生点"、"方向"、"速率"、"出生速率"、"寿命（秒）"、"重力"、"阻力"、"额外"、"动画"、"圆点影响"、"影响映射"、"圆点出生大小"、"圆点消逝大小"、"照明"和"明暗"等滤镜参数设置，如图 19-56 所示。

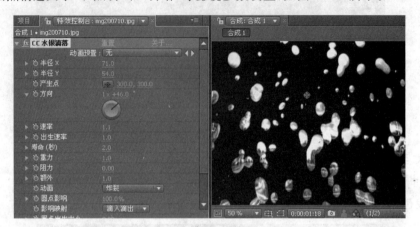

图 19-56

8. CC 细雨滴

"CC 细雨滴"滤镜特效中提供了"滴落率"、"寿命（秒）"、"涟漪"、"置换"、"波纹高度"、"扩展"、"照明"和"明暗"等滤镜参数设置，如图 19-57 所示。

图 19-57

9. CC 下雪

"CC 下雪"滤镜特效中提供了"数量"、"速度"、"幅度"、"频率"、"雪片大小"、"来源景深"和"透明度"等滤镜参数设置，如图 19-58 所示。

10. CC 下雨

"CC 下雨"滤镜特效中提供了"数量"、"速度"、"角度"、"角度变化"、"雨滴大小"、"透明度"和"来源景深"等滤镜参数设置，如图 19-59 所示。

第5章 After Effects CS4 滤镜特效高级编辑技巧

图 19-58

图 19-59

11. CC 像素多边形

"CC 像素多边形"滤镜特效中提供了"强制"、"重力"、"旋转"、"强制中心"、"方向随机量"、"速度随机量"、"网格间隔"、"对象"和"激活景深类别"等滤镜参数设置，如图 19-60 所示。

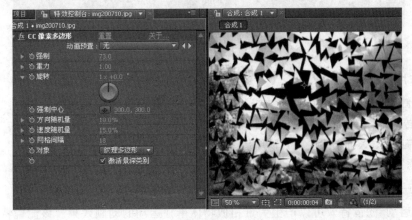

图 19-60

12. CC 星爆

"CC 星爆"滤镜特效中提供了"散射"、"速度"、"相位"、"网格间隔"、"大小"和与"原始图像混合"等滤镜参数设置,如图 19-61 所示。

图 19-61

13. 焦散

"焦散"滤镜特效中提供了"下"、"水"、"天空"、"照明"和"质感"等滤镜参数设置,如图 19-62 所示。

图 19-62

14. 卡片舞蹈

"卡片舞蹈"滤镜特效中提供了"行与列"、"行"、"列"、"背面层"、"倾斜图层 1"、"倾斜图层 2"、"旋转顺序"、"顺序变换"、"X 轴位置"、"Y 轴位置"、"Z 轴位置"、"X 轴旋转"、"Y 轴旋转"、"Z 轴旋转"、"X 轴比例"、"Y 轴比例"、"摄像机系统"、"摄像机位置"、"角度"、"照明"和"质感"等滤镜参数设置,如图 19-63 所示。

15. 粒子运动

"粒子运动"滤镜特效可以产生大量相似物体单独运动的动画效果。该滤镜特效内置的物理函数保证了粒子运动的真实性,如图 19-64 所示。

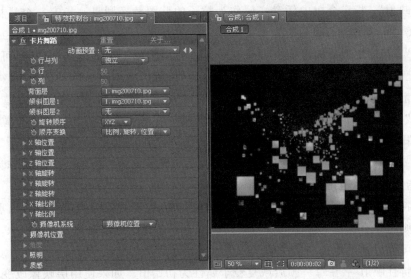

图 19-63

图 19-64

"发射":通过发射器可以在层上产生连续的粒子流,如图19-64所示为加农炮向外发射炮弹。在该选项菜单中可以对粒子发射点的位置,圆筒半径,每秒发射粒子的数量、方向、速度和颜色等参数进行控制。

"栅格":使用发射器可以从一组网格交叉点产生连续的粒子面。栅格粒子的移动完全依赖于"重力"、"排斥"、"墙"和"持续特性映射"等参数设置。可以对栅格中心位置、宽度、高度、粒子交叉、粒子下降、粒子的颜色、粒子半径等参数进行设置。

"图层爆炸":将目标层分裂成粒子,创建出爆炸和烟火等效果。指定一个目标层,并针对该目标层进行新粒子半径和分散速度的参数控制。

"粒子爆炸":将一个粒子分裂成多个粒子。分裂出的新粒子继承了原始粒子的位置、速度、透明度、缩放和旋转等属性。当原粒子被分裂后,所得到新粒子的移动受重力、排斥、墙和特性映射等选项的影响。对新粒子半径和分散速度的参数进行控制。

"图层映射":指定合成中任意一层作为粒子的贴图替换圆点。指定一个目标层,并对时间偏移类型等参数进行设置。

"重力":在指定的方向上拖曳现有粒子。重力用于粒子垂直方向运动时,可以产生粒子下落或上升运动;重力用于粒子水平方向运动时,可以模拟被风吹动的效果。对地球引力、随机扩散力、重力拖曳粒子的方向及对粒子的影响范围进行相应的参数控制。

"排斥":控制相邻粒子间的相互排斥或吸引程度,避免粒子相互碰撞。对粒子相互排斥的力量、排斥力半径及排斥物和影响范围进行相应控制。

"墙":牵制粒子,将粒子的移动范围限制在一个区域之内。指定一个遮罩作为墙壁,使粒子只在指定的遮罩范围内活动。

"持续特性映射":持续粒子属性为最近的值,直到粒子被另一个运算(排斥、重力或墙)所修改,否则将一直保持到粒子的寿命终结。指定一个层作为影响粒子的层映像,控制其影响范围,并可以分通道地控制层映像。

"短暂特性映射":在每一帧后恢复粒子属性为初始值。如果使用层映像改变粒子的状态,那么每个粒子一旦失去层映像将马上恢复成原来的状态。参数与"持续特性映射"相同。

16. 泡沫

"泡沫"滤镜特效中提供了"查看"、"产生点"、"制作 X 大小"、"制作 Y 大小"、"产生方向"、"缩放产生点"、"产生速率"、"泡沫"、"物理"、"缩放"、"总体范围大小"、"渲染"、"流动映射"、"模拟品质"和"随机种子"等滤镜参数设置,如图 19-65 所示。

图 19-65

17. 水波世界

"水波世界"滤镜特效中提供了"查看"、"线框图控制"、"高度贴图控制"、"模拟"、"地面"、"制作 1"和"制作 2"等滤镜参数设置,如图 19-66 所示。

18. 碎片

"碎片"滤镜特效可以对图像进行爆炸处理,使图像产生爆炸飞散的碎片。该滤镜特效除了可以控制爆炸碎片的位置、力量和半径等基本参数以外,还可以自定义碎片的形状,如图 19-67 所示。

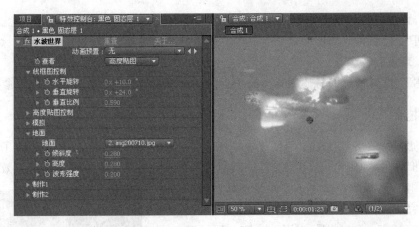

图 19-66

图 19-67

"查看":设置爆炸特效的显示方式。

"渲染":设置图像爆炸的渲染部分。

"外形":设置爆炸产生的碎片形状,对碎片的循环次数、方向、焦点和碎片的挤压深度等参数进行控制。

"焦点 1/2":设置爆炸效果的炸开力量,对焦点的位置、深度、有效范围和大小等参数进行控制。"碎片"滤镜特效中可以指定两个力场。默认状态下系统仅使用焦点 1。

"倾斜":指定一个层,利用该层倾斜来影响爆炸效果。控制爆炸效果的极限值和是否反转倾斜。

"物理":设置爆炸效果的旋转速度、滚动轴、随机度和重力等物理特性。

"质感":设置爆炸碎片的颜色、纹理的参数。

"摄像机系统":控制特效中所使用的摄像机系统,选择不同的摄像机类型所产生的效果也会有所不同。

"摄像机位置":当在"摄像机系统"中选择"摄像机位置"时,该选项为可用状态,对摄像机的 X、Y、Z 轴进行旋转和位置的参数控制。

"角度":当"摄像机系统"中选择"角度"时,该选项为可用状态,系统会在层的四个角产生控制点，可以通过调整控制点的位置改变层的形状。

"照明"：控制特效的照明效果。其中提供了灯光的类型、照明强度、照明色、灯光位置、照明纵深、环境光等参数。

"质感"：设置素材的材质属性。其中提供了漫反射、镜面反射、高光锐度等参数设置。

19.5 生成

生成滤镜特效可以在图层上创建一些特殊的效果。生成滤镜特效中还提供了一些自然界中的模拟效果，如闪电、分形噪波等。其中大部分特效在层质量不同的情况下效果也有所不同。该组滤镜特效提供了 CC 光线、CC 喷胶枪、CC 扫光、CC 突发光 2.5、电波、分形、蜂巢图案、高级闪电、勾画、光束、渐变、镜头光晕、描边、棋盘、书写、四色渐变、填充、涂鸦、椭圆、网格、吸色管填充、音频波形、音频频谱、油漆桶、圆等多项滤镜特效。

执行"效果"→"生成"命令，即可打开相应滤镜。利用生成滤镜中的各种滤镜特效制作不同的效果，原始图片如图 19-68 所示。

图 19-68

1. CC 光线

"CC 光线"滤镜特效中提供了"强度"、"中心"、"半径"、"弯曲柔化度"、"形状"、"方向"、"颜色来自素材源"、"允许增亮"、"颜色"和"传送模式"等滤镜参数设置，如图 19-69 所示。

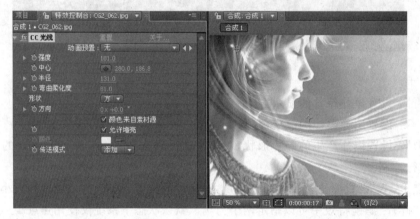

图 19-69

2. CC 喷胶枪

"CC 喷胶枪"滤镜特效中提供了"笔刷位置"、"边宽"、"密度"、"时间间隔（秒）"、"反射"、"力度"、"风格"、"照明"和"明暗"等滤镜参数设置，如图 19-70 所示。

3. CC 扫光

"CC 扫光"滤镜特效中提供了"中心"、"方向"、"形状"、"宽度"、"扫光强度"、"边缘强度"、"边缘厚度"、"光色"和"受光"等滤镜参数设置，如图 19-71 所示。

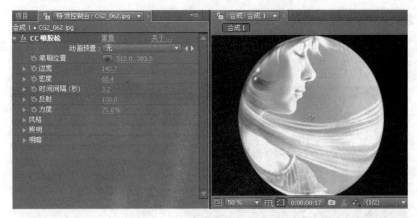

图 19-70

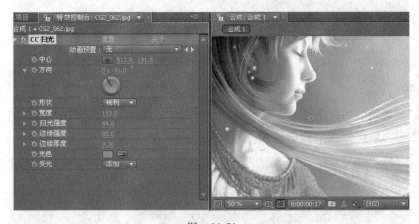

图 19-71

4. CC 突发光 2.5

"CC 突发光 2.5"滤镜特效中提供了"中心"、"强度"、"光线长度"、"突发"、"光晕 Alpha"、"设置颜色"和"颜色"等滤镜参数设置,如图 19-72 所示。

图 19-72

5. 电波

"电波"滤镜特效中提供了"产生点"、"参数设置于"、"渲染品质"、"波形类型"、"多边形"、"图像轮廓"、"遮罩"、"波形运动"和"描边"等滤镜参数设置,如图 19-73 所示。

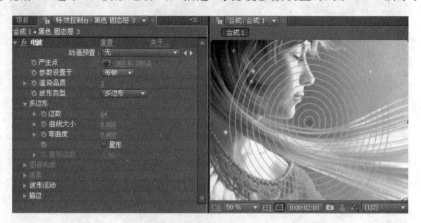

图 19-73

6. 分形

"分形"滤镜特效可以为影片创建奇妙的纹理效果。尤其是记录"分形"滤镜特效的动画时可以产生很奇妙的万花筒般的效果,如图 19-74 所示。

图 19-74

"设置选择":设置所使用的分形方式。

"方程式":设置"分形"所使用的几何方程式。

"曼德布罗特":对分形进行 X、Y 坐标位置的参数设置。在默认状态下,分形将发生在屏幕的中央位置。其中还提供了"放大"、"躲避限制"的参数设置,可以通过这两项参数设置分形的缩放比例和躲避限制。

"朱利亚":设置朱利亚类分形的参数。其中提供了"曼德布罗特"选项菜单中相同的属性控制。

"反转后偏移":以 X、Y 轴控制分形反转后的偏移量。

"颜色":控制分形的颜色,控制分形的透明效果和扩展颜色的偏移等多项细节的参数。

"高品质设置"：设置分形的采样方式和采样因子的数量，控制分形的质量。

7. 蜂巢图案

"蜂巢图案"滤镜特效可以自由创建多种高质量的细胞单元状图案，如图 19-75 所示。

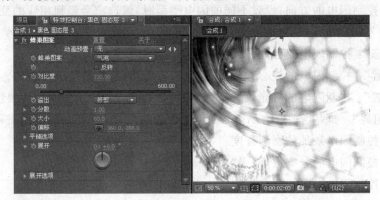

图 19-75

"蜂巢图案"：设置图案类型。该特效中提供了多种不同类型的图案样式。
"对比度"：控制图案的对比度。
"溢出"：设置溢出类型。
"分散"：控制单元图案的分散程度。
"大小"：控制单元图案的大小尺寸。
"偏移"：控制图案偏移位置。
"平铺选项"：控制单元图案的水平和垂直。
"展开"：控制单元图案的演化效果。
"展开选项"：设置单元图案的循环和随机种子数。

8. 高级闪电

"高级闪电"滤镜特效可以模拟自然界中真实的闪电效果。该特效与"闪电"滤镜特效不同，该特效具有更多先进的调节选项，通过适当调整各参数可以产生更真实的闪电效果，如图 19-76 所示。

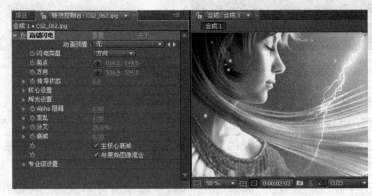

图 19-76

"闪电类型":设置闪电类型。其中提供了"方向"、"打击"、"阻断"、"弹力"、"全方位"、"随机"、"垂直"、"双向打击"8种类型。

"起点":控制闪电的起始点。

"方向":控制闪电的方向;设置不同的闪电类型时,该选项会起到相应的变化。外部半径控制起点出发的闪电距离。

"传导状态":控制闪电路径的传导状态。

"核心设置":控制闪电的核心参数,如闪电核心的半径、不透明度和颜色。

"辉光设置":控制闪电的辉光效果。分别控制辉光的半径、不透明度和颜色。

"Alpha阻碍":如果当前含有Alpha通道,则控制Alpha通道对闪电的阻碍程度。

"紊乱":控制闪电紊乱的剧烈程度。

"分叉":控制闪电的分支数量,受"Alpha阻碍"和"紊乱"参数的影响。

"衰减":控制闪电光束的衰减程度。

"主核心衰减":激活该选项,闪电主干也受到衰减的影响。

"与原始图像混合":控制闪电是否与图像混合。

"专业级设置":对闪电效果做更专业的参数设置,其中提供了复杂度、最小分叉距离、结束界限、不规则分形、核心消耗、分叉强度、分叉变化等专业的参数设置。

9. 勾画

"勾画"滤镜特效可以沿着图像的轮廓或指定的路径创建艺术的勾画效果,如图19-77所示。

图 19-77

"线":设置描边方式。其中提供了"图像轮廓"和"遮罩/路径"两种方式。

"图像轮廓":以区分图像的颜色轮廓进行勾画。当"线"设置为"图像轮廓"时,该选项为可用状态。在该选项中可以选择其他层作为轮廓进行勾画,并可以对层的融合、通道选择和容差值等多项参数进行设置。

"遮罩/路径":在"线"设置为"遮罩/路径"时,该选项为可用状态。可以在路径选项中指定路径来进行勾画。

"分段数":对勾画的线段进行片段数、长度、分段配置以及旋转角度等设置。

"渲染"：控制勾画渲染的选项菜单。设置效果与图像的混合模式、勾画的颜色及勾画轮廓的宽度等。

10. 光束

"光束"滤镜特效中提供了"开始点"、"结束点"、"长度"、"时间"、"开始点厚度"、"结束点厚度"、"柔化"、"内侧色"、"外侧色"、"3D透视"和"合成于原始素材之上"等滤镜参数设置，如图19-78所示。

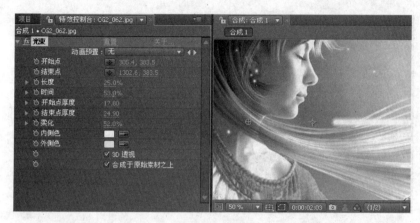

图 19-78

11. 渐变

"渐变"滤镜特效可以在图像上创建一个线性渐变或放射性渐变斜面，并可以将其与原始图像相融合，如图19-79所示。

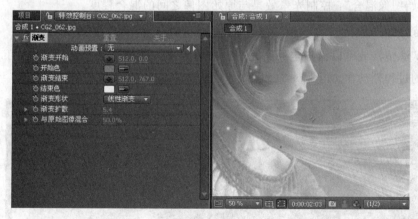

图 19-79

"渐变开始"：设置渐变的开始位置。

"开始色"：设置渐变的开始颜色。

"渐变结束"：设置渐变的结束位置。

"结束色"：设置渐变的结束颜色。

"渐变形状"：设置渐变的类型。提供了线性渐变和放射渐变两种。

"渐变扩散":控制渐变层的色彩分散程度,该参数值设置过高,可以使渐变产生颗粒效果。

"与原始图像混合":控制渐变与原始图像之间的混合程度。

12. 镜头光晕

"镜头光晕"滤镜特效可以模拟摄像机的镜头光晕制作出光斑照射的效果,如图19-80所示。

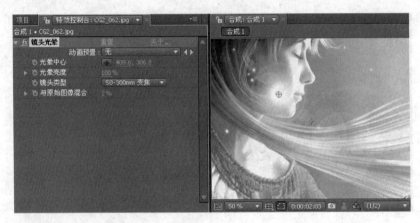

图 19-80

"光晕中心":控制光晕的中心位置。

"光晕亮度":控制光晕的明亮程度。

"镜头类型":设置摄像机镜头的类型。

"与原始图像混合":控制光晕效果与原始图像之间的混合程度。

13. 描边

"描边"滤镜特效可以沿指定的路径产生描边效果。通过记录关键帧动画,可以模拟书写或绘画的过程性动作,如图19-81所示。

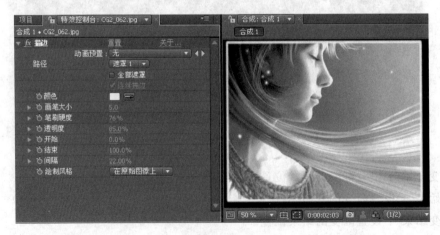

图 19-81

"路径"：设置所需要选择的路径。
"全部遮罩"：控制是否使用全部的遮罩路径。
"连续描边"：按顺序进行描边。只有在"全部遮罩"为被选择状态下，该项才可用。
"颜色"：设置画笔的颜色。
"画笔大小"：控制画笔的笔刷大小。
"笔刷硬度"：控制画笔的笔刷边缘的柔软度变化。
"透明度"：控制描边的透明度。
"开始"：控制描边效果的开始点在路径中的位置。
"结束"：控制描边效果的结束点在路径中的位置。
"间隔"：控制笔触之间的间隔距离。该选项参数过高，描边效果会呈虚线状态。
"绘制风格"：控制描边效果的类型。

14. 棋盘

"棋盘"滤镜特效可以在层上创建高质量的棋盘格图案，并可以利用丰富的混合模式与原始层进行混合，得到更多的视觉效果，如图 19-82 所示。

图 19-82

"定位点"：控制棋盘格图案的起始点或定位点。
"大小来自"：定义特效方格大小的方式。
"角点"：控制角点与定位点之间的空间关系。当大小来自选项为角点状态时，该选项为可选状态。
"宽"：控制棋盘格图案的水平宽度。
"高"：控制棋盘格图案的垂直高度。
"羽化"：控制棋盘格图案的边缘羽化程度，在该菜单下可以单独控制棋盘格图案水平与垂直的羽化程度。
"颜色"：定义棋盘格图案的颜色。
"透明度"：控制棋盘格图案的透明度。
"混合模式"：设置棋盘格图案与原始层之间的混合模式。

15. 书写

"书写"滤镜特效中提供了"画笔位置"、"颜色"、"笔触大小"、"笔头硬度"、"笔触透明度"、"笔触长度(秒)"、"笔画间隔(秒)"、"绘制时间属性"、"笔触时间属性"和"混合样式"等滤镜参数设置,如图 19-83 所示。

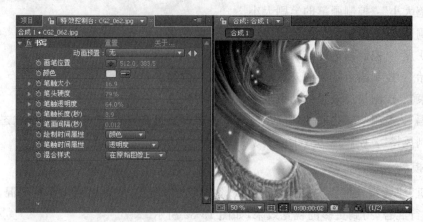

图 19-83

16. 四色渐变

"四色渐变"滤镜特效可以在层上指定四种颜色,并利用不同的混合模式创建出多种不同风格的渐变效果,如图 19-84 所示。

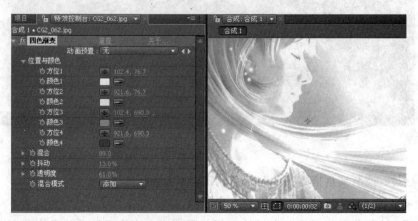

图 19-84

"位置与颜色":设置四种颜色以及分布位置。

"混合":设置四种颜色间的相互混合程度。

"抖动":控制颜色的不稳定性,该参数值越小,色彩的稳定性就越大,相互间的渗透就越少。

"透明度":控制色彩的透明度。

"混合模式":设置色彩与图像之间的混合模式。

17. 填充

"填充"滤镜特效中提供了"填充"、"所有遮罩"、"颜色"、"反转"、"水平羽化"、"垂直羽化"和"透明度"等滤镜参数设置,如图 19-85 所示。

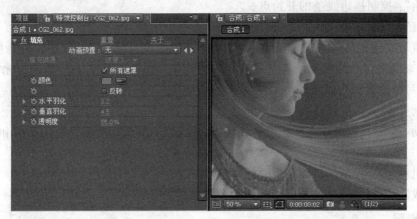

图 19-85

18. 涂鸦

"涂鸦"滤镜特效根据层上的遮罩来填充或描边,创建类似手工涂绘的效果,如图 19-86 所示。

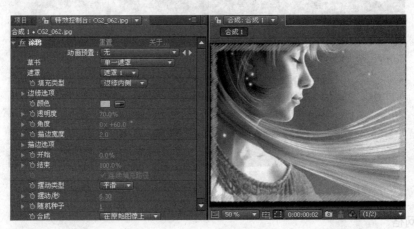

图 19-86

"草书":设置特效使用遮罩的方式。其中提供了"单一遮罩"、"全部遮罩"、"全部遮罩"使用模式三种选项。

"遮罩":当"草书"设置为"单一遮罩"时,该选项为可用状态,用于选择使用的遮罩。

"填充类型":确定特效对遮罩路径的涂写方式。

"边缘选项":控制描边线条的边缘末端处理方式。控制边缘宽度、线条的角度形状以及角连接的时间限制等参数。

"颜色":设置描边线条的颜色。

"透明度":控制描边线条的透明度。

"角度":控制描边线条的角度。
"描边宽度":控制描边的宽度。
"描边选项":控制描边的弯曲、间隔以及重叠等参数设置。
"开始":控制描边线条的开始点。
"结束":控制描边线条的结束点。
"连续填充路径":当"草书"设置为"全部遮罩"时,该选项为可用状态。若选择该选项,开始和结束的值将会施加到所有遮罩联合描边线条;如果不选择该选项,开始和结束的值将施加到每个遮罩描边线条。
"摆动类型":设置描边线条的动画类型。
"摆动/秒":控制新描边线条产生的频率,该选项只有摆动类型设置为平滑和跳跃时才可用。
"随机种子":控制随机线条生成的数量。
"合成":控制滤镜效果与原始图像的合成方式。

19. 椭圆

"椭圆"滤镜特效中提供了"中心"、"宽"、"高"、"厚度"、"柔化"、"内侧色"、"外侧色"和"与原始图像混合"等滤镜参数设置,如图 19-87 所示。

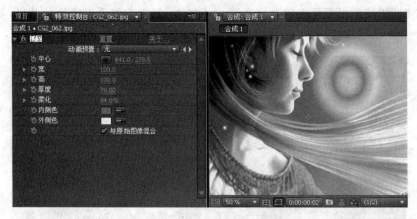

图 19-87

20. 网格

"网格"滤镜特效中提供了"定位点"、"大小来自"、"边角"、"宽"、"高"、"边缘"、"羽化"、"反转栅格"、"颜色"、"透明度"和"混合模式"等滤镜参数设置,如图 19-88 所示。

21. 吸色管填充

"吸色管填充"滤镜特效可以在图像中指定样本颜色,然后使用样本颜色填充到原始图层中,如图 19-89 所示。

"采样点":设置颜色采样点的位置。
"采样半径":设置采样点的半径大小。
"平均像素色":设置采样区域的采样方式。
"保持原始 Alpha":当选择该选项时,特效将保持图层的原始 Alpha 通道不变。

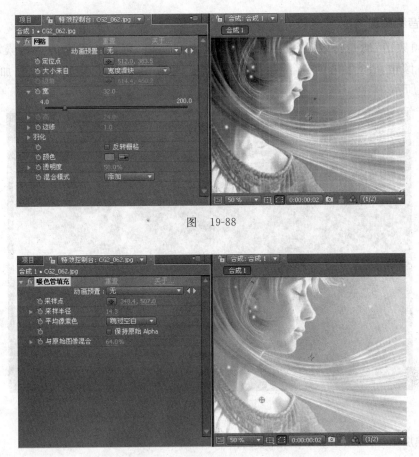

图 19-88

图 19-89

"与原始图像混合":设置取样颜色与原始层的混合模式。

22. 音频波形

"音频波形"滤镜特效中提供了"音频层"、"开始点"、"结束点"、"路径"、"取样显示"、"最大高度"、"音频长度(毫秒)"、"音频偏移(毫秒)"、"混浊"、"柔和"、"随机种子(类似)"、"内侧颜色"、"外侧颜色"、"波形选项"、"显示选项"和"与原始图像混合"等滤镜参数设置,如图 19-90 所示。

图 19-90

23．音频频谱

"音频频谱"滤镜特效是一个制作视觉效果的滤镜，可以将指定的声音素材以其频谱形式图像化。图像化的声音频谱可以沿层的路径显示或与其他层叠加显示，如图 19-91 所示。

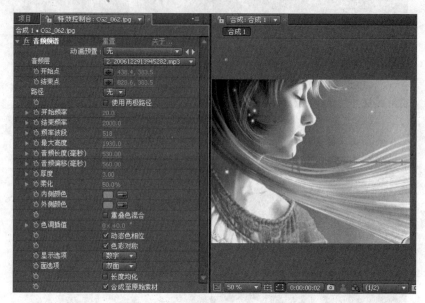

图 19-91

"音频层"：设置用于显示频谱图的音频层。

"开始点"：如果没有为特效指定路径，可以通过该选项设置频谱的开始位置。

"结束点"：如果没有为特效指定路径，可以通过该选项设置频谱的结束位置。

"路径"：可以选择层中的遮罩作为频谱的显示路径。

"使用两极路径"：控制频谱从单个点开始、以辐射状显示。

"开始频率"：以赫兹（Hz）为单位指定频谱的开始范围，仅显示指定范围内的频谱。

"结束频率"：以赫兹（Hz）为单位指定频谱的结束范围，仅显示指定范围内的频谱。

"频率波段"：控制频率发生的次数。

"最大高度"：以像素为单位控制频率的最大高度。

"音频长度（毫秒）"：以毫秒为单位，控制音频的持续时间，用于计算频谱。

"音频偏移（毫秒）"：以毫秒为单位，控制用于检索音频的时间偏移量。

"厚度"：控制音频的层次、厚度。

"柔化"：控制频谱边缘的柔和度。

"内侧颜色"：设置频谱的内部颜色。

"外侧颜色"：设置频谱的外部颜色。

"重叠色混合"：设置频谱的内、外部颜色是否混合重叠。

"色调插值"：通过旋转色调彩色空间来显示频谱颜色。

"动态色相位"：如果选择该选项，色调插值的开始颜色将偏移到显示频率范围中频率最高的位置。

"色彩对称":使色调插值的开始颜色和结束颜色相同,在封闭路径上显示的颜色是循环连续的。

"显示选项":控制频谱的显示方式。

"面选项":控制频谱在路径上的显示方位,可以设置为在路径 A 面显示、在路径 B 面显示或在路径的双面同时显示。

"长度均化":指定音频频率的平均持续时间。

"合成至原始素材":控制效果是否与原始图像混合。

24. 油漆桶

"油漆桶"滤镜特效可以根据指定区域创建卡通轮廓或油漆填充的效果,如图 19-92 所示。

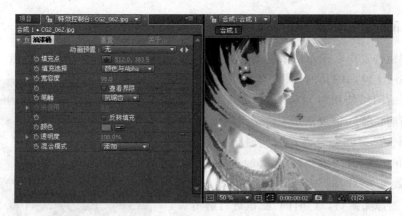

图 19-92

"填充点":以拾取相近颜色的方式设置图像中需要填充颜色的区域。

"填充选择":设置填充颜色的通道类型。可以通过选择不同的通道类型控制需要填充新颜色的区域范围。

"宽容度":控制指定填充颜色的区域像素范围。

"查看界限":在视频窗口中用黑和白显示填充颜色的极限值。

"笔触":设置处理填充颜色区域边缘的方式。

"反转填充":反转填充区域,使已被填充区域与未被填充区域反转。

"颜色":设置需要填充的颜色。

"透明度":控制填充区域的透明度。

"混合模式":控制填充区域的颜色与原始图像之间的混合模式。

25. 圆

"圆"滤镜特效中提供了"中心"、"半径"、"边缘"、"没有使用"、"羽化"、"反转圆"、"颜色"、"透明度"和"混合模式"等滤镜参数设置,如图 19-93 所示。

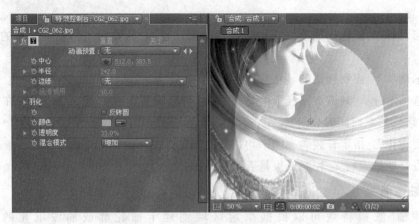

图 19-93

19.6 时间

时间滤镜特效用于控制层素材的时间特性,并以层的源素材作为时间基准。该特效使用时会忽略层上使用的其他效果。如果需要对应用过其他效果的图层使用时间特效,首先要将这些层重组。该组滤镜特效中包括了CC宽泛时间、CC强制动态模糊、CC时间融合、CC时间融合FX、抽帧、时间差、时间扭曲、时间置换、拖尾等滤镜特效。

执行"效果"→"时间"命令,即可打开相应滤镜。以图19-94为原始素材,对"时间"滤镜进行解析。

1. CC 宽泛时间

"CC宽泛时间"滤镜中提供了"向前取样数"、"向后取样数"和"本地动态模糊"三种滤镜参数设置,如图19-95所示。

图 19-94

图 19-95

2. CC 强制动态模糊

"CC 强制动态模糊"滤镜特效中提供了"动态模糊取样"、"忽略本地快门"、"快门角度"和"本地动态模糊"等滤镜参数设置,如图 19-96 所示。

图 19-96

3. CC 时间融合

"CC 时间融合"滤镜特效中提供了"转移"、"累积"和"清除为"三种滤镜参数设置,如图 19-97 所示。

图 19-97

4. CC 时间融合 FX

"CC 时间融合 FX"滤镜特效中提供了"实例"、"转移"、"累积"和"清除为"等滤镜参数设置,如图 19-98 所示。

5. 抽帧

"抽帧"滤镜特效中提供了"帧速率"一个滤镜参数设置,如图 19-99 所示。

6. 时间差

"时间差"滤镜特效中提供了"目标"、"时间偏移(秒)"、"对比度"、"差异绝对值"和"Alpha 通道"等滤镜参数设置,如图 19-100 所示。

图 19-98

图 19-99

图 19-100

7. 时间扭曲

"时间扭曲"滤镜特效中提供了"方法"、"时间调整根据"、"速度"、"来源帧"、"调整"、"动态模糊"、"蒙板层"、"蒙板通道"、"扭曲层"、"显示"和"素材源裁剪"等滤镜参数设置，如图 19-101 所示。

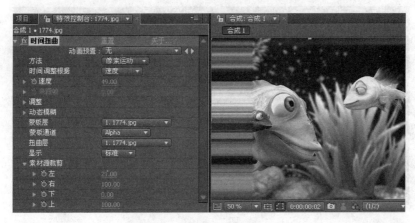

图 19-101

8. 时间置换

"时间置换"滤镜特效通过按时转换像素使影像变形,产生多种效果。该效果使用一个位移图,在前层上对应于"位移图"的暗部和明亮区域像素替换为几秒前后相同位置的素材,如图 19-102 所示。

图 19-102

"时间置换层":设置一个时间偏移层。

"最大置换时间[秒]":控制最大位移量。

"时间解析度[fps]":控制分辨率时间。

"如果图层大小不同":调节层匹配。

9. 拖尾

"拖尾"滤镜特效在层的不同时间点上合成关键帧,对前后帧进行混合,创建出拖影或运动模糊的效果。该滤镜特效对静态图片不产生效果,如图 19-103 所示。

"重影时间(秒)":以秒为单位控制两个反射波之间的时间。

"重影数量":控制特效合并帧的数量。

"开始强度":控制在反射波序列中的开始帧强度。

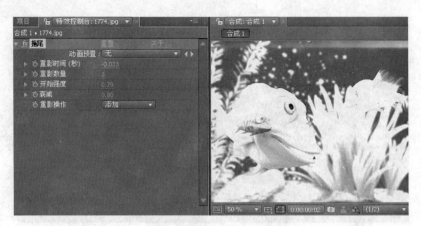

图 19-103

"衰减":控制后来反射波的强度比。

"重影操作":设置两个反射波之间的操作方式。

19.7 噪波与颗粒

噪波与颗粒滤镜特效是在 After Effects 6.5 中噪波特效的基础上增加了部分颗粒特效,该组滤镜特效可以在影片中适当添加杂点及颗粒,从而创建出划痕或者一些比较特殊的纹理效果。

噪波与颗粒滤镜特效是一组非常具有实用价值的特效,尤其是将静态图像与影片合成的时候,往往需要为高度清晰的图像增加一些噪波,或者为一些带有划痕的图像进行噪波清除,使图像得到理想的效果。该组滤镜特效中包括了 Alpha 噪波、分形噪波、灰尘与刮痕、匹配颗粒、添加颗粒、紊乱杂波、移除颗粒、噪波、噪波 HLS、中值、自动 HLS 噪波等滤镜特效。

执行"效果"→"噪波与颗粒"命令,即可打开相应滤镜特效。

1. Alpha 噪波

"Alpha 噪波"滤镜特效中提供了"噪波"、"数量"、"原始 Alpha"、"溢出"、"随机种子"和"噪波选项(动画)"等滤镜参数设置,如图 19-104 所示。

图 19-104

2. 分形噪波

"分形噪波"滤镜特效可以为影片增加分形噪波,用于创建一些复杂的物体及纹理效果。该滤镜可以模拟自然界中真实的烟尘、云雾和流水等多种效果,如图 19-105 所示。

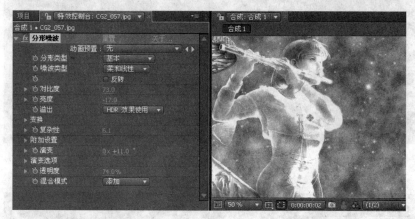

图 19-105

"分形类型":设置所需要使用的分形类型。

"噪波类型":设置所需要使用的噪波类型。从块到曲线类型,噪波逐级平滑,平滑度越高,计算机运算的信息也就越多,将导致渲染时间过长。

"反转":控制是否反转分形噪波效果。

"对比度":控制分形噪波效果的对比度。

"亮度":控制分形噪波效果的亮度。

"溢出":设置分形噪波的溢出方式。

"变换":控制噪波的旋转、缩放和偏移等属性。

"复杂性":控制分形噪波的复杂程度。

"附加设置":设置子分形的参数。控制子分形的影响力、缩放、旋转和偏移等参数。

"演变":控制分形噪波的相位。

"演变选项":设置环境影响。控制分形的扩展圈数和随机数。

"透明度":控制分形噪波的透明度。

"混合模式":控制分形噪波效果与原始图像的混合模式。

3. 灰尘与刮痕

"灰尘与刮痕"滤镜特效通过修补像素来减少图像中的杂色,得到隐藏图像中瑕疵的效果,如图 19-106 所示。

"半径":控制修补不同像素的范围,该值越大,可以设置的像素相似颜色范围也就越宽,也就会使图像变得模糊。可以保持该值在清除图像瑕疵范围内的最小值。

"界限":设置应用于中间颜色上的像素范围。

4. 匹配颗粒

"匹配颗粒"滤镜特效中提供了"视图模式"、"噪波来源层"、"预览区域"、"补偿现有噪波"、"调整"、"颜色"、"效果"、"取样"、"动画"和"与原始图像混合"等滤镜特效参数设置,如图 19-107 所示。

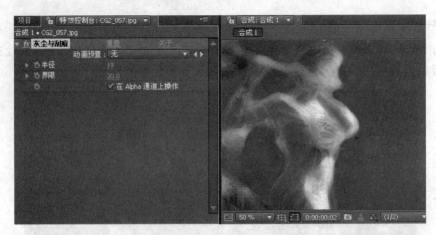

图 19-106

图 19-107

5. 添加颗粒

"添加颗粒"滤镜特效可以为图像增加不同形状及颜色组合的颗粒效果,如图 19-108 所示。

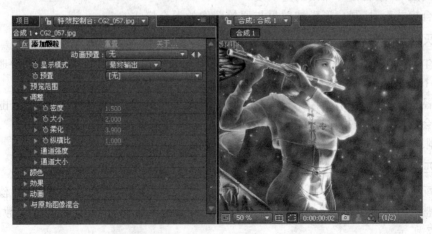

图 19-108

"显示模式"：控制颗粒效果在合成中的显示方式。

"预置"：设置颗粒以不同的胶片形式显示。

"预览范围"：控制颗粒效果预览区域位置、宽度、高度以及边框的颜色。

"调整"：控制颗粒整体或各颜色通道的强度、大小和密度比率。

"颜色"：控制颗粒的颜色、饱和度等色彩信息参数设置。

"效果"：控制整体颗粒效果或各颜色通道的混合模式和暗部、中间值、亮部的参数设置。

"动画"：控制颗粒效果的动画信息。

"与原始图像混合"：控制颗粒效果与原始图像之间的混合程度。

6．紊乱杂波

"紊乱杂波"滤镜特效可以为影片增加紊乱杂波，用于创建一些复杂的物体及纹理效果。该滤镜可以模拟自然界中真实的烟尘、云雾和流水等多种特效效果，如图 19-109 所示。

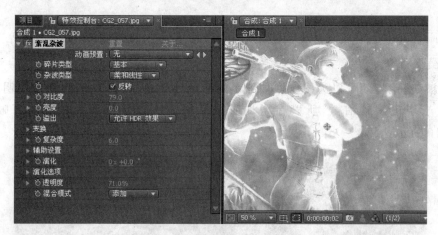

图 19-109

"碎片类型"：设置所需要使用的紊乱杂波类型。

"杂波类型"：设置所需要使用的紊乱杂波类型。从该选项中的块到曲线类型，紊乱杂波逐级平滑，平滑度越高，计算机运算的信息也就越多，将导致渲染时间过长。

"反转"：控制是否反转紊乱杂波效果。

"对比度"：控制紊乱杂波效果的对比度。

"亮度"：控制紊乱杂波效果的亮度。

"溢出"：设置紊乱杂波的溢出方式。

"变换"：控制紊乱杂波的旋转、缩放和偏移等属性。

"复杂度"：控制紊乱杂波的复杂程度。

"辅助设置"：设置子分形参数。控制子分形的影响力、缩放、旋转和偏移等参数。

"演化"：控制紊乱杂波的相位。

"演化选项"：设置环境影响。控制紊乱的扩展圈数和随机数。

"透明度"：控制紊乱杂波的透明度。

"混合模式":控制紊乱杂波效果与原始图像的混合模式。

7. 移除颗粒

"移除颗粒"滤镜特效可以定义一个区域并去除图像中该区域的斑点,使不清晰的图像变得清晰。

"查看模式":控制效果在合成中的显示方式。

"预览范围":控制效果预览区域的位置、宽度、高度以及边框的颜色。

"噪波减少设置":控制图像整体或逐个通道减少噪波的程度和减少噪波的方式等。

"精细调整":对特效进行色度抑制、质感、噪波大小以及清除固态色等参数的精确调整。

"临时过滤":激活该选项后,可以控制临时过滤的数量及动态灵敏度。

"非锐化遮罩":控制数量、半径和界限值。

"取样":设置取样的各项参数,并改变取样方式,从而得到图像局部或整体的去除颗粒效果。

"与原始图像混合":设置效果与原始图像的混合程度、模糊遮罩和颜色匹配等参数。

8. 噪波

"噪波"滤镜特效可以为图像增加细小的彩色或单色杂点,以消除图像中明显的阶层感,由于变化比较细微,所以在增加噪波后仍然可以保持图像轮廓的清晰度,如图 19-110 所示。

图 19-110

"噪波值":控制噪波的数量。通过随机的置换像素控制噪波的数量。

"噪波类型":控制噪波的类型。当选择使用色彩噪波时,图像中增加的杂色为彩色状态。

"限幅":决定噪波是否影响色彩像素的出现。

9. 噪波 HLS

"噪波 HLS"滤镜特效中提供了"噪波"、"色相"、"亮度"、"饱和度"、"颗粒大小"和"噪波相位"等滤镜参数设置。

10. 中值

"中值"滤镜特效中提供了"半径"和"在 Alpha 通道上操作"两种滤镜参数设置，如图 19-111 所示。

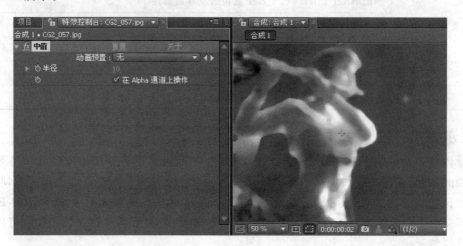

图 19-111

11. 自动 HLS 噪波

"自动 HLS 噪波"滤镜特效中提供了"噪波"、"色相"、"亮度"、"饱和度"、"颗粒大小"和"噪波动画速度"等滤镜参数设置，如图 19-112 所示。

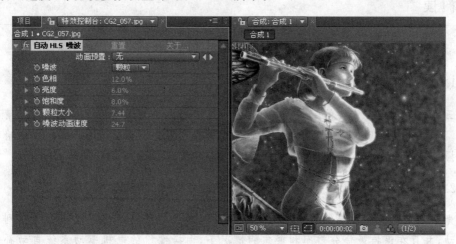

图 19-112

课堂练习

任务目标：熟记一些常用的滤镜特效。
任务要求：熟记常用滤镜特效，并能运用到特效处理制作中。

练习评价

项　目	标 准 描 述	评定分值	得　分
基本要求 90 分	熟记 After Effects CS4 各个滤镜的位置和属性	30	
	能熟练运用常用的滤镜做特效	30	
	能分析常见的特效技巧并操作出来	30	
拓展要求 10 分	灵活运用软件的各个功能,加上自己的创意	10	
主观评价		总分	

本课小结

滤镜特效是 After Effects CS4 的核心功能之一,通过对影像应用不同的滤镜特效并进行参数的调整,能做出令人惊叹的影像特效来。而且几乎每个参数都可以添加关键帧,设置动画。这些功能为影视后期行业的发展提供了无比强大的可能性。此处,After Effects CS4 还有很多令人惊叹的插件,这些插件需要平时多收集,有时候通过一个插件就可以一键式生成特效。

课后思考

(1)记住几种常用的"滤镜特效"动画方法以及它们的合成效果。

(2)能否列举几个 After Effects CS4 常用的外挂插件?

课外阅读

DV 拍摄时画面稳定清晰的技巧

1. 使用三脚架

三脚架是摄影中重要的工具,在很多场合都能起到稳定的作用,从而拍摄出清晰的画面。如果手持数码摄像机,会由于不平稳而引起画面的抖动,尤其是在光线昏暗和夜景拍摄的情况下。

2. 使用具有光学稳定功能的 DV

光学稳定功能能够补偿摄像机的抖动缺点。内置的防抖动传感器能够觉察到轻微的抖动,并且在保持最佳分辨率和聚焦的情况下,由摄像机的电机驱动系统自动补偿不稳定的部分。在拍摄动画和静像的情况下,对动画和图像的稳定性具有一定的作用。例如松下 MX8EN 等机型具备光学防抖动的功能。

3. 移动拍摄

在使用大变焦而且是在手持拍摄的情况下,如果镜头移动拍摄的长度较短,不妨屏气,一口气将它拍完。如果移动拍摄的场景比较长,就均匀呼吸,并让自己持机的手臂放松,实际的经验表明愈是抱紧就愈抖动。

4. 脚架的妙用

如果是在移动中拍摄，例如在边走边拍的情况下，建议装在三脚架上，用手举起三脚架拍摄，这样会比用手直接拿着机器要稳得多。同时，可以利用手臂加脚架的高度拍摄出特殊角度的镜头，还可以运动起来。

DV 动态拍摄技巧浅谈

在 DV 的实际拍摄中，经常会遇到一个问题，那就是一个画面无法将景色全部拍摄进来。这时候会选择将 DV 由左到右或者由右到左的移动拍摄。但是在移动拍摄时，画面移动不均匀，忽快忽慢或者摇晃，画面看起来非常不流畅。这个问题的主要原因是手持 DV 时身体转动方式不对，转动的角度过大，或者不够坚决，没有一气呵成。

其实移动拍摄也是 DV 的优点之一，只要掌握正确的拍摄方法，都能拍出比较好、比较流畅的画面。正确的拍法是以腰部为分界点，下半身不动上半身移动，就像过马路时左右观望是否有来车一样，只有头在左右转动而肩膀以下不动。

当拍摄的景物要从 A 点到 B 点，首先将身体面向 B 点下半身不动，然后转动上半身面向 A 点，此时摄像机是对着 A 点的方向，接着按下录像键先原地不动拍摄 5 秒钟，然后慢慢扫摄回到 B 点，到了定位时不动继续拍摄 5 秒后关机。

而拍摄的速度到底要多快呢？这个并没有一定的标准和规定，要根据所拍摄的范围的景物丰富程度来确定，以看得清楚内容为原则。先决定要拍摄什么才开机拍摄，而不是开着摄像机到处找目标。当拍摄的是静态的景物时，则速度可稍快一点。而当拍摄内容是动态的物体及内容相当丰富的时候，则速度可稍慢一点，才能拍清楚景色和内容。

以上提供这些方式，作为拍摄时的参考，最重要的是实际的练习及体会。

资料来源：百度 http://www.baidu.com

第 20 课 飞舞的流光特效制作

飞舞的流光在影视特效中的表现就像一个视觉元素精灵一样，给人以灵动和绚丽的视觉感受。制作此特效主要运用了 After Effects CS4 的动态草图功能，动态草图功能能捕捉手绘轨迹，并能形成一条流畅的运动路径。通过运用"勾画"滤镜、"辉光"滤镜以及"紊乱置换"滤镜可以制作出精灵样的流光特效元素。

步骤 1　在 After Effects CS4 中创建图像合成组

打开 After Effects CS4，执行"图像合成"→"新建合成组"命令，或按"Ctrl＋N"组合键。在弹出的对话框里设置"合成组名称"为"流光特效 01"，"预置"为"PAL D1/DV"，"宽"、"高"分别为"720px"、"576px"，"像素纵横比"为"D1/DV PAL（1.09）"，"帧速率"为"25 帧/秒"，"持续时间"为"0:00:10:00"。

步骤 2 新建一个固态层

执行"图层"→"新建"→"固态层"命令或按"Ctrl+Y"组合键,新建一个固态层,取名为"流光路径",取消"锁定纵横比"的勾选,设置"宽度"为"50","高度"为"50",单位为"像素","像素纵横比"为"D1/DV PAL (1.09)","颜色"为白色。

步骤 3 为固态层创建位置关键帧

执行"窗口"→"动态草图"命令,设置动态草图参数,"采集速度"设为"100%","平滑"设为"1","显示"选择"线框图",如图 20-1 所示。

图 20-1

单击"开始采集"按钮,在"合成"窗口随意绘制,这样就为"流光路径"固态层创建了位置关键帧,如图 20-2 所示。

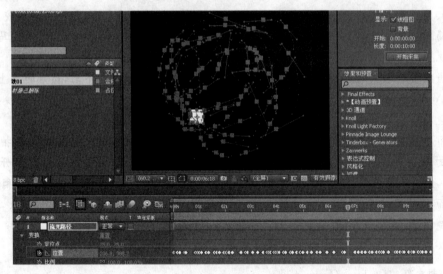

图 20-2

步骤 4 调整固态层位置上关键帧

执行"窗口"→"平滑器"命令,打开平滑器组件,设置"宽容度"为"3",单击"应用"按钮,这样就简化了流光路径固态层位置上的关键帧,如图 20-3 所示。

调整后效果如图 20-4 所示。

步骤 5 创建一个新的图像合成组

执行"图像合成"→"新建合成组"命令。在弹出的对话框里设置"合成组名称"为"流光特效 02","预置"为"PAL D1/DV","宽"、"高"分别为"720px"、"576px","像素纵横比"为"D1/DV PAL(1.09)","帧速率"为"25 帧/秒","持续时间"为"0:00:10:00"。

步骤 6 新建一个固态层

执行"图层"→"新建"→"固态层"命令,新建一个固态层,取名为"流光特效",设置"宽度"为"720","高度"为"576","单位"为"像素","像素纵横比"为"D1/DV PAL(1.09)","颜色"为黑色。

第5章 After Effects CS4 滤镜特效高级编辑技巧

图 20-3

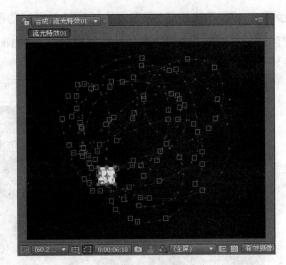
图 20-4

步骤 7 复制"流光特效 01"位置上的关键帧到"流光特效 02"

打开"流光特效 01"合成组，按 P 键，显示"位置"属性，选择位置上所有的关键帧，在菜单中执行"编辑"→"复制"命令或按"Ctrl＋C"组合键；打开"流光特效 02"，选择当前的图层，用钢笔工具在"合成"窗口任意处单击一下，然后在菜单中执行"编辑"→"粘贴"命令或按"Ctrl＋V"组合键，这样就把"流光特效 01"的位置关键帧复制到"流光特效 02"的固态层上，如图 20-5 所示。

步骤 8 为"流光特效"固态层添加"勾画"滤镜特效并调整参数

选择当前的"流光特效"固态层，在菜单中执行"效果"→"生成"→"勾画"命令，为"流光特效"固态层添加"勾画"滤镜特效。

在"特效控制台"窗口中调整"勾画"滤镜特效参数，设置"线"为"遮罩/路径"，"分段数"的"片段数"为"1"，长度为"0.050"，旋转为"0，−45.0"，渲染的"颜色"为白色，"宽度"为"4.00"，如图 20-6 所示。

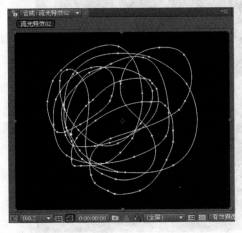
图 20-5

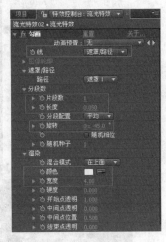
图 20-6

步骤 9 为"流光特效"固态层添加旋转关键帧动画

打开"流光特效"固态层的"勾画"滤镜特效,将当前时间线停留在第 1 帧,激活"分段数"下"旋转"前的"时间秒表变化"图标,并设置"旋转"为"0,-45.0",将当前时间线停留在第 10 秒的位置,旋转设为"0,-355.0",如图 20-7 所示。

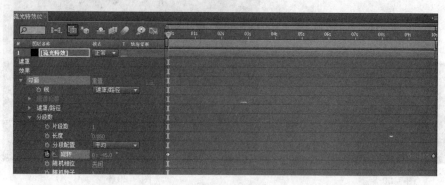

图 20-7

步骤 10 创建新的图像合成组

执行"图像合成"→"新建合成组"命令。在弹出的对话框里设置图像合成组的名称和基本参数,设置"合成组名称"为"流光特效 03","预置"为"PAL D1/DV","宽"、"高"分别为"720px"、"576px","像素纵横比"为"D1/DV PAL(1.09)","帧速率"为"25 帧/秒","持续时间"为"0:00:10:00"。

步骤 11 复制"流光特效 02"中的固态层到"流光特效 03"中

打开"流光特效 02"合成组,选择"流光特效"固态层,执行"编辑"→"复制"命令或按"Ctrl+C"组合键,返回到"流光特效 03"中,单击"时间线"窗口,然后在菜单中执行"编辑"→"粘贴"命令或按"Ctrl+V"组合键,复制到当前的"时间线"窗口中,如图 20-8 所示。

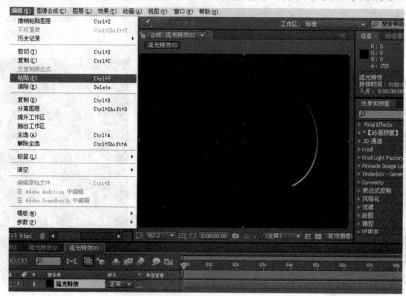

图 20-8

第5章 After Effects CS4 滤镜特效高级编辑技巧

步骤 12　调整"勾画"滤镜特效参数

选择"流光特效"固态层,打开"特效控制台"窗口,调整"勾画"滤镜特效参数,调整"分段数"的"长度"为"0.008","渲染"的"宽度"为"8",其他参数不变。

步骤 13　创建新的图像合成组

执行"图像合成"→"新建合成组"命令。在弹出的对话框里设置"合成组名称"为"流光特效04","预置"为"PAL D1/DV","宽"、"高"分别为"720px"、"576px","像素纵横比"为"D1/DV PAL(1.09)","帧速率"为"25 帧/秒","持续时间"为"0:00:10:00",单击"确定"按钮。

步骤 14　拖曳"流光特效 02"和"流光特效 03"到"时间线"窗口并调整混合模式

在"项目"窗口中选择"流光特效 02"合成组和"流光特效 03"合成组,拖曳到当前"时间线"窗口中,调整"流光特效 03"合成组的"混合模式"为"添加",如图 20-9 所示。

图　20-9

步骤 15　为"流光特效 03"添加"辉光"特效并调整参数

选择"流光特效 03"层,在菜单中执行"效果"→"风格化"→"辉光"命令,为"流光特效 03"层添加"辉光"特效。在"特效控制台"窗口调整"辉光"滤镜特效参数,设置"辉光阈值"为"16.0","辉光半径"为"36.0","辉光强度"为"4.9","辉光色"为"A 和 B 颜色","颜色 A"为"00E4FF","颜色 B"为"003CFF",如图 20-10 所示。

步骤 16　为"流光特效 02"层添加"辉光"特效并调整参数

选择"流光特效 02"层,在菜单中执行"效果"→"风格化"→"辉光"命令,为"流光特效 02"层添加"辉光"特效。在"特效控制台"窗口调整"辉光"滤镜特效参数,设置"辉光阈值"为"15.3","辉光半径"为"20.0","辉光强度"为"2.7","辉光色"为"A 和 B 颜色","颜色 A"为"FFB400","颜色 B"为"FF0000",如图 20-11 所示。

步骤 17　复制"流光特效 04"合成组

打开"项目"窗口,在窗口中选择"流光特效 04"合成组,然后在菜单中执行"编辑"→"复制"命令和"编辑"→"粘贴"命令,或按"Ctrl+D"组合键,再复制出两个合成组"流光特效 05"和"流光特效 06",如图 20-12 所示。

步骤 18　为"流光特效 05"合成组调整"辉光"滤镜特效参数

打开"流光特效 05"合成组,选择"流光特效 02"层,打开"特效控制台"窗口,调整"辉光"滤镜特效的参数,设置"颜色 A"为"FF001E","颜色 B"为"FF00F0",其他参数不变,如图 20-13 所示。

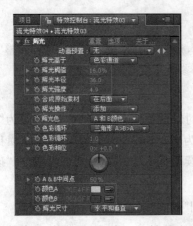
图 20-10

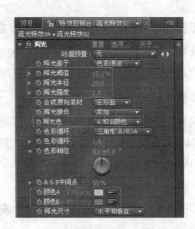
图 20-11

图 20-12

图 20-13

步骤 19 为"流光特效 06"合成组调整"辉光"滤镜特效参数

打开"流光特效 06"合成组,选择"流光特效 02"层,打开"特效控制台"窗口,调整"辉光"滤镜特效参数,设置"颜色 A"为"F000FF","颜色 B"为"6C00FF",其他参数不变。

步骤 20 创建新的图像合成组

执行"图像合成"→"新建合成组"命令,创建最后一个图层组。在弹出的对话框里设置"合成组名称"为"流光特效 final","预置"为"PAL D1/DV","宽"、"高"分别为"720px"、"576px","像素纵横比"为"D1/DV PAL(1.09)","帧速率"为"25 帧/秒","持续时间"为"0:00:10:00"。

步骤 21 拖曳"流光特效 04"、"流光特效 05"、"流光特效 06"合成组到"时间线"
　　　　　窗口并调整"混合模式"

打开"项目"窗口,选择"流光特效 04"、"流光特效 05"和"流光特效 06",拖曳到当前"时间线"窗口,调整"流光特效 04"、"流光特效 05"和"流光特效 06"层的"混合模式"为"添加",如图 20-14 所示。

步骤 22 为"流光特效 06"层添加"紊乱置换"滤镜特效并调整参数

选择"流光特效 06"层,在菜单中执行"效果"→"扭曲"→"紊乱置换"命令,为"流光特效

图 20-14　　　　　　　　　　　　　　图 20-15

06"层添加"紊乱置换"滤镜特效。调整特效参数,设置"置换"为"扭曲平滑","数量"为"150.0","大小"为"30.0",如图 20-15 所示。

步骤 23 为"流光特效 05"层添加"紊乱置换"滤镜特效并调整参数

选择"流光特效 05"层,在菜单中执行"效果"→"扭曲"→"紊乱置换"命令,为"流光特效 05"层添加"紊乱置换"滤镜特效。调整特效参数,设置"置换"为"凸出平滑","数量"为"140.0","大小"为"30.0",如图 20-16 所示。

步骤 24 为"流光特效 04"层添加"紊乱置换"滤镜特效并调整参数

选择"流光特效 04"层,在菜单中执行"效果"→"扭曲"→"紊乱置换"命令,或在图层上右击,在弹出的快捷菜单中执行"效果"→"扭曲"→"紊乱置换"命令,为"流光特效 04"层添加"紊乱置换"滤镜特效。调整特效参数,设置"置换"为"紊乱平滑","数量"为"160.0","大小"为"30.0",如图 20-17 所示。

图 20-16　　　　　　　　　　　　　　图 20-17

按"Ctrl+S"组合键保存,按空格键或者 0 键进行预览,最终效果如图 20-18 所示。

图 20-18

第 21 课　LOGO 成烟特效制作

LOGO 的演绎形式多种多样。在企业宣传或者其他影视特效里，用烟雾表现视觉元素的变化，是很多视觉特效师惯用的手法。这种效果能出现亦真亦幻的缥缈效果，给人以无限想象。制作烟雾特效主要运用了 After Effects CS4 的分形噪波、复合模糊、辉光、置换映射等滤镜特效。

步骤 1　用 Photoshop 设置文字素材

打开 Photoshop，在菜单中执行"文件"→"新建"命令或按"Ctrl＋N"组合键，新建一个文件，在弹出的"新建属性"对话框中设置宽度为"720px"，"高度"为"576px"，背景为"透明"，用文字工具在文件中输入文字，调整大小和字体，用"选择工具"选择文字图层，拖曳文字图层到画面中心位置，设置好后保存为"LOGO 成烟.psd"，如图 21-1 所示。

图　21-1

步骤 2　创建图像合成组

打开 After Effects CS4，在菜单里执行"图像合成"→"新建合成组"命令或按"Ctrl＋N"组合键。在弹出的对话框里设置图像合成组的名称和基本参数，设置"合成组名称"为"LOGO 成烟 01"，在基本参数块里设置"预置"为"PAL D1/DV"，"宽"、"高"分别为"720px"、"576px"，"像素纵横比"为"D1/DV PAL(1.09)"，"帧速率"为"25 帧/秒"，"持续时间"为"0:00:03:00"。

步骤 3　创建一个固态层

在菜单中执行"图层"→"新建"→"固态层"命令，或在"时间线"窗口的空白处右击，在弹出的快捷菜单中执行"新建"→"固态层"命令，创建固态层。在弹出的"固态层设置"对话框中设置"名称"为"LOGO 成烟-噪波"，"宽"为"720"，"高"为"576"，"单位"为"像素"，"像素纵横比"为"D1/DV PAL(1.09)"，"颜色"为黑色。

步骤 4　为"LOGO 成烟-噪波"层应用"分行噪波"滤镜特效并调整参数

选择"LOGO 成烟-噪波"层，在菜单中执行"效果"→"噪波与颗粒"→"分形噪波"命令，或在图层上右击，在弹出的快捷菜单中执行"效果"→"噪波与颗粒"→"分形噪波"命令，为"LOGO 成烟-噪波"层应用"分形噪波"滤镜特效。在弹出的"特效控制台"窗口中调整分形噪波滤镜特效参数，设置"对比度"为"200.0"，"溢出"为"修剪"，"变换"下的"统一比例"为"不选择状态"，"缩放宽度"为"200.0"，"缩放高度"为"150.0"，"乱流偏移"为"0,288"，"复杂性"为"5"，"附加设置"下的"附加影响(％)"为"50.0"，"子缩放"为"70.0"，"演变"为"2x, 0.0"，如图 21-2 所示。

步骤 5　为"LOGO 成烟-噪波"层应用"色阶"滤镜特效并调整参数

选择"LOGO 成烟-噪波"层，在菜单中执行"效果"→"色彩校正"→"色阶"命令，为

第5章　After Effects CS4 滤镜特效高级编辑技巧

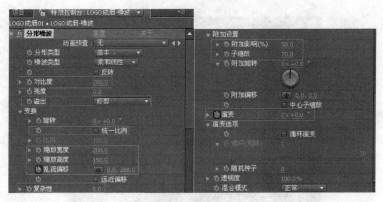

图　21-2

"LOGO 成烟-噪波"层应用"色阶"滤镜特效,在弹出的"特效控制台"窗口中调整色阶滤镜特效参数,设置"通道"为"红","红色输出白色"为"127.0",如图 21-3 所示。

步骤 6　新建一个固态层

执行"图层"→"新建"→"固态层"命令,创建固态层。在弹出的"固态层设置"对话框中设置"名称"为"LOGO 成烟-灰度","宽"为"720","高"为"576","单位"为"像素","像素纵横比"为"D1/DV PAL (1.09)","颜色"为灰色("灰度值"设为"128")。

图　21-3

步骤 7　调整层位置

选择"LOGO 成烟-灰度"层,拖曳到底层,如图 21-4 所示。

图　21-4

步骤 8　为"LOGO 成烟-噪波"层添加"遮罩"并调整参数及形状

选择"LOGO 成烟-噪波"层,在工具栏中选择"矩形工具",在"合成"窗口绘制矩形遮罩,在图层的"遮罩"属性里调整遮罩的参数,设置"遮罩羽化"为"260,260"。具体形状调整如图 21-5 所示。

步骤 9　创建"LOGO 成烟-噪波"层关键帧动画

在时间线"0:00:00:00"处,设置"遮罩形状"为"上 14px、下 546px、左 14px、右 692px",添加关键帧,"分形噪波"下的"乱流偏移"为"0.0,288.0";"分形噪波"下的"演变"为"2x,0.0";如图 21-6 所示。

在时间线"0:00:02:10"处,设置"遮罩形状"为"上 10px、下 542px、左 748px、右 1426px","分形噪波"下的"乱流偏移"为"360,288","分形噪波"下的"演变"为"0x,0"。

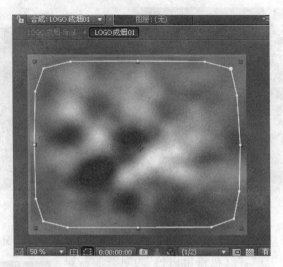

图 21-5

图 21-6

步骤 10　创建一个新的图像合成组

执行"图像合成"→"新建合成组"命令或按"Ctrl＋N"组合键。在弹出的对话框里设置"合成组名称"为"LOGO 成烟 02","预置"为"PAL D1/DV","宽"、"高"分别为"720px"、"576px","像素纵横比"为"D1/DV PAL（1.09）","帧速率"为"25 帧/秒","持续时间"为"0:00:03:00"。

步骤 11　复制"LOGO 成烟-噪波"层到"LOGO 成烟 02"合成组中

打开"LOGO 成烟 01"合成组,选择"LOGO 成烟-噪波"层,执行"编辑"→"复制"命令或按"Ctrl＋C"组合键,复制"LOGO 成烟-噪波"层,打开"LOGO 成烟 02"合成组,单击当前时间线,在菜单中执行"编辑"→"粘贴"命令或按"Ctrl＋V"组合键,将"LOGO 成烟-噪波"层粘贴到"LOGO 成烟 02"合成组的当前时间线内,如图 21-7 所示。

图 21-7

步骤 12 为"LOGO 成烟-噪波"层应用"曲线"滤镜特效并调整曲线

选择"LOGO 成烟-噪波"层,执行"效果"→"色彩校正"→"曲线"命令;或在图层上右击,在弹出的快捷菜单中执行"效果"→"色彩校正"→"曲线"命令,为"LOGO 成烟-噪波"层添加"曲线"滤镜特效。具体调整曲线如图 21-8 所示。

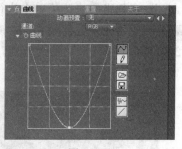

步骤 13 创建最后一个图像合成组

执行"图像合成"→"新建合成组"命令。在弹出的对话框里设置"合成组名称"为"LOGO 成烟-final","预置"为"PAL D1/DV","宽"、"高"分别为"720px"、"576px","像素纵横比"为"D1/DV PAL (1.09)","帧速率"为"25 帧/秒","持续时间"为"0:00:03:00"。

图 21-8

步骤 14 导入文字素材和"LOGO 成烟 01"、"LOGO 成烟 02"合成组到当前时间线

执行"文件"→"导入"→"文件"命令,在弹出的对话框中选择在 Photoshop 设计好的文字素材"LOGO 成烟.psd",单击"打开"按钮,导入到项目中,或在"项目"窗口空白地方双击,在弹出的对话框中选择文字素材,单击"打开"按钮,导入到项目中,如图 21-9 所示。

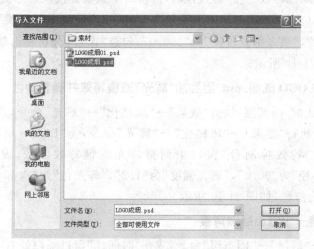

图 21-9

打开"项目"窗口,选择素材"LOGO 成烟.psd"、"LOGO 成烟 01"合成组和"LOGO 成烟 02"合成组,拖曳到当前时间线内,调整层位置,并关闭"LOGO 成烟 01"和"LOGO 成烟 02"层的显示开关,如图 21-10 所示。

图 21-10

步骤 15 为"LOGO 成烟.psd"层添加"复合模糊"特效并调整参数

选择"LOGO 成烟.psd"层，执行"效果"→"模糊与锐化"→"复合模糊"命令，或在图层上右击，在弹出的快捷菜单中执行"效果"→"模糊与锐化"→"复合模糊"命令，为"LOGO 成烟.psd"层添加"复合模糊"滤镜特效。调整复合模糊滤镜特效参数，设置"模糊层"为"2.LOGO 成烟 02"，"最大模糊"为"100.0"，如图 21-11 所示。

图 21-11

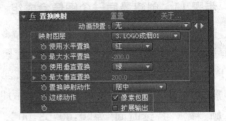
图 21-12

步骤 16 为"LOGO 成烟.psd"层添加"置换映射"滤镜特效并调整参数

选择"LOGO 成烟.psd"层，执行"效果"→"扭曲"→"置换映射"命令，为"LOGO 成烟.psd"层添加"置换映射"滤镜特效。在"特效控制台"窗口中调整置换映射滤镜特效参数，设置"映射图层"为"3.LOGO 成烟 01"，"使用水平置换"为"红"，"最大水平置换"为"－200.0"，"使用垂直置换"为"绿"，"最大垂直置换"为"200.0"，勾选"像素包围"复选框，取消"扩展输出"的选择状态，如图 21-12 所示。

步骤 17 为"LOGO 成烟.psd"层添加"辉光"滤镜特效并调整参数

选择"LOGO 成烟.psd"层，执行"效果"→"风格化"→"辉光"命令，或在图层上右击，在弹出的快捷菜单中执行"效果"→"风格化"→"辉光"命令，为"LOGO 成烟.psd"层添加"辉光"滤镜特效。在"特效控制台"窗口中调整辉光滤镜特效参数，设置"辉光阈值"为"11.0%"，"辉光半径"为"60.0"，"辉光强度"为"1.2"，"辉光色"为"A 和 B 颜色"，"颜色 A"为黄色，"颜色 B"为红色，如图 21-13 所示。

步骤 18 创建一个固态层做背景

执行"图层"→"新建"→"固态层"命令，或在"时间线"窗口空白处右击，在弹出的快捷菜单中执行"图层"→"新建"→"固态层"命令创建固态层（组合键"Ctrl+Y"）。在弹出的"固态层设置"对话框中设置名称为"LOGO 成烟-背景"，"宽"为"720"，"高"为"576"，"单位"为"像素"，"像素纵横比"为"D1/DV PAL(1.09)"，"颜色"为黑色。

步骤 19 为"LOGO 成烟-背景"层添加"渐变"特效并调整参数

调整"LOGO 成烟-背景"层到最底层，选择"LOGO 成烟-背景"层，执行"效果"→"生成"→"渐变"命令，或在图层上右击，在弹出的快捷菜单中执行"效果"→"生成"→"渐变"命令，为"LOGO 成烟-背景"层添加渐变滤镜特效。在"特效控制台"窗口中调整渐变滤镜特效参数，设置"渐变开始"为"0,288"，"开始色"为深红色，"渐变结束"为"720.0,288.0"，"结束色"为黑色，如图 21-14 所示。

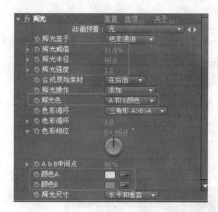

图 21-13

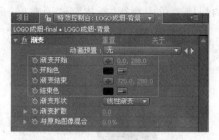

图 21-14

按"Ctrl＋S"组合键保存文件，按 0 键或空格键预览，最终效果如图 21-15 所示。

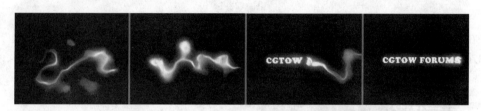

图 21-15

第 22 课　三维空间光束特效制作

　　三维空间光束特效在视频包装栏目和其他影像合成中是常用的效果。它不仅能增加画面效果，丰富画面元素，还能为画面呈现强烈的空间透视感。三维空间光束特效一般用做画面的背景层，如果能与前景有适当的混合模式，将会得到非常不错的画面效果。三维空间光束特效有不同的制作方法。本课将应用噪波与颗粒、模糊与锐化等滤镜以及与其他滤镜的综合应用来讲解三维空间光束特效的制作。

课堂讲解

任务背景：在制作项目的过程中，你可能遇到不少麻烦，比如没有合适的素材进行混合，没有合适的背景影像来修饰、丰富画面。当你学习了本课后，相信你能找到一种合适的方法。

任务目标：熟练掌握以及应用"噪波与颗粒"滤镜和"模糊与锐化"滤镜等。制作一个三维光束特效并将它合成到影像作品中。

任务分析：使用"噪波与颗粒"、"模糊与锐化"滤镜制作光效素材，并熟练掌握各个滤镜的综合应用。

步骤1 新建合成图层，应用"分形噪波"滤镜

在"项目"窗口中，单击"新建合成"图标，创建一个新的合成图层，在弹出的对话框中，设置"合成名称"为"bg"，其他设置默认，单击"确定"按钮，在"时间线"窗口空白处右击，在弹出的快捷菜单中执行"新建"→"固态层"命令，创建一个固态层，固态层命名为"g1"。

在"g1"图层上右击，执行"效果"→"噪波与颗粒"→"分形噪波"命令，应用"分形噪波"滤镜，如图22-1所示。

图 22-1

在"特效控制台"窗口中设置参数，设置"对比度"为"200.0"，"亮度"为"10.0"，"复杂性"为"3.0"，其他默认，在"合成"窗口把图层压扁，如图22-2所示。

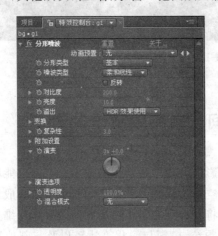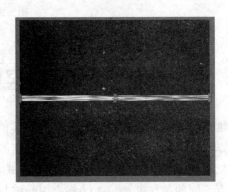

图 22-2

步骤2 应用"模糊与锐化"滤镜和"色彩校正"滤镜

选择"g1"图层，给"g1"图层应用滤镜特效。分别执行"效果"→"模糊与锐化"→"方向模糊"命令，"效果"→"色彩校正"→"亮度与对比度"命令，"效果"→"色彩校正"→"色阶"命令，并设置参数。

在"合成"窗口中，确保画面最终效果有拉丝的感觉，效果如图22-3、图22-4所示。

步骤3 应用"辉光"滤镜，排列光效

再次为"g1"图层应用"辉光"滤镜特效。选择图层，在图层上右击，在弹出的快捷菜单中执行"效果"→"风格化"→"辉光"命令，在"特效控制台"窗口中设置参数，如图22-5所示。

选择"g1"图层，按"Ctrl+D"组合键，复制4层，在"合成"窗口里移动图层的位置并随机地排列好，切忌雷同，如图22-6所示。

第5章 After Effects CS4 滤镜特效高级编辑技巧

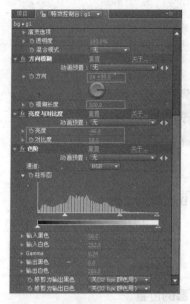

图 22-3

图 22-4

图 22-5

图 22-6

步骤 4　设置光效动画

分别选择 3 个"g1"层，在时间线上回到第 1 帧，分别在"特效控制台"窗口中设置"分形噪波"下的"演变"为"0x、6x、3x"。参数可以自定义。分别激活"关键帧秒表"图标，添加关键帧。

回到时间线上，把当前时间线停留在第 5 秒的位置，分别设置"分形噪波"下的"演变"为"10x、0x、12x"，数值可以随机设置。

步骤 5　预合成光效图层

按 Shift 键选择 3 个"g1"层，执行"图层"→"预合成"命令，在弹出的窗口中，将"预合成"命名为"g2"，单击"确定"按钮。

回到图层上，选择"g2"图层，按"Ctrl＋D"组合键，复制 3 个"g2"层，排列"合成"窗口，如图 22-7 所示。

图 22-7

步骤6 将光效图层转换为3D图层

将3个"g2"图层的三维方格选中,打开3D图层开关,现在在图层的"变换"里会多出一个轴向,即Z轴向,如图22-8所示。

图 22-8

步骤7 调整3D图层属性,在"合成"窗口排列3D图层的位置

选择"g2"图层,在各个"g2"图层的"变换"里,设置各个图层的变换参数,设置"位置"和"Y轴旋转"参数,参数设置分别如图22-9所示。

在"合成"窗口中的效果如图22-10所示。

步骤8 复制3D图层,在"合成"窗口排列3D图层的位置

用同样的方法,选择"g2"图层,按"Ctrl+D"组合键3次,复制3个新的"g2"图层。选择新的复制的图层,打开"变换"属性,设置"Y轴旋转"为"-45",在"合成"窗口里排列它们的位置,确保这些光效互相交叉,在"合成"窗口的效果如图22-11所示。

图 22-9

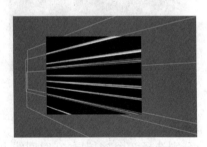

图 22-10

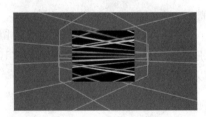

图 22-11

步骤9 添加渐变固态图层

在"时间线"窗口空白处右击,在弹出的快捷菜单中执行"新建"→"固态层"命令,将固态

层拖曳到时间线的最下方,然后在图层上右击,在弹出的快捷菜单中执行"效果"→"生成"→"渐变"命令。在"特效控制台"窗口中设置参数,如图 22-12 所示。

图 22-12

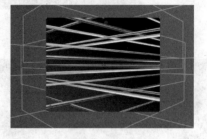

图 22-13

在"合成"窗口上的效果,如图 22-13 所示。

步骤 10 设置光效图层的叠加模式

分别选择各个"g2"光效图层,在图层上右击,在弹出的快捷菜单中执行"混合模式"→"添加"命令,如图 22-14 所示。

现在,光效和背景能很好地融合在一起了。接下来设置一个摄像机的动画,让整个画面的光效动起来。

步骤 11 设置摄像机动画

在"时间线"窗口空白处右击,在弹出的快捷菜单中执行"新建"→"摄像机"命令,设置参数为默认,单击"确定"按钮。

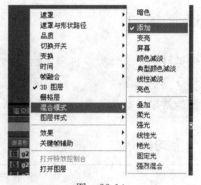

图 22-14

在图层上将摄像机的"变换"属性打开,将时间线停留在第 1 帧的位置,设置摄像机的"位置"和"方向"数值,激活"关键帧秒表"图标,如图 22-15 所示。

图 22-15

将时间线停留在第 5 秒第 1 帧的位置,设置参数,如图 22-16 所示。

整个背景网格光效就做好了,可以把它应用到影视图像合成层中。

此外,可以微调其他参数,例如"颜色"、"透明度"等,使画面效果更加绚丽。完成后效果如图 22-17 所示。

图 22-16

图 22-17

课堂练习

任务目标：根据所学内容，设计制作一个三维空间光束效果，并将它应用到其他合成特效作品中。

任务要求：画面精美、大气，效果明显。

练习评价

项　　目	标准描述	评定分值	得　　分
基本要求 80 分	三维空间感强烈	20	
	制作精细，视觉特效突出	20	
	动画合成效果良好	20	
	有创意，有新意	20	
拓展要求 20 分	能综合运用其他特效	20	
主观评价		总分	

本课小结

三维空间光束是影像合成中最常用的特效之一，掌握多种制作技能和技巧，是制作此类光效的捷径。本课中主要用到的滤镜有噪波、模糊与锐化、辉光等，这些都是常用的滤镜。熟练各种滤镜的性能，可以制作出千变万化的特效。

课后思考

（1）根据本课的内容能否再制作出另一个三维空间光束特效？

（2）将制作好的三维空间光束特效应用到其他合成作品中。

课外阅读

光 的 选 择

许多人常因为不着边际、没有重点的摄影,因而无法把自己看到、最感兴趣和真正要表达的意图传达给观赏者,让观赏者接收不到预期的信息。影像到底要表达什么,如果不能引起观赏者的兴趣就难以引起共鸣。为了使影像给人强烈的印象,熟悉光的技术是很重要的条件。

1. 室内也可以利用自然光

要巧妙地利用自然光,不要分室内外。首先把室内的照明全部关掉,感受一下从门口和窗户投射进来的光,然后看看拍摄下来的色调是什么感觉。

其次要决定到底我们是要"带一点蓝调的画面"或是要"以一般的色温配合外光设定白平衡",然后再来决定室内要使用哪一种照明或要不要使用日光灯。

如果决定要利用室外带一点蓝调的光而不使用日光灯,人物又要有白炽灯泡投射的感觉,就必须使用裸灯泡的照明器材。

让室内保持自然光,先用摄像机感受一下,然后在光线不足的地方,如同用画笔修饰画作一样一点一滴地用灯光补充。"先决定室内的灯光再考虑引用外光"的方法远不如"先打开窗帘引进自然光,必要时再补充灯光"。

2. 影像表现并不一定要死守光圈的准则,光圈是可以活用的

除非必要,不要使用照明灯,当一个物体四周都被光包围时,将变成平面没有立体感的画面,景深也不易显现。

DV 摄像机的感度很灵敏,任何物体都能轻易拍摄。在室内,只要关闭 ND 滤镜,把光圈放到最大,即使对着黑暗的角落还是能拍摄到有景深的画面。

当决定拍摄一个画面,要不要让窗户进入画面之中的决定可以改变光的感觉。遮阳罩要占画面的多少百分比,或没有任何阻挡让强光自窗户直射成为逆光状态,这种光的变化将使画面产生不同的效果。

3. 依照目的来选择光

背着太阳以顺光来拍摄可以取得明亮干净的画面,所以一般都以顺光拍摄。但只用顺光也会失去画面的趣味性。

当遇到拍摄的物体处在逆光之下,也不必立即改变你的位置,只需自逆光处开始拍摄然后再慢慢移动,把必须清楚交代的画面在顺光的位置上完成即可。

也不必一直停留在同一位置,如果已经了解全盘的状况,自认先从逆光的位置向顺光的位置移动的方法较为妥当,就应手持摄像机慢慢地移动。反之,自顺光移动到逆光也无不可。如此才能捕捉到光的动态,留下深刻难忘的影像。

先选择最佳条件的光在极欲表现的主体上,不足的部分再用其他光源补充。

4. 选择同一时间带的光

同一景物如果集中在下午三点到六点之间拍摄,影像的光全部有黄昏的感觉,这样的作品会有它的趣味性。同一作品如果在五天当中的同一时间段拍摄,因取得的光有它的一致性,这样的作品也颇富趣味。

出外旅行,不论拍摄山景、海景或街道都能集中于同一时间,例如下午五时或清晨,这样才能表现光的统一性,这种作品才能给人留下深刻的印象。同一件物体因选择的时间和光的不同而产生不同的效果,因此有许多技巧可供运用。

5. 没有一成不变的光圈

当镜头面对着大海,要让闪闪发光的波影进入画面,或只是拍摄海滩上移动中的人物,这都必须因主体的不同而调整不同的光圈。只要操作有少许的不同就能给人带来不一样的感受。当我们在按下摄影按钮之前就要明确地决定"到底这一次拍摄的重点是什么",这才能使影像的表现有统一感。影像的表现没有所谓"一成不变的光圈",即使让背景泛白也是影像表现的方法之一。光圈是可以活用的,看如何巧妙地利用而已。

作者:夏海光造,1951年生,为日本资深之摄影名人,以拍摄纪录片为主。1997年曾获日本电视最高荣誉的 ATP(Association of All Japan TV Program Prodution Companies)个人奖。

资料来源:数位奇迹科技 http://www.canopus.com.tw

第23课 三维空间图像特效制作

图片的三维展示效果一直是很多特效艺术家在制作特效时常用的效果。画面有了三维效果后,视觉冲击会更大,画面延伸的想象空间也就更大。After Effects CS4 不仅可以制作精美绝伦的二维特效,还可以制作出绚丽的三维画面效果来。在电视上看到的精彩的三维效果,不一定是用三维软件实现的,接下来将用 After Effects CS4 来实现它。

课堂讲解

任务背景:现在你可能已经掌握了不少 After Effects CS4 滤镜特效,那么本课我们继续学习两个非常强大而且常用的滤镜特效。

任务目标:熟练掌握以及应用 After Effects CS4 滤镜"块溶解"和"卡片擦除";制作一个三维空间的影视宣传片头特效。

任务分析:使用"块溶解"滤镜制作画面转场特效;After Effects CS4 的嵌套功能——预合成的学习及应用;创建摄像机动画;使用"卡片擦除"滤镜制作三维特效。

步骤1 在 Photoshop 中设置静态网格图像

在 Photoshop 中新建一个文档,设置"宽度"、"高度"分别为"720 像素"、"576 像素",这是个标准的 PAL 制影视文档的尺寸大小，设置"背景内容"为"透明"（这里确保背景是透明的，因为它将应用到 After Effects CS4 中），如图 23-1 所示。

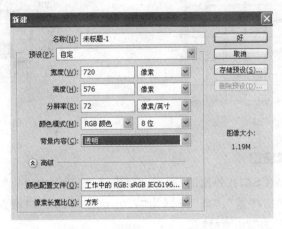

图 23-1

步骤 2 在 Photoshop 中制作小图

在 Photoshop 中制作 8 行 8 列小图，它们的尺寸全部为 90px×72px，应该是恰好填满整个画面。

新建图层，在"描边"对话框中设置"宽度"为"2 像素"，所描边放在新的图层中，如图 23-2 所示。

最终效果如图 23-3 所示。

图 23-2

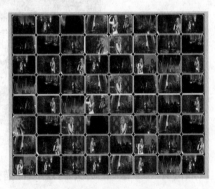

图 23-3

步骤 3 制作白色背景

继续在 Photoshop 中制作与图片同样大小和同样排列方式的白色网格背景，效果如图 23-4 所示。

最终编辑完成的 Photoshop 图层如图 23-5 所示。

以上是在 Photoshop 中的素材编辑准备工作，接下来进入到 After Effects CS4 中进行编辑。

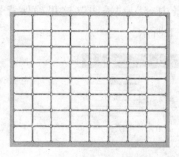

图 23-4

图 23-5

步骤4　设置合成窗口

打开 After Effects CS4，在弹出的"图像合成设置"对话框中设置"合成组名称"为"c1"；"预置"为"PAL D1/DV"，"宽"、"高"分别为"720px"、"576px"，"像素纵横比"为"D1/DV PAL(1.09)"，"帧速率"为"25 帧/秒"。

步骤5　导入 Photoshop 素材

双击"项目"窗口空白处，或者执行"文件"→"导入"→"文件"命令，选择制作好的 Photoshop 素材，单击"打开"按钮。在弹出的对话框中的"图层选项"下点选"选择图层"单选按钮，然后在其右侧的下拉列表框中选择"图片"，如图 23-6 所示。

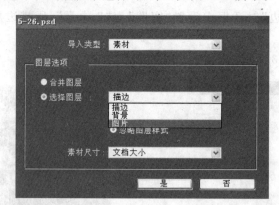

图 23-6

按照同样的方法，把另外两层，即"描边"和"背景"图层也导入进来。

步骤6　在时间线上排列素材

在"项目"窗口中，将素材拖曳到"时间线"窗口上，并排列如图 23-7 所示。

图 23-7

"合成"窗口的效果如图 23-8 所示。

按"Ctrl+S"组合键保存项目。

步骤 7　在图层上应用"块溶解"滤镜

在图层上右击,在弹出的快捷菜单中执行"效果"→"过渡"→"块溶解"命令,应用"块溶解"滤镜。在"特效控制台"窗口中,初步调整参数,设置"变换完成度"为"28%","块宽度"、"块高度"分别为"90.0"、"72.0"。选中"柔化边缘(最佳品质)"选项,参数设置如图 23-9 所示。

图　23-8

在"合成"窗口中可以看到图片随机出现(块溶解)的效果,如图 23-10 所示。

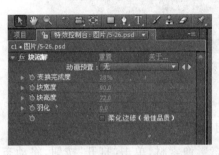

图　23-9

图　23-10

步骤 8　在"时间线"窗口设置图层的"块溶解"动画

将时间线停留在第 1 秒的位置,在这里设置"变换完成度"为"0",并激活关键帧按钮,添加关键帧;然后将时间线停留在第 2 秒的位置,在这里设置"变换完成度"为"25%",时间线的关键帧如图 23-11 所示。

图　23-11

接着,在第 3 秒的时间线上设置"变换完成度"为"60%",第 4 秒的时间线上为"100%"。这是个完整的"块溶解"的动画过程。在溶解的过程中,图片随机消失,白色背景却一张张呈现。

步骤 9　在"时间线"窗口设置白色背景的"块溶解"动画

将图层的 4 个关键帧框选,框选后的这些关键帧应该呈现黄色。然后按"Ctrl+C"组合键,复制这些关键帧。

接着,选择白色背景层,并将时间线停留在第 1 秒第 1 帧的位置,然后执行"编辑"→"粘贴"命令,这样就把图片的"块溶解"动画关键帧属性粘贴给背景了。注意两个层的关键帧的位置,背景的应该要比图片的慢 1 帧,关键帧的位置如图 23-12 所示。

图 23-12

按空格键,预览动画效果,效果应该是图片闪现了一下就消失了。

步骤 10　在"时间线"窗口导入动态影像素材

执行"文件"→"导入"命令,选择准备好的动态影像素材,单击"打开"按钮,将动态素材从"项目"窗口拖曳到"时间线"窗口的最下层。

现在将时间线停留在第 4 秒的位置,可以发现,图片块溶解了,动态影像呈现出来。

步骤 11　动态影像素材应用"变换"滤镜

在动态影像上右击,在弹出的快捷菜单中执行"效果"→"扭曲"→"变换"命令,应用"变换"滤镜。在时间线上配合其他参数修改动态影像文件的大小,如图 23-13 所示。

图 23-13

步骤 12　预合成描边、图片、背景图层

按住 Shift 键,选择描边、图片、背景图层,执行"图层"→"预合成"命令。在弹出的窗口中,命名新的合成为"cc1",单击"确定"按钮。

步骤 13　复制"cc1"合成图层

选择"cc1"合成图层,按"Ctrl+D"组合键,在"cc1"下一层复制新的"cc1"层,按 T 键,将"透明度"调整为"54%"。将图层往后拖曳 1 帧,如图 23-14 所示。

图　23-14

现在可以拖曳时间线,预览动画效果。

步骤 14　预合成所有图层

把当前图层全部选中,执行"图层"→"预合成"命令,命名新的合成图层为"ccc1"。

步骤 15　制作摄像机动画

在"时间线"窗口右击,在弹出的快捷菜单中执行"新建"→"摄像机"命令,参数设置为默认,单击"确定"按钮。设置摄像机的动画属性。首先在摄像机的第 4 秒的位置,为"位置"和"Y 轴旋转"添加关键帧。然后回到时间线的第 1 帧的位置,设置"位置"和"Y 轴旋转"的属性参数,如图 23-15 所示。

图　23-15

现在在"合成"窗口可以看到,这是个 3D 空间的动画了,如图 23-16 所示。

步骤16 应用特效"卡片擦除"滤镜

前面的工作都准备好了,按"Ctrl+S"组合键保存项目。接下来将要应用到"卡片擦除"滤镜。在"ccc1"图层上右击,在弹出的快捷菜单中执行"效果"→"过渡"→"卡片擦除"命令,应用"卡片擦除"滤镜特效。

步骤17 设置"卡片擦除"滤镜动画

赋予"ccc1"滤镜后,在"特效控制台"窗口中设置参数。将"行"、"列"都设置为"8","摄像机系统"选择"合成摄像机"。在第 1 帧的位置,激活"Z 振动量"和"Z 振动速度"的关键帧按钮,设置"Z 振动量"为"20.00","Z 振动速度"为"0.00",如图 23-17 所示。

图 23-16

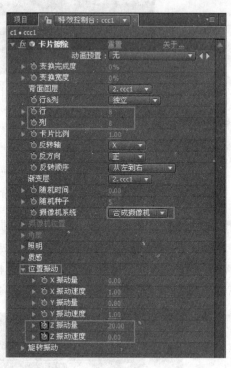

图 23-17

将时间线移动到第 1 秒的位置,设置"Z 振动量"为"10.00";
将时间线移动到第 2 秒的位置,设置"Z 振动速度"为"0.30";
将时间线移动到第 3 秒的位置,设置"Z 振动量"为"0.00","Z 振动速度"为"0.00"。

重要提示:可能会发现,小图片分割得不对,双击"项目"窗口的"ccc1"图层,设置参数,让它们充满整个画面,如图 23-18 所示。

回到"c1"图层,按空格键,预览特效。

接下来要合成一个动态网格光效背景,将上一课的实例背景应用过来。

步骤18 合成影像

将制作好的"bg"合成,拖曳到"c1"的时间线上,并置于最下层。到此,整个实例制作完成。此外,可以微调其他参数,例如"颜色"、"透明度"等,完成后效果如图 23-19 所示。

第5章　After Effects CS4 滤镜特效高级编辑技巧

图　23-18

图　23-19

课堂练习

任务目标：按照课程要求再设计一个类似的三维空间图像特效。
任务要求：画面美观大方，不穿帮。

练习评价

项　目	标　准　描　述	评定分值	得　分
基本要求 75 分	三维空间效果良好，视觉效果突出	25	
	制作精致，动画流畅，滤镜运用得当	25	
	画面整体效果良好	25	
拓展要求 25 分	有背景音乐，有创意	25	
主观评价		总分	

本课小结

通过学习三维空间图像特效的制作，主要掌握了"块溶解"滤镜和"卡片擦除"滤镜。通过这些学习，进一步了解 After Effects CS4 的工作流程及滤镜应用技巧。如果要把软件应用得很熟练，还是要贯穿制作指导思想的"三多原则"——"多看、多想、多做"。

课后思考

（1）"块溶解"与"卡片擦除"还可以制作其他哪些效果？
（2）背景合成是不是还有其他方法？

课外阅读

3D电影历史：技术腾飞之路

3D电影的探索之路起步很早。继弗莱斯·格林之后，1900年，弗雷德里克·尤金·艾夫斯为他的立体摄像机注册了专利。这套装置的核心部件是两只距离约4.5cm的镜头。到了1915年，埃德温·波特（著名的早期电影《火车大盗》的导演）和威廉·瓦德尔在纽约一家剧院测试了他们的3D电影放映装置。不过只有一名观众，他总共观看了三组画面。可是，他们的发明依然没有得到进一步的实际应用。

1922年9月27日，第一部3D电影在洛杉矶上映。影片来自制片人哈利·法拉尔和摄影师罗伯特·埃尔德。他们使用的方法是用红、绿两种颜色来放映两部摄像机拍到的图像，观众则通过左右镜片分别为红、绿色的眼镜来观看。不过很可惜，据《纽约时报》的评论反映，人们根本看不清楚，尝试以失败告终。

到了1936年，埃德温·兰德发明了偏光膜技术。当光线透过偏光膜时，光波的振动方式会改变。和许多阴差阳错的发明一样，起初他只想用它来避免汽车头灯过于刺眼，后来才意识到这种技术对3D电影有多么关键。顺便说一句，这位先生也是大名鼎鼎的"拍立得"（或者叫宝丽来）公司的创始人。那些可以立即冲洗出胶片的神奇相机，就是他发明并用 Polaroid 来命名的。

偏光膜极大地推动了3D电影的发展，时至今日依然是3D电影技术的基础。20世纪50年代初，无数人的努力终于使得这项技术成熟，并引起米高梅、华纳等大制片商的兴趣。1953年4月，两部里程碑式的3D电影问世了——分别是哥伦比亚公司的《黑衣人》和华纳的《恐怖蜡像馆》——对于它们在半个世纪后的翻拍作品，大家一定很熟悉。

尤其是《恐怖蜡像馆》，它也是第一部让观众体验到立体声的电影。这部电影还捧红了文森特·普莱斯，他后来出演了一系列恐怖片，并且大多为3D电影，因此同时赢得了"恐怖明星"和"3D之王"两个雅号。

这两部电影标志着3D电影正式进入主流观众视野。很快，迪士尼、福克斯等公司紧追而上。3D西部片、3D科幻片相继问世。有些片子仅用两个星期拍成，而且制作者没有经验、画面非常简陋，但照样有观众。足见当时人们对这种新鲜事物的热情。

不过好景不长，这股热潮只持续了一个暑期档便逐渐消退。因为3D电影对放映条件的要求十分苛刻，它们必须使用银色的银幕以更好地反射光线，但当时技术的不过关造成角度比较偏的观众根本看不清楚，而电影公司为了挣钱，往往忽略掉这些负面因素。

到1955年，最后一部以这种方式拍摄和放映的3D电影结束了放映。这个短暂的黄金期至此结束。有趣的是，即便是这部片子，票房也相当不错。

直到1970年，一种全新的技术——Stereovision 出现了。发明人是导演兼发明家阿兰·西里芬特和他的同伴克里斯·戈登。这种技术可以把两套图像交替地印在一套普通35mm电影胶片上，使用一台特制的放映机就可以放映出来，这就大大降低了放映难度。

不过，没想到这种技术的首次运用居然是拍色情片。该片名叫《空姐》，投资不过10万美元，竟在整个北美狂收2700万美元票房（放到现在约相当于1亿美元）。此片也成为史上最成功的3D电影之一，即便放在整个影史中比较，它也是低成本高收益的代表电影之一。

从此，3D电影的放映方式基本被固定下来。放映机以48帧/秒的速度同时放映左右两只眼睛看到的画面，两套胶片同时开始转动，而放映镜头前则加上一个周期转动的遮光板。于是两种画面实际上是交替出现的，但由于转速快而不易被察觉。

资料来源：电影网 http://www.m1905.com

第 6 章

After Effects CS4 常用功能工具应用

知识要点

- 校色在影视中的运用
- 抠像与影片的合成
- 动态跟踪
- 画面稳定技术

第 24 课 色彩校正在影视中的运用

在处理影像素材时,有时候为了达到特殊的艺术效果,往往需要对素材的颜色进行特殊处理;此外,在实际拍摄时难免造成影像的曝光不足或曝光过度,而且不同的影像在应用到同一项目中时色彩信息往往不统一,这时就必须要对影片进行校色。

课堂讲解

> **任务背景**:校色在后期制作中是非常重要的一个环节,就像画画一样,如果整幅画面色调不统一、颜色不和谐,那么这幅画很可能就不和谐、不统一、不知所云。
>
> **任务目标**:掌握校色常用的滤镜特效工具,掌握常用的校色方法,并能对影片进行熟练调色。
>
> **任务分析**:在影片上应用"校色"的滤镜特效后,在"特效控制台"窗口中可以详细调整影像的色彩信息,不仅如此,还均可以制作动画效果。在校色时,配合其他方法可以制作出创意十足的影像作品。

24.1 "色彩校正"滤镜的运用方法

"色彩校正"特效菜单中提供了大量的对图像颜色信息进行调整的方法,包括自动颜色、色阶、亮度与对比度、色彩平衡、曲线、色相位/饱和度等特效。

执行"效果"→"色彩校正"命令,即可打开相应的滤镜特效。

After Effects CS4 自带了许多种色彩校正方式,其中包括改变图像的色调、饱和度和亮度等特效,还可以通过滤镜特效并配合层模式改变图像。基于计算机色彩理论的"色彩校正"可以将导入的素材进行颜色和其他信息上的调节,使其产生最受人欢迎的视觉效果,以图 24-1 所示的原始图像为例,使用色彩校正做出不同的效果。

图 24-1

1. CC 调色

"CC 调色"滤镜特效中提供了"高光"、"中值"、"阴影"的颜色选项和"与原始图像混合"的参数信息,通过适当调整可以使图像整体的色彩发生很大的变化,如图 24-2 所示。

图 24-2

2. CC 色彩偏移

"CC 色彩偏移"滤镜特效中提供了"红色相位"、"绿色相位"、"蓝色相位"和"溢出"等校正颜色信息参数,调整其中任何色彩相位,都可使图像的色彩发生很大的变化,产生不同的视觉效果,如图 24-3 所示。

3. PS 任意贴图

"PS 任意贴图"滤镜特效将 Photoshop 中的 Arbitrary Map 文件用于当前层,Arbitrary Map 用于调整图像的明度值。重新设定一个确定的明度区域以减暗或者加亮色调。其中提供了"相位"和"应用相位贴图到 Alpha"两项校正颜色信息参数,如图 24-4 所示。

4. 彩色光

"彩色光"滤镜特效可以以一种自定义的彩色光对图像进行平滑的周期填色,得到一个新的富有节拍的色彩效果。其中提供了多项设置,包括了"输入相位"、"输出循环"、"修改"、"像

图 24-3

图 24-4

素选择"、"遮罩"、"在图层上合成"和"与原始图像混合"等校正颜色信息参数,如图 24-5 所示。

图 24-5

5．独立色阶控制

"独立色阶控制"滤镜特效是在"色阶"滤镜特效的基础上扩展出来的,可以说包括了"色阶"滤镜特效的全部功能，只是将参数分散到各个通道而已。除提供了"红"、"绿"、"蓝"和"RGB"复合通道以外还增加了"Alpha"通道，如图24-6所示。

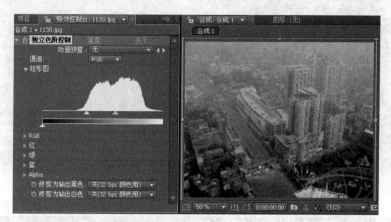

图　24-6

6．分色

"分色"滤镜特效用于保留图像中指定的颜色，去掉其他颜色信息，同时可以通过颜色分离设置，拾取一种颜色并保留其颜色的信息值，从而得到对图像局部去色的效果。其中还提供了"脱色数量"、"宽容度"、"边缘羽化"和"匹配色"等信息参数，如图24-7所示。

图　24-7

7．更改颜色

"更改颜色"滤镜特效可以在图像中特定一个颜色，然后替换图像中指定的颜色，也可以设置特定颜色的色相、饱和度、明度等选项。其中提供了"查看"、"色调变换"、"亮度变换"、"饱和度变换"、"颜色更改"、"匹配宽容度"、"匹配柔和度"、"匹配色"和"反转色彩校正遮罩"等校正颜色信息参数，如图24-8所示。

8．广播级颜色

"广播级颜色"滤镜特效用于校正电视屏幕的颜色。其中提供了"本地电视制式"、"如何控制色彩"和"IRE"等校正颜色信息参数，如图24-9所示。

图 24-8

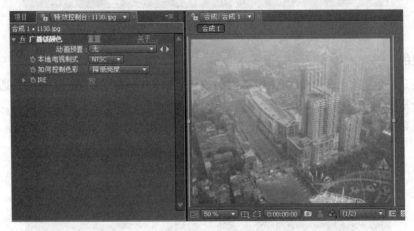

图 24-9

9. 亮度与对比度

"亮度与对比度"滤镜特效用于调节图像的亮度和对比度,同时调整所有像素的高光、暗部和中间色。其中提供了"亮度"和"对比度"两个校正颜色信息参数,如图24-10所示。

图 24-10

10. 曝光

"曝光"滤镜特效以图像的曝光程度调整图像颜色。可以通过设置通道方式调整图像的复合通道或单一红色、绿色、蓝色通道参数，做出不同颜色的曝光程度，如图 24-11 所示。

图 24-11

11. 浅色调

"浅色调"滤镜特效可以修改图像的颜色信息。亮度值在两种颜色间对每一个像素确定一种混合效果，通过定义"映射黑色到"和"映射白色到"来改变图像颜色，并提供了"着色数值"参数，如图 24-12 所示。

图 24-12

12. 曲线

"曲线"滤镜特效是一个非常重要的色彩校正功能，与 Adobe Photoshop 中的"曲线"功能类似，可以通过设置通道，对图像的 RGB 复合通道或单一的红、绿、蓝颜色通道进行控制，"曲线"滤镜特效不仅仅使用高亮、中间色调和暗部 3 个变量进行颜色调整，而且使用坐标曲线还可以调整 0～255 的颜色灰阶，如图 24-13 所示。

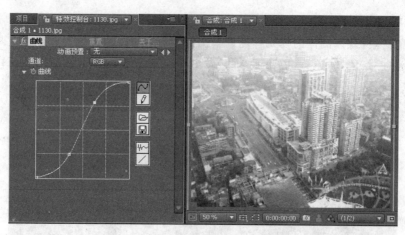

图 24-13

13. 三色调

"三色调"滤镜特效中提供了"高光"、"中间色"、"阴影"的颜色选项和"与原始图像混合"的参数信息,通过适当调整可以使图像整体的色彩发生很大的变化,如图24-14所示。

图 24-14

14. 色彩均化

"色彩均化"滤镜特效可以对图像的阶调平均化。自动以白色取代图像中最亮的像素,以黑色取代图像中最暗的像素。通过调整"均衡数量"参数重新分布亮度值的程度,平均分配白和黑之间的阶调,取代最亮与最暗之间的像素,并可以设置均衡方式,如图24-15所示。

15. 色彩链接

"色彩链接"滤镜特效可以通过"源图层"拾取其他层的颜色与当前层进行颜色的链接,得到颜色混合效果。其中还提供了"取样"、"素材源(%)"、"模板原始 Alpha"、"透明度"和"混合模式"等校正颜色信息参数,如图24-16所示。

16. 色彩平衡

"色彩平衡"滤镜特效可以通过图像的红、绿、蓝通道进行调节,分别调节颜色在高亮、中

图 24-15

图 24-16

间色调和暗部的强度,以增加色彩的均衡效果。其中提供了多种校正颜色信息参数,如图 24-17 所示。

图 24-17

17. 色彩稳定器

"色彩稳定器"滤镜特效可以根据周围的环境改变素材的颜色,使该层素材与周围环境光统一。其中提供了"稳定"、"黑斑"、"中值斑"、"白斑"和"取样大小"等校正颜色信息参数,如图 24-18 所示。

图 24-18

18. 色阶

"色阶"滤镜特效用于修改图像的高亮、中间色调和暗部色调。可以将输入的颜色级别重新映像到新的输出颜色级别。该滤镜特效对于基础图像质量调整来说是非常重要的,还可以以不同的通道利用柱状图对图像的输入黑色/白色、输出黑色/白色和伽马(Gamma)值进行调整,如图 24-19 所示。

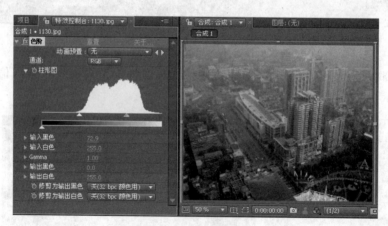

图 24-19

19. 色相位/饱和度

"色相位/饱和度"滤镜特效可以很方便地通过复合通道或单一通道调整图像的色相、饱和度和明度平衡设置,以及彩色化色相、饱和度和明度设置;"色相位/饱和度"滤镜特效中还提供了一个简单而又强大的通道范围,可以指定一个通道范围,使指定范围内的颜色起到相应变化而指定范围以外的颜色不变,如图 24-20 所示。

图 24-20

20. 通道混合

"通道混合"滤镜特效可以用当前颜色通道的混合值修改一个颜色通道,同时可以控制 RGB 通道混合中的每个合成图像,制作出富有创意的颜色效果。红、绿、蓝通道混合选项可以控制所有的 RGB 通道混合,包括所选通道与其他通道的混合程度,还可以进行单色设置,如图 24-21 所示。

图 24-21

21. 阴影/高光

"阴影/高光"滤镜特效可以通过图像的暗部与亮部范围调整图像的明暗度,使图像的明暗层次更加丰富细腻。其中提供了"自动数量"、"阴影数量"、"高光数量"、"临时平滑(秒)"、"场景侦测"和"与原始图像混合"等校正颜色信息参数,更方便了对图像明暗度的调整,如图 24-22 所示。

22. 增益

"增益"滤镜特效可以单独调整每个通道的反应曲线。通过调整"黑色伸缩"参数可以重新设置所有通道的暗部像素值,其中还提供了通道/Gamma、通道/基础和通道/增益等校正颜色信息参数,如图 24-23 所示。

图 24-22

图 24-23

23. 照片滤镜

"照片滤镜"特效可以通过定义不同的滤镜过滤图像中的任意一种颜色。其中还提供了"颜色"、"密度"和"保持亮度"等信息参数，如图 24-24 所示。

图 24-24

24. 转换颜色

"转换颜色"滤镜特效可以在图像中指定一个颜色，然后替换图像中特定的颜色为另一特定颜色，同时也可以设置特定颜色的色调、饱和度、亮度等颜色信息的容差值。其中的从颜色可以转换到颜色，还可以设置"更改"、"更改通过"、"宽容度"、"柔化"和"查看校正蒙板"等校正颜色信息参数，如图 24-25 所示。

图 24-25

25. 自动电平

"自动电平"滤镜特效中提供了"时间线定向平滑"、"场景侦测"、"阴影"、"高光"和"与原始图像混合"等校正颜色信息参数，通过适当调整这些参数使图像整体的色彩发生变化，如图 24-26 所示。

图 24-26

26. 自动对比度

"自动对比度"滤镜特效中提供了"时间线定向平滑"、"场景侦测"、"阴影"、"高光"和"与原始图像混合"等校正颜色信息参数，通过适当调整这些参数使图像整体的亮度发生变化，如图 24-27 所示。

图 24-27

27．自动颜色

"自动颜色"滤镜特效中提供了"时间线定向平滑"、"场景侦测"、"阴影"、"高光"、"吸附中间色"和"与原始图像混合"等校正颜色信息参数，通过适当调整这些参数可以使图像整体的色彩发生变化，如图 24-28 所示。

图 24-28

24.2 校色实例——春夏秋冬

步骤1 设置合成组

打开 After Effects CS4，新建合成组，设置"名称"为"合成 1"，"预置"为"PAL D1/DV"，"宽"为"720px"，"高"为"576px"，"帧速率"为"25 帧/秒"，"持续时间"为"0：00：20；00"。

步骤2 导入素材

双击"项目"窗口空白处，在弹出的"导入"窗口中，分别选择"春"、"夏"、"秋"、"冬"素材，单击"打开"按钮即可导入素材。

步骤 3 编辑素材时间

将"春"素材拖曳到"时间线"窗口,将当前时间线停留在第 4 秒第 15 帧的位置,按"Ctrl+Shift+D"组合键,裁剪素材,将前面部分删除;将当前时间线停留在第 8 秒第 15 帧的位置,按"Ctrl+Shift+D"组合键,裁剪素材,将后面部分删除。然后将当前图层的时间线移动到工作区域的开始点处。

将"夏"素材拖曳到"时间线"窗口,将当前时间线停留在第 1 秒第 10 帧的位置,按"Ctrl+Shift+D"组合键,裁剪素材,将前面部分删除;将当前时间线停留在第 5 秒第 10 帧的位置,按"Ctrl+Shift+D"组合键,裁剪素材,将后面部分删除。然后将当前图层的入点移动到时间线的第 4 秒的位置。

将"秋"素材拖曳到"时间线"窗口,将当前时间线停留在第 4 秒的位置,按"Ctrl+Shift+D"组合键,裁剪素材,将后面部分删除。然后将当前图层的入点移动到时间线的第 4 秒的位置。

将"冬"素材拖曳到"时间线"窗口,将当前时间线停留在第 8 秒第 13 帧的位置,按"Ctrl+Shift+D"组合键,裁剪素材,将前面部分删除;将当前时间线停留在第 11 秒第 17 帧的位置,按"Ctrl+Shift+D"组合键,裁剪素材,将后面部分删除。然后将当前图层的入点移动到时间线的第 12 秒的位置,所有图层的位置如图 24-29 所示。

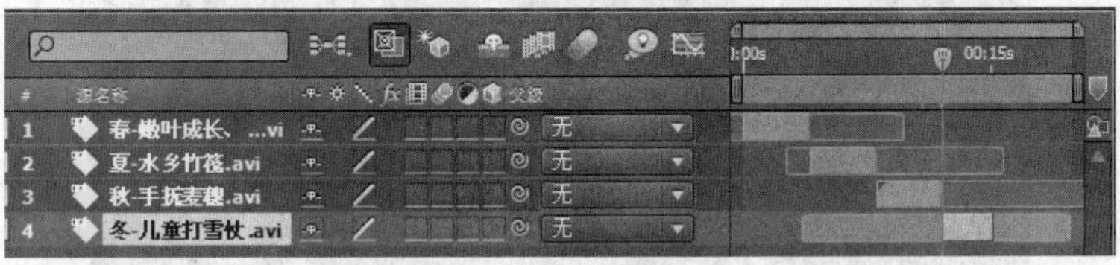

图 24-29

步骤 4 编辑素材大小

在"时间线"窗口空白处右击,在弹出的快捷菜单中执行"新建"→"固态层"命令,新建一个固态层,颜色为黑色。单击"确定"按钮,在"合成"窗口中调整高度和位置,使它置于"合成"窗口顶部,然后按"Ctrl+D"组合键,复制 1 层,并将其置于底部,如图 24-30 所示。

分别选择各个图层,在"合成"窗口上调整大小,使它们构图饱满,充满整个画面。

步骤 5 为素材添加"色彩校正"滤镜特效

在"春"图层上右击,在弹出的快捷菜单中执行"效果"→"色彩校正"→"亮度与对比度"命令,在弹出的"特效控制台"窗口中调整"亮度"为"55.0","对比度"为"35.0"。

图 24-30

在"夏"图层上右击,在弹出的快捷菜单中执行"效果"→"色彩校正"→"曲线"命令,在弹出的"特效控制台"窗口中调整曲线,如图 24-31 所示。

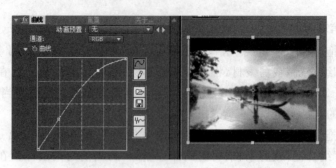

图 24-31

在"秋"图层上右击,在弹出的快捷菜单中执行"效果"→"色彩校正"→"通道混合"命令,在弹出的"特效控制台"窗口中调整"红"为"117","绿"为"91","蓝"为"34"。

在"冬"图层上右击,在弹出的快捷菜单中执行"效果"→"色彩校正"→"色相位/饱和度"命令,在弹出的"特效控制台"窗口中调整"主色调"为"-6.0","主亮度"为"-10",如图 24-32 所示。

图 24-32

步骤 6　制作"春"文字动画特效

在"时间线"窗口下方空白处右击,在弹出的快捷菜单中执行"新建"→"文字"命令,在"合成"窗口中输入文字,在右侧的"文字"浮动面板设置"字体"为"方正舒体","文字大小"为 150px。

选择文字层,选择工具栏的"定位点"工具,将文字"春"的中心点定位在文字的正中央。按 S 键,在第 1 帧处,激活比例前的"时间秒表变化"图标添加关键帧,将当前时间线停留在第 1 秒的位置,在图层左侧的添加关键帧处添加关键帧。然后将当前时间线停留在第 1 帧的位置,将文字"比例"数值调整为"700.0%",如图 24-33 所示。

选择当前文字图层,按"Ctrl+D"组合键,复制一个新的图层,删除关键帧,将当前时间线停留在第 1 秒的位置,按 S 键,打开"比例"属性,激活"时间秒表变化"图标添加关键帧,然后将当前时间线停留在第 2 秒的位置,将"比例"属性的数值调整为 200%。

继续选择该层,按 T 键,打开"透明度"属性,在第 1 秒和第 2 秒的位置分别添加关键帧,然后将当前时间线回到第 2 秒的位置,设置"透明度"值为"0%"。

将当前时间线停留在第 4 秒的位置,按"Ctrl+Shift+D"组合键分别裁切两个"春"文字

图 24-33

图层。第 1 秒第 20 帧的效果如图 24-34 所示。

步骤 7　制作"夏"文字动画特效

用同样的方法，新建文字图层，输入"夏"，"字体"选择"方正幼线简体"，按照做"春"图层拉镜头的动画效果的方法，制作"夏"的文字拉镜头动画。

接下来要制作一个运动的圆环。在"时间线"窗口空白处右击，在弹出的快捷菜单中执行"新建"→"固态层"命令，"颜色"选择白色，单击"确定"按钮，选择工具栏的"椭圆形遮罩工具"，在"合成"窗口空白处绘制一个蒙板，然后再次选择工具栏的"椭圆形遮罩工具"，在"合成"窗口中绘制一个圆形蒙板，按住 Alt 键，可以移动蒙板，在图层属性"遮罩 2"的下拉列表选项里选择"减"，配合蒙板遮罩的其他属性调整，效果如图 24-35 所示。

图 24-34

图 24-35

第 5 秒的位置，裁切圆环；第 8 秒的位置，裁切圆环。

将当前时间线停留在第 5 秒的位置，选择圆环所在层，在图层上右击，在弹出的快捷菜单中执行"效果"→"过渡"→"径向擦除"命令，在弹出的"特效控制台"窗口中激活"过渡完成量"的"时间秒表变化"图标，添加关键帧。将当前的数值调整为"100％"，然后将当前时间线停留在第 6 秒的位置，设置"过渡完成量"的数值为"0％"。

步骤 8　制作"秋"文字动画特效

分别选择"春"的两个图层，按"Ctrl+D"组合键，复制两个层，将新复制的两个图层的时间线移动至"秋"的影像范围的时间标尺上，选择工具栏的"文字工具"，修改两个图层的文字为"秋",在"合成"窗口中调整它们的位置,效果如图 24-36 所示。

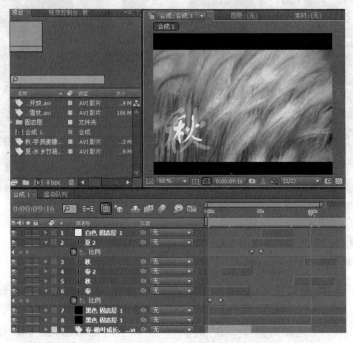

图 24-36

步骤 9　制作"冬"文字动画特效

同样用复制的方法,复制"夏"的文字动画图层,制作"冬"的文字动画特效。设置冬的"字体"为"黑体"。在时间线上将新复制的两层置于"冬"的影像素材范围内,调整位置,如图 24-37 所示。

图 24-37

步骤 10　细节调整动画节奏

进行细节调整,主要是调整动画节奏和动画镜头的融合程度,还有色彩的融合程度等。最终效果如图 24-38 所示。

图 24-38

课堂练习

任务目标：根据所学内容,应用色彩校正。
任务要求：画面色彩明亮饱和,色调统一,合成效果良好。

练习评价

项　目	标 准 描 述	评定分值	得　分
基本要求 75 分	画面色彩明亮饱和	25	
	各个镜头色调统一	25	
	合成效果良好	25	
拓展要求 25 分	色彩有一定表现性	25	
主观评价		总分	

本课小结

基本上用 DV 拍摄的影像作品都需要校色。在拍摄的过程中往往对颜色或者光线的控制并不到位。所以之后的工作都交给后期特效制作人员了。在 After Effects CS4 的"色彩校正"效果里,提供了多种校色滤镜效果。校色的方法多种多样,有时候使用单一的校色方法并不能达到预想的效果,所以往往要结合多种滤镜效果来综合处理,才能达到完美的影像效果。

课后思考

(1) 常用校色方法有哪些?
(2) 列举几种常用的校色工具。

课外阅读

摄像的动态构图

动态构图有两层含义：一是泛指影视构图；二是影视构图形式之一。影视画面中的表现对象和画面结构不断发生变化的构图形式称为动态构图。这是区别于图片摄影构图的一种重要构图形式，也是影视构图最常用的构图形式。在以下三种情况下拍摄，均可得到动态构图。

第一种情况，摄像机不动，被摄对象在动。例如人物从远处向镜头前走来或背向摄像机向纵深走去，景别发生变化，环境不变，人物形体动作和面部表情都能得到一定展示，基本采用静态构图的方法，只是要注意人物在画面中的平衡。

第二种情况，对象静止（例如风景、静物和静止的人物），摄像机在动（推、拉、摇、移、变焦等）。在画面中产生两个以上的视觉中心，构图中心变化，景别也相应地变化。在拍摄中起幅和落幅要有一定停顿，并把主体作为结构中心来处理，由于摄像机是在运动中完成构图的，因此被摄对象的大小、空间位置、透视、光线、调子都要发生新的组合，产生平衡与否的变化，但起幅、落幅的构图不能一推到底，或一拉到底，应停在构图的形式美上。

再如，拍摄甲乙两人促膝谈心，从甲的近景拉出，成为甲正面乙侧面的中景，再以甲为轴心进行横向移摇，使画面变成乙正面甲侧面，运动中伴随着景别和构图中心的变化，环境中不同方向的景物也得到相应的展示，光线方向、明暗对比也发生变化。构图处理有以下几个要点。

① 要抓住前后两个画面的构图中心人物（主体）；
② 在移动时镜头始终对准一位人物，以此为轴改变人物在画面中的位置；
③ 注意速度节奏，在规定情境中掌握好运动的速度。

第三种情况，被摄对象和摄像机都在运动。这是比较复杂的动态构图形式。这样的动态构图最显著的特点是画面空间环境随摄像机运动随时发生变化，给人以耳目一新的感觉。这种情况下，在构图处理上要注意以下几个问题。

① 起幅、落幅有一个相对静止阶段，构图相对完整，摄像机和人物要同步运动，切实做到机随人动，人停机停，尽量不露出摄像机运动的痕迹；
② 人物为结构画面中心，始终处于画面视觉优势地位，不能忽右忽左，忽上忽下，并注意视觉均衡，在运动方向一边留一定空间；
③ 主体人物运动方向和后景中人物运动方向相反，则有助于主体的突出；
④ 主体人物运动，后景中人物相对静止，也有助于主体的突出；
⑤ 利用前景可以加强动态构图的节奏；
⑥ 摄像机运动要做到平、准、稳、匀，和谐自然流畅，不能时急、时缓；
⑦ 注意画面平衡的调整，使构图从不平衡达到新平衡，从运动到静止或由静止到运动，都不能骤然启动或停止，要像司机开车时启动和停车那样平稳。由于摄像机和被摄对象都处在不断的运动状态，必然带来表现元素的不断变化，这样在拍摄中须不断调整画面结构。

动态构图和静态构图相比有以下造型特点。

① 动态构图可以详尽地表现对象的运动过程以及对象在运动中所显示的含义，以及动态人物的表情，例如影片《克莱默夫妇》中克莱默抱着受伤的儿子跑向医院的镜头；

② 画面中所有造型元素都在变化之中，例如光色、景别、角度及主体在画面的位置、环境、空间深度等都在变化之中；

③ 动态构图对被摄体的表现往往不是开门见山、一览无余的，有一个逐次展现的过程，其完整的视觉形象靠视觉积累形成；

④ 动态构图在同一画面里，主体与陪体、主体和环境关系是可变的，有时以人物为主，有时以环境为主，主体可变成陪体、陪体可变成主体；

⑤ 运动速度不同，可表现不同的情绪。

如何处理好动态构图呢？掌握以下几条原则是必要的。

① 以起幅和落幅作为结构画面（构图）重点，不必时时处处谨小慎微，在构图中只要重点画面符合章法就可以了；

② 除了特殊需要外，摄像机应做到平、准、稳、匀，即起幅落幅平稳，中间流畅，画面切忌颤抖和摇晃，速度不能忽快忽慢，更不能容忍在拍摄时来回重复运动，犹如拉风箱；

③ 掌握住节奏，速度的快慢影响节奏，速度的快慢影响观众的情绪，会产生不同的心理效果，速度和节奏不一定成正比，《丹姨》开场慢移动，表达一种追忆、悼念的情绪；

④ 在运动中尽量合理应用前景，例如跟踪拍摄一个人跑步，若无前景则气氛比较平静，若透过树丛栏杆跟摄，树枝和栏杆在镜头前不断掠过，则会产生紧张节奏。

动态构图画面有以下的视觉感受（表意性）。

① 欢快、轻松，《黑驹》中表现马和小主人关系的镜头，《小花》中兄妹相遇镜头；

② 新奇、多变，《不见不散》开场，《真实的谎言》的空中运动镜头；

③ 力度、运动美，《勇敢的心》运动场面，《黑驹》赛马场面中的运动镜头；

④ 动荡不安，《现代启示录》中的"空中骑兵"、"海边暴行"，《七宗罪》中的侦探镜头；

⑤ 紧张、恐慌，《一年又一年》中"裹乱"戏运动镜头，《现代启示录》中林中遇虎。

资料来源：火星时代 http://www.hxsd.com

第25课　抠像与影片合成

在拍摄影片的时候，有时候为了控制成本，需要在室内进行拍摄，然后在后期编辑软件中将背景替换成新的场景；或者为了特殊需求，需要在角色背后合成一段虚拟的影像素材；或者因为其他原因需要将画面某部分去除，这时候就需要用"抠像技术"来对影像进行编辑，然后替换合成新的影像素材。可以使用图像的 Alpha 通道来完成合成工作。带 Alpha 通道的图像可以由计算机软件生成，但是实际拍摄的画面是没有 Alpha 通道的，这就要利用软件的功能和技术手段从画面中提取通道，常把通道提取称为"抠像"，有的也称为"键控技术"。

课 堂 讲 解

> **任务背景**：当用 DV 拍摄了一段精彩的视频，但是天空太灰太冷，令影像视觉效果大打折扣，你可能想过，能否在后期制作中去除灰色的背景，然后替换成蔚蓝色的天空，而且天空中还有飞翔的小鸟？
>
> **任务目标**：运用抠像滤镜特效，对影片进行抠像，掌握各种抠像方法处理影像，并对影片进行新的效果合成。
>
> **任务分析**：综合运用"键控"抠像滤镜特效，对画面进行重新组合，"张冠李戴"或者"移花接木"，往往能达到非常不错的创意效果。

25.1 抠像滤镜在影视中的运用方法

在数字技术日益进步的今天，"通道提取"成为数字合成的重要功能，我们把"通道提取"称为"抠像"。蓝屏幕技术是提取通道的最主要的手段，它是在单色背景前拍摄人物或其他前景内容，然后利用色度的区别，把单色背景去掉，合成新的影片。

在 After Effects CS4"效果"下的"键控"中提供了多种抠像方法，包括差异蒙板、亮度键、色彩范围、提取（抽出）、线性色键、颜色键、溢出控制等滤镜特效。

执行"效果"→"键控"命令，即可打开相应的滤镜。

针对不同影像素材可以应用不同的滤镜效果，直到最终达到完美的抠像，接下来将对键控里的抠像滤镜特效进行讲解。

1. CC 简单金属丝移除

在拍摄外景的时候往往要吊钢丝（或称"威亚"），有时候在室内拍摄也需要吊钢丝，然后在外景匹配镜头拍摄，并进行影像合成。"CC 简单金属丝移除"滤镜对钢丝的去除就非常方便。

将素材"wy2"导入（可自行选择素材进行学习），应用"CC 简单金属丝移除"滤镜。调整"点 A"、"点 B"的数值可控制金属丝的起始点，然后调整"厚度"属性值，即可看到抠出效果，如图 25-1 所示。

2. Keylight

"Keylight"滤镜除了抠像的效果很出色外，对整个画面的调和也是非常迅速，选择"屏幕色"右侧的吸管工具，可吸取所要抠取的颜色，配合"屏幕增益"和"屏幕调和"属性调节，可以达到完美的抠像效果，如图 25-2 所示。

图 25-1

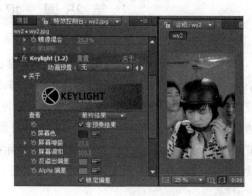

图 25-2

3. 差异蒙板

"差异蒙板"滤镜适合固定机位拍摄的素材,通过比较一个原层和它的一个差别层,使颜色与位置都相同的像素透明。

将"鸽子2"和"航拍海边"素材导入,将"鸽子2"素材应用"差异蒙板"滤镜后,在"差异层"选项中选择"航拍海边"素材,效果如图25-3所示。

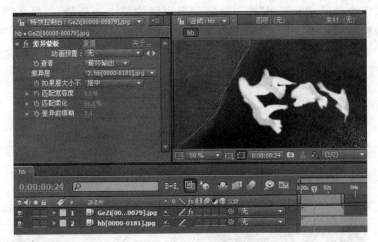

图 25-3

4. 亮度键

"亮度键"可以键出与指定亮度相近的像素,有以下四种键出方式。

"亮部抠出":抠出值大于阈值,把较亮的部分变为透明。

"暗部抠出":抠出值小于阈值,把较暗的部分变为透明。

"抠出相似区域":抠出阈值附近的亮度。

"抠出非相似区域":抠出阈值范围之外的亮度。

将"鸽子"和"塔"素材导入。将"鸽子"素材应用"亮度键"滤镜后,"键类型"选择"抠出非相似区域",增加"亮度与对比度"和"曲线"滤镜后调整参数,效果如图25-4所示。

图 25-4

5. 色彩范围

"色彩范围"可以在 RGB、YUV、LAB 颜色空间中使一定颜色范围的区域产生透明,适合有多个背景色、亮度不均匀、背景有阴影区域的蓝色背景或绿色背景素材的抠像。

颜色空间控制可以调整颜色范围的最大值与最小值,其功能可以用"增加颜色工具"和"减少颜色工具"来键出色。"L,Y,R"控制指定颜色空间的第一个分量;"a,U,G"控制指定颜色空间的第二个分量;"b,V,B"控制指定颜色空间的第三个分量。"最小"对颜色范围的开始部分进行精细的调整,"最大"对颜色范围的结束部分进行精细的调整。

将"水波"素材导入,应用"色彩范围"滤镜后调整参数,效果如图 25-5 所示。

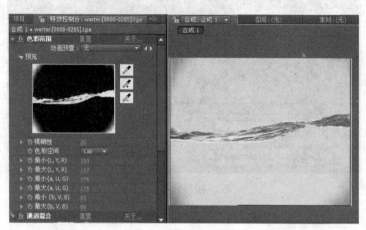

图 25-5

6. 提取(抽出)

"提取(抽出)"滤镜适合白色背景或者黑色背景拍摄的素材,或者背景和前景有较大反差的素材。可以按照亮度、红、绿、蓝、Alpha 通道来控制透明区域的剪除。控制窗口中的柱形图反映出图像像素的亮度分布,透明控制灰色棒覆盖的亮度区域表示不透明区域,可以调整透明区域边缘的柔和度,还可以反转透明与不透明区域。

将"鸽子 2"和"航拍海边"素材导入,再将"鸽子 2"应用"提取(抽出)"滤镜后调整参数,效果如图 25-6 所示。

图 25-6

7. 线性色键

"线性色键"是基于 RGB、Hue、Chroma 的选择,控制键出色产生透明区域,区域的范围可以通过容差来调整,区域的边缘可以柔化处理。也可以通过它保留前面使用键控变为透明的颜色。例如,键出背景时对象身上与背景相似的颜色也被键出,可以应用线性颜色键控,返回对象身上被键出的相似颜色。

将"踩滑轮"素材导入,应用"线性色键"滤镜,用"颜色吸管工具"在"合成"窗口吸取蓝色,通过"增加颜色选区"和"减少颜色选区"选项增加或减少选区,调整参数,效果如图 25-7 所示。

图 25-7

8. 颜色差异键

"颜色差异键"把图像分成两个遮罩,即遮罩 A 和遮罩 B,其中遮罩 B 是键控色区域,遮罩 A 是键控色之外的遮罩区域。然后组合两个遮罩,得到第三个遮罩,成为 Alpha 遮罩,颜色差值键控产生一个明确的透明值,它适合处理含有透明或半透明区域的素材。

🖋 从原图中吸取键出颜色。

🖋 从预览视图中单击透明区域,透明该区域。

🖋 从预览视图中单击不透明区域,不透明该区域。

将"水波"等素材导入,将"水波"应用"颜色差异键"滤镜后调整参数,再增加"色阶"滤镜,效果如图 25-8 所示。

9. 颜色键

"颜色键"滤镜可以键出所有与指定颜色相近的像素,对于单一的背景颜色可以使用此工具。当选择一个键出色后,该颜色区域变为透明,同时可以控制键出色的容差值和透明区域边缘的缩放,还可以对键控的边缘进行羽化,消除杂边。

图 25-8

将"俯拍的单人舞"素材导入,应用"颜色键"滤镜后调整参数,效果如图 25-9 所示。

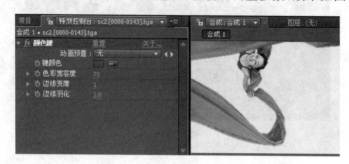

图 25-9

10. 溢出控制

由于背景颜色的反射,键出图像的边缘通常都有背景色溢出,用"溢出控制"滤镜可以消除图像边缘残留的键出色。如果该效果不明显,可以用"调色工具"如"色相/饱和度"等来降低某种颜色的饱和度,以达到同样的效果。

25.2 抠像实例——电视广告

步骤 1 创建图像合成组

打开 After Effects CS4,单击"项目"窗口下方的"新建合成"按钮,在弹出的对话框中设置图像合成,单击"确定"按钮。

步骤 2 导入影像素材

双击"项目"窗口空白处,在弹出的"导入"窗口中选择"水波"、"鸽子"、"bg"、"护士",单击"打开"按钮。将素材从"项目"窗口分别拖曳到"时间线"窗口上,排列图层位置,如图 25-10 所示。

图 25-10

步骤 3 添加"颜色差异键"到"水波"素材

选择第一层的"水波"图层,在图层上右击,在弹出的快捷菜单中执行"效果"→"键控"→"颜色差异键"命令。

在弹出的"特效控制台"窗口里用 ✎ 从原图中吸取键出颜色;用 ✎ 从"合成"窗口中单击透明区域,使该区域透明,如图 25-11 所示。

图 25-11

在"合成"窗口中,将"水波"的位置调整到画面下部的三分之一处。

步骤 4 添加"颜色键"和"色彩范围"到"护士"素材

选择"护士"层,应用"颜色键"滤镜,在"特效控制台"窗口中,用"吸管工具"在"合成"窗口吸取蓝色,然后在"特效控制台"窗口中调整"色彩宽容度",如图 25-12 所示。

继续选择"护士"层,应用"色彩范围"滤镜,在"特效控制台"窗口中,结合"吸管工具"和"增加颜色吸管工具",来吸取蓝色,进行蓝色抠出。将"模糊性"属性调整为"30",如图 25-13 所示。

步骤 5 为"bg"层添加"三色调"滤镜,调整颜色

单击"水波"层和"鸽子"层前的眼睛图标,隐藏图层画面。选择"bg"图层,在图层上右

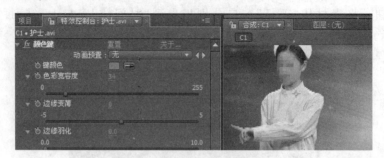

图 25-12

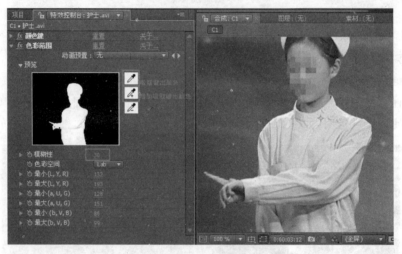

图 25-13

击,在弹出的快捷菜单中执行"效果"→"色彩校正"→"三色调"命令,在弹出的"特效控制台"窗口中将"中间色"修改为蓝色,如图 25-14 所示。

图 25-14

步骤 6 为"鸽子"层应用图层混合模式,消除黑色

选择"鸽子"图层,执行"图层"→"混合模式"→"添加"命令,此时"合成"窗口中的黑色被隐去,如图 25-15 所示。

步骤 7 调整各个图层的长度,设置工作区域,渲染输出

选择"护士"层,将当前时间线停留在第 3 秒的位置,按"Ctrl+Shift+D"组合键,裁切时间线,将多余的一截删除。用同样的方法,将 bg 图层多余的一截也裁切掉。然后将工作区域栏结束点拖曳到第 3 秒的位置,按"Ctrl+M"组合键进行渲染输出,最终效果如图 25-16 所示。

第6章 After Effects CS4 常用功能工具应用

图 25-15

图 25-16

课堂练习

任务目标：将影像素材的背景用抠像功能将之去除，然后合成一段新的背景，使之达到完美的视觉效果。

任务要求：画面干净，不穿帮，边缘无锯齿，合成效果良好。

练习评价

项 目	标 准 描 述	评定分值	得 分
基本要求 75 分	画面干净	25	
	抠像边缘与背景融合完美	25	
	边缘无锯齿	25	
拓展要求 25 分	合成效果完美	25	
主观评价		总分	

本课小结

抠像是影视后期合成中非常重要的功能之一,也是电影、电视剧拍摄常用的辅助方法之一。在拍摄影片时,如要合成背景,一般需要布上蓝色或者绿色背景,然后在后期里将蓝色或者绿色背景去除,并替换成新的背景。在 After Effects CS4 里,抠像的方法多种多样,有时候使用单一抠像方法并不能达到预想的效果,所以往往要结合多种滤镜抠像方法来综合处理,才能达到完美的影像效果。

课后思考

(1) 抠像方法有哪些?
(2) 为什么在拍摄时用蓝色背景或者绿色背景而不用其他颜色的背景呢?

课外阅读

摄像技艺——综合构图

综合构图是指在一个镜头画面里,交叉出现静态和动态两种构图形式,也叫多构图。综合构图在拍摄过程中,摄像机可能时动时静,被摄对象也可能时动时静,具体地讲摄像机和被摄对象之间的动静关系有以下几种情况。

① 摄像机三固定(即机位、光轴、焦距固定),对象相对静止;
② 摄像机固定,对象时动、时静;
③ 摄像机运动,对象静止或运动;
④ 摄像机时动时静,对象也时动时静。

综合构图多和"长镜头"结合在一起,表现一个比较复杂的情节内容。

对综合构图的运用不能随心所欲、无目的的滥用,而应作为一种有力的表现手段,有目的使用。在以下几种情况下可以考虑运用综合构图。

1. 表现比较复杂的情节内容(故事片、电视剧)或信息量比较大

英国故事片《法国中尉的女人》序幕中的第一个镜头很具有代表性,它表现的内容情节十分复杂,在一个镜头里同时表现了两个时空:一个是现代时空(80年代)的某个剧组在某外景地拍电影;另一时空是英国1876年维多利亚时代的莱姆镇。这是一个运用多种拍摄方式(固定、变焦、摇、移、升降等)拍成的综合构图的镜头。人物和摄像机的调度,不断地改变着景别,展示不同的空间。"拍板"、"化装"的静态构图和移摄的动态构图,改变着情节的含义,前者是拍摄现场,后者则变成了戏剧场面。景别的改变、角度的俯仰变化改变着环境,从而表现了不同的气氛,产生了不同的视觉感受。这里综合构图的效果,起到了激起观众不同的情绪反映的作用。

2. 表现人物连续的行为动作

在综合构图的镜头画面中,人物的行为动作往往是有行有止(即行动位移或相对静止),其整个过程用运动和固定摄影的方式连续不间断地予以展示,近而细腻地表现出人物的行为动作。电视连续剧《牵手》第八集中,夏小雪到原来的丈夫钟瑞家取离婚证的一个镜头,就是这种综合构图镜头:夏小雪开门进入客厅,接着到钟瑞卧室,从书桌抽屉里拿到离婚证,之后走到房门欲走又停下,脱掉外衣又回到钟瑞卧室,拿起钟瑞的被子闻了闻,有一股味道,拆下送到洗衣机里,然后又到餐厅收拾碗筷、酒瓶送到厨房,最后到儿子卧室收拾衣物……整个连续动作用一个镜头画面,摄像机时动时静,人物也时动时静,深刻地表现了夏小雪对前丈夫的留恋情感。

3. 表现人物内心情绪的复杂变化

电视连续剧《一年又一年》,林平平不满意现实的工作和生活,要去美国自费留学,在主意拿定并在快办好出国手续的情况下,才告诉自己的丈夫陈焕,陈焕得知这突如其来的消息后十分恼火,大发脾气……镜头开始用固定镜头拍陈林对话,在交谈中林出画,陈跟上林,镜头跟摇成两人的近景,林发火之后,气愤满腹,急速开门而出。这是一个综合构图的长镜头。人物时动时静,摄像机也时动时静,通过角度、景别、背景的不断变化细腻地表现了林平平、陈焕夫妻之间的情绪变化。

4. 表现情节的复杂变化

有些事件和情节的矛盾冲突可能有跌宕起伏、大起大落,变化很大,可用综合构图,它能使冲突过程在连续不断地拍摄中得到突出表现。如电影《小花》中,祠堂一场戏就是如此。其情节内容是小花错怪哥哥春生包庇坏人,找连长告状,连长知道事实真相,将小花领回村,来找春生"算账",路经祠堂正遇国民党士兵,引起小花怀疑……这样复杂的情节是用一个长镜头拍下来的,是典型的综合构图。

资料来源:百度 http://www.baidu.com

第 26 课　动态影像跟踪

跟踪特效在影视里是常用的特效之一,在 After Effects CS4 中运用跟踪功能可以非常方便地对影像中的素材进行替换、覆盖并跟随运动。

课堂讲解

任务背景:如果用 DV 拍摄了一段精彩的视频,但是拍摄完毕观看的时候,发现有些地方需要替换,怎么办?After Effects CS4 能解决这个问题。
任务目标:用 After Effects CS4 的跟踪功能,制作完美影像跟随动画效果。
任务分析:替换 LOGO 是在影视作品中常用的特效合成之一,掌握这些基本功能对影像的合成有很大的帮助。

26.1 跟踪在影像中的运用

在影像的后期制作中，运动跟踪是功能非常强大的工具，运动跟踪的原理是跟踪器根据在第 1 帧选择的区域中的像素作为标准，来记录后续帧的运动。例如有一段拍摄汽车的影片，后期需要把汽车的车牌号码替换掉，那么可以先准备一个车牌号码图像，然后利用 After Effects CS4 的跟踪技术，将新车牌号码图像的运动与原影像上的车牌号码的运动轨迹一致，并将它们的位置重叠放置，就可以达到"移花接木"的影像特效，如图 26-1 所示。

图 26-1

在 After Effects CS4 中可以对位置、旋转、位置及旋转、仿射边角和透视边角进行不同方式的跟踪。对于不同类型的运动要采用不同方式的跟踪，有时候还需要定义多个跟踪区域才能完成最终效果。

在"时间线"窗口中，选择要进行跟踪的图层，执行"动画"→"动态跟踪"命令，打开"跟踪预览"窗口和"跟踪控制参数设置"对话框，如图 26-2 所示。

应用跟踪时，合成图像中应该至少有两个层，一个为跟踪目标层，一个为连接到跟踪点的层。跟踪时需要调整特征区域和搜索区域，使其尽可能小，这样可以提高跟踪的精度和速度，跟踪方式有以下几种。

1. 位置跟踪

位置跟踪将其他层或是本层中具有位置移动属性的特技参数连接到跟踪对象的跟踪点上，它只有一个跟踪区域。在进行位置跟踪时，可以将一个层或者效果连接到跟踪点上，但是因为位置跟踪具有一维属性，只能控制一个点，所以当物体产生歪斜或透视效果时，位置跟踪不能随物体的透视角度而发生变化。

图 26-2

2. 旋转跟踪

旋转跟踪将被跟踪物体的旋转方式复制到其他层或是本层中具有旋转属性的特技参数上，它具有两个跟踪区域。在进行旋转跟踪时，第一个特征区域到第二个特征区域轴上的箭头决定一个角度，并且将这个旋转的角度赋值到其他的层上，使其他层上的物体对象与被跟踪的物件以相同方式旋转。

3. 位置及旋转的跟踪

位置及旋转的跟踪,结合了位置跟踪和旋转跟踪的特点,它具有两个跟踪区域。在进行这种跟踪时,跟踪工具通过两个跟踪区域相对的位置移动计算出物体的位移及旋转角度,并将这个位移和旋转角度的值应用到其他层,使其他层上的物体与被跟踪的物体以相同的方式运动。

4. 平行边角跟踪

平行边角跟踪使用 3 个跟踪点跟踪倾斜并旋转,但不是透视的画面。当对跟踪点进行分析计算后,并将上面定义的 3 个跟踪点计算出第 4 个点的位置信息并转化为 Corner Pin 的关键帧,系统将自动为连接层添加边角钉效果,该效果将控制连接层 4 个角的位置,于是就可以看到连接层产生歪斜和旋转运动。

26.2 跟踪实例——小红花

步骤 1　新建合成组,设置合成组

打开 After Effects CS4,执行"图像合成"→"新建合成组"命令,设置"合成组名称"为"C1",设置"预置"为"PAL D1/DV","帧速率"为"25 帧/秒","持续时间"为"0:00:10:00",单击"确定"按钮。

步骤 2　导入影像素材

双击"项目"窗口空白处,在弹出的"导入"窗口中,选择准备好的素材"小女孩"和"小红花",单击"打开"按钮。然后将素材从"项目"窗口拖曳到"时间线"窗口上。选择"小女孩"图层,按 S 键,打开"比例"属性,在数值上拖曳,将影像放大为"103%"。

选择"小女孩"图层,将当前时间线停留在第 2 秒第 18 帧的位置,按"Ctrl+Shift+D"组合键,裁切素材,将前部分删除,然后将素材入点移动到时间线工作区域栏的起点位置,如图 26-3 所示。

图　26-3

步骤3 将"小女孩"应用"动态跟踪"

选择"小女孩"图层,在图层上右击,在弹出的菜单中选择"动态跟踪"(或者执行"动画"→"动态跟踪"命令)。

步骤4 调整跟踪点的位置以及跟踪区域的大小

此时在"合成"窗口会弹出跟踪预览窗口并出现一个跟踪图标,同时在软件右侧弹出"跟踪"窗口。在跟踪预览窗口中将跟踪点小心地调整到女孩头部的一个比较明显的色块上,调整跟踪区域和特征区域大小,在调整的时候可以放大窗口以方便操作,如图26-4所示。

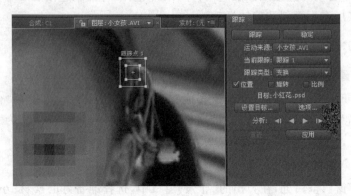

图 26-4

步骤5 在"跟踪"窗口中设置跟踪属性

在"跟踪"窗口中,设置"跟踪类型"为"变换",勾选"位置"复选框,设置目标为"小红花",单击"选项"按钮,在"通道"中,点选"RGB"单选按钮,勾选"跟踪区域"和"子像素定位"复选框,单击"是"按钮,如图26-5所示。

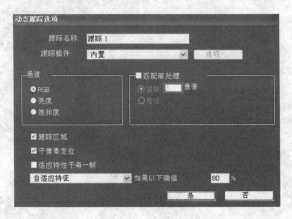

图 26-5

步骤6 应用和调整跟踪效果

设置好后,将当前时间线停留在第1帧,回到"跟踪"窗口,单击"分析"的"向前分析"按钮,开始分析。观看在预览窗口中跟踪点的轨迹变化,当运算完毕后,拖曳预览窗口中的时间指示器指针,检查跟踪是否出现偏差,如果跟踪点在某个时间点开始出现偏差，可以将时间线停留在该帧重新设置跟踪区域，并重新分析运算。直到达到完美的跟踪效果。然后单击"应用"按钮，系统会将"小红花"应用到跟踪点上。此时在"时间线"窗口中，两图层会自动生成若干关键帧。在"合成"窗口可以看到跟踪效果，如图 26-6 所示。

图 26-6

步骤7 渲染输出

按 0 键，可以预览动画，小红花已经稳当地跟踪在女孩的头部了。接下来保存文件，并渲染输出。最终效果如图 26-7 所示。

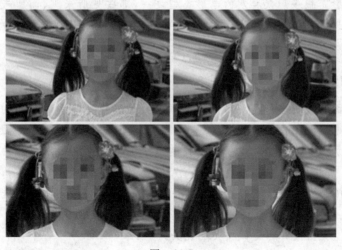

图 26-7

课堂练习

任务目标：按照本课的教程实例方法，找一段视频，制作一个影视元素的替换，得到最后的合成效果。

任务要求：画面干净完好，制作效果精致，不穿帮，合成效果良好。

练习评价

项 目	标 准 描 述	评定分值	得 分
基本要求 75 分	跟踪效果明显，制作精细	25	
	不穿帮，合成完美	25	
	正确输出影片	25	
拓展要求 25 分	影像画面干净，效果完好，有创意	25	
主观评价		总分	

本课小结

在本课中学习了 After Effects CS4 的动态跟踪特效，动态跟踪的原理是使影像元素生成连续的位移或者旋转，或者缩放关键帧，而最终形成动画效果。动态跟踪无论在电影里还是在其他影像特效编辑里都是常见的特效之一。

课后思考

（1）动态跟踪的方式有哪些？

（2）将收集来的素材，制作一个动态跟踪效果。

课外阅读

科幻电影制作技术

科幻类电影是很多观众喜欢的电影类型之一，那些见所未见、闻所未闻的画面常会使观众流连忘返，身临其境。但是你知道这些现实中没有的画面是怎么做出来的吗？科幻类电影会涉及以下几种特技制作手段。

1. 前期拍摄特技

前期拍摄的特技更多地是利用传统蓝幕以及仿真模型等手工制作的特技手段。蓝幕背景在普通电影加工中，已经成为节省聘请观众演员等开销的廉价手段。而好莱坞更是给仿真模型加入了高精密的电子机械控制装置。科幻类电影用到的拍摄特技大概包括以下几种。

① 蓝（绿）幕背景：拍摄室内外的各类特技镜头，以方便后期制作中进行抠像合成。

② 高空航拍：模拟飞行物的视角以及追逐场景的大全景视角。

③ 仿真模型：拍摄实物局部和灾难镜头。

④ 慢拍快放：模拟各类高速运行对象的视角。
⑤ 镜头特技：利用镜头外和镜头内的视觉错觉来制造特殊视觉效果。

2．三维动画特技

三维动画特技主要用于在实拍中无法用其他方法实现的各种效果。当前用得最多的除了怪物与飞船，就是烟火与环境。大型灾难片的焰火背景和本来就不存在的幻想空间，使用三维技术就要比实拍模拟廉价而高效。科幻片里预计用到的三维技术大概包括以下几种。

① 仿真角色：模拟不明生命体的造型和运动。
② 变形对象：各种变形对象、随机变化的环境、柔软的类生命体、制作图像扭曲辅助通道。
③ 粒子特效：火焰发射器、星空背景、沙尘、群体动画、动态遮罩。
④ 仿真场景：异度空间的远景、类生命体的飞船、幻想的植物与建筑。
⑤ 灯光模拟：各种光效元素、体积光、闪光、三维镜头光斑。

3．合成特技

合成特技在影片制作中通常被笼统地归纳成影视后期。如果把前期拍摄和三维动画都归纳成前期素材的准备，那么后期合成特技就可以称之为输出成最终成品效果的最后一关了。需要合成特技来完成的镜头几乎包含了整个影片的所有特技部分。最常见的效果包括后期抠像、动态遮罩、各种光效和扭曲。科幻片里预计用到的合成技术大致包括以下几种。

① 蓝(绿)幕抠像：用于特技摄影中各种人物和场景。
② 删除和增加配色素材中的对象。
③ 跟踪：匹配前期拍摄的镜头或对象运动，三维与实拍素材合成的位置参考、人物修饰的参考、光效的位置匹配等。
④ 调色：匹配所有实拍场景、抠像人物、三维对象在同一镜头里的色彩，弥补前期拍摄各种环境影响的色彩缺陷。

科幻类电影是电影艺术家们根据传说或者想象而成的，现实中少见或者不存在的影像构成的电影。通过借助于当今电脑技术的虚拟现实和模拟仿真等，可以实现超越现实的物体，比如怪物和外星人等。

资料来源：国际 CG 创意产业门户 http://www.cgfinal.com

第 27 课 画面的稳定

如果不是为了特殊的艺术效果，画面的稳定是影片质量的重要保证。但是在一些特殊原因下，拍摄的影像画面往往抖动得厉害，不够令人满意，这时候就需要来进行后期处理。After Effects CS4 就有这样的稳定功能。

课堂讲解

任务背景：你可能曾经拍摄过电影短片或者 DV 视频，但是画面抖动得厉害。没关系，可以用 After Effects CS4 进行后期编辑。

任务目标：根据具体需求，将抖动的视频片段进行画面稳定。

任务分析：在进行画面稳定分析的时候，找到画面的"稳定参考点"非常重要，这个参考点一般是颜色或者亮度比较突出或者较其他的视觉元素要明显。然后运用"运动稳定器"对画面进行稳定分析。

27.1 画面稳定技术

画面拍摄时的抖动现象是很多拍摄者都不可避免的问题。在电影中，画面的抖动也是常会出现的失误。特别是在航拍过程中，飞机的抖动效果更是无法避免，这时候就需要运用稳定功能，来改善画面效果。

运动稳定是首先通过特征点的起始位置和相对于其他点的起始角度，然后分析运算后续帧特点的位置和角度，再为层的锚点和角度属性添加关键帧。这些关键帧的运动方向和旋转角度都和特征点的运动方向、旋转方向相反，这样就抵消了画面的晃动和旋转。

在运用"运动稳定器"的时候，找到画面中的"稳定参考点"非常重要，这个参考点一般颜色或者亮度比较突出或者比其他的元素要明显。

27.2 画面稳定运用实例

步骤 1　设置新建合成组

打开 After Effects CS4，新建合成组，设置"合成组名称"为"稳定"，取消勾选"纵横比锁定"复选框，设置"宽"为"320px"，"高"为"240px"，"像素纵横比"为"D1/DV PAL"，"帧速率"为"25 帧/秒"，"持续时间"为"0:00:05:00"，单击"确定"按钮。

步骤 2　导入素材

在"项目"窗口空白处双击，在弹出的"导入"对话框中选择"稳定"影像素材，单击"打开"按钮即可导入素材，随后将素材从"项目"窗口拖曳到"时间线"窗口上。

步骤 3　应用"运动稳定器"

选择图层，执行"动画"→"运动稳定器"命令，"合成"窗口将转到稳定预览窗口，并弹出"跟踪"窗口，在"跟踪"窗口中，勾选"位置"和"旋转"复选框，此时稳定预览窗口将出现"跟踪点 1"和"跟踪点 2"，如图 27-1 所示。

步骤 4　调整跟踪点

此时在稳定预览窗口中需要寻找到两个比较明显的位置作为"跟踪点 1"和"跟踪点 2"。选择这两个点的原则是，颜色的色块一定要比较明亮和明显，以便跟踪点进行跟踪和稳定。

设置的两个点的位置位于画面中央的两个小高光点处。在预览窗口中调整跟踪点、搜

第6章 After Effects CS4 常用功能工具应用

图 27-1

索区域和特征区域，调整跟踪点和特征区域的时候，放大窗口，以便更加精确地定位跟踪点，如图 27-2 所示。

步骤 5　设置跟踪稳定属性

在"跟踪"窗口中，单击"选项"按钮，在弹出的"运动稳定器选项"对话框中，在"通道"栏里勾选"亮度"和"子像素定位"复选框，单击"是"按钮。

步骤 6　分析并应用运动稳定器

图 27-2

将当前时间线停留在第 1 帧的位置，回到"跟踪稳定"浮动窗口，单击"分析"的"向前分析"按钮进行分析。分析完毕后，两个跟踪点应该有一条运动轨迹，检查运动轨迹有没有非常大的偏差，如果有非常大的偏差，则将当前时间线停留在当前位置，调整跟踪点，并重新分析。确认后，单击"跟踪稳定"窗口下方的"应用"按钮，进行应用。此时窗口将自动转换到"合成"窗口，按空格键预览稳定后的影像。在"图层"窗口上，会自动生成关键帧，如图 27-3 所示。

步骤 7　调整"合成"窗口画面效果

应用运动稳定后，发现在"合成"窗口中某些帧上的画面偏离了中心，而出现了白色背景。这正是稳定后的结果。

选择"稳定"图层，执行"图层"→"预合成"命令，点选"移动全部属性到新建合成中"单选按钮，单击"确定"按钮。回到"时间线"窗口上，选择该合成图层，按 S 键，显示"比例"属性，调整数值，放大影像，使白色背景显示不见。

步骤 8　调整影像效果，渲染输出

此时运动稳定已全部完成，可以继续合成其他效果。按"Ctrl＋S"组合键保存项目，按"Ctrl＋M"组合键，输出影像，最终效果如图 27-4 所示。

课堂练习

任务目标：将抖动的影像编辑得平稳些，最终完成影像的编辑。
任务要求：画面平稳，影像效果良好。

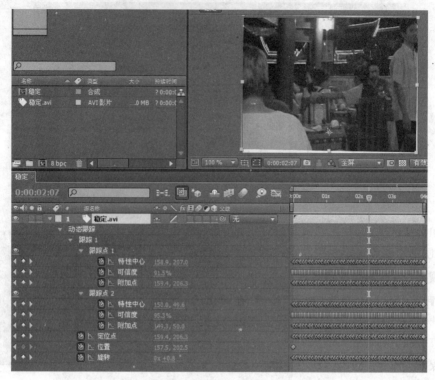

图 27-3

图 27-4

练习评价

项　　目	标 准 描 述	评定分值	得　分
基本要求 90 分	画面平稳	30	
	跟踪效果良好	30	
	输出效果良好	30	
拓展要求 10 分	合成效果良好	10	
主观评价		总分	

本课小结

稳定是影视后期处理中的重要功能，也是常用的影像合成效果之一。摄像机的抖动是不可避免的，虽然在后期可以进行处理，但是在前期拍摄中注意这些基本的操作也是很有必要的。

课后思考

在拍摄中,保持摄像机稳定有哪些方法?

课外阅读

练好摄像基本功

虽然说"工欲善其事,必先利其器",但是对于广大 DV 爱好者来说,拥有一台好的摄像机与拍摄出令人心旷神怡的作品之间还有很长的路要走。而摄像技巧无疑是这段路的起点,只有掌握了良好的摄像技巧,才能为做出好的 DV 作品打下坚实的基础。

1. 摄像一定要稳

稳,是摄像爱好者要牢记的第一要素。稳定的画面让人看了感觉非常舒服。如果画面不稳定,那么整个画面就会抖来抖去,让人看不清楚主体,很难理解你的拍摄意图。而且画面让人看得眼花缭乱,造成心理上的影响,让人感觉心烦意乱、十分焦躁。这一点就不从心理学解释,只是简单想一想,一个物体在眼前跳来跳去,想看清楚它又看不清,你的心情会好吗?所以保持画面的稳定性是摄像的第一前提,不管是推、拉、摇、移、俯、仰、变焦等拍摄,总是要围绕着怎样维持画面的稳定展开工作,这样才能拍摄出好的素材。总结起来,保持画面的稳定从以下 3 个方面可以很好地解决。

(1) 条件允许的时候坚决使用三脚架

使用三脚架是保持画面稳定最简单也是最好的方法,其实电视台无论拍摄电视剧还是拍摄晚会都会使用三脚架,因为这样可以最大限度地保持画面稳定。有的人会说,电视台在拍摄新闻的时候不使用三脚架也非常稳,但是那是由于电视台的摄像师是专业人员,有很强的基本功,而且他们使用的都是肩扛式的机器。普通的摄像爱好者使用的是小机器,而且基本功和他们相比有天壤之别,所以,要保持画面的高度稳定,使用三脚架是最为稳妥的方式。这里建议广大摄像爱好者购买那些轻便的三脚架,不仅方便携带,而且还可以更大地突破环境的限制,在各种场合使用。

(2) 保持正确的拍摄姿势

正确的拍摄姿势包括正确的持机姿势和正确的拍摄姿势。持机姿势没有固定的模式,因摄像机的不同而不同,但是一般在开取景器的时候一定要用左手托住取景器,否则极易造成摄像机的晃动。

拍摄姿势主要有站立拍摄和跪姿拍摄。在站立拍摄时,用双手紧紧地托住摄像机,肩膀要放松,右肘紧靠体侧,将摄像机抬到比胸部稍微高一点的位置。左手托住摄像机,帮助稳住摄像机,采用舒适又稳定的姿势,确保摄像机稳定不动。双腿要自然分立,约与肩同宽,脚尖稍微向外分开,站稳,保持身体平衡。在摇时应将起幅放在身体不舒服位置,将落幅放在身体舒服位置,在条件允许的情况下尽量做到两脚不动。采用跪姿拍摄时,左膝着地,右肘顶在右腿膝盖部位,左手同样要托住摄像机,可以获得最佳的稳定性。在拍摄现场也可以就地取材,借助石头、栏杆、树干、墙壁等固定物来支撑、稳定身体和机器。姿势正确不但有利于操纵机器,也可避免因长时间拍摄而过累。如果有摇的镜头时也要从不舒服位置向舒服位置摇。还有要注意的是不要玩潇洒,避免一手拿着机器拍来拍去或是边走边拍。

(3) 练好拍摄的基本功

练好基本功会为你的拍摄效果提供更好的保障,不仅可以提高拍摄稳定性,也可以提高各方面质量,你将会为基本功的提高受益无穷。基本功的练习一是要多拍;二是要多看,看看别人或是电视中的画面是怎样,多多学习。总之,基本功的练习不要求冬练三九,夏练三伏,多多注意积累就可以了。

2. 学会构图是摄像水平提高的关键

同绘画和摄影一样,摄像也是一种艺术手法,线条的明快以及画面的和谐是关键,好的构图不仅让人感觉主题明确,而且会给人以视觉和心理上的冲击。所以,摄像水平提高,必须从构好图这个环节入手。摄像构图要从以下几个方面开始。

(1) 合理利用远、全、中、近、特

远景一般就是将摄像的镜头拉到最大附近,摄像取景达到摄像机所能取得的最大范围,一般在表现宏大场面时使用,主要是为了让人觉得气势磅礴、规模巨大。全景一般指将一个事物的全貌展现给大家,例如拍摄人的全景,是将人从头到脚全部收到镜头里面,让人了解事物的全貌。中景是指只取事物的一部分,但是能够突出主体而且基本上可以表现全部的部分,例如人物构图,一般是指通常所说的半身照,但是这里要特别注意,拍摄人的中景时切忌在人的关节例如膝盖、腰部截图。近景一般是着力刻画细节时使用的表现手法,例如专拍人物的面部表情。特写就是进一步的刻画,这个在拍摄小动物时用得比较多,例如拍摄花瓣上的蜜蜂就必须用特写的手法来拍摄。景别的取舍主要根据拍摄所要表达的主题来选择,我们不是为了构图而构图,这一点一定要牢记在心。

(2) 学会黄金分割点构图和三分之一构图

数学我们学过,0.618是黄金分割点,一个画面一般是将水平方向分割成0.618和0.382。一个画面当中在黄金分割点的事物是最能引起视觉注意的坐标,而不是浅显感觉的中点,所以在构图时候,尽量避免将主体放在中心的做法,当然不是绝对,如果有了陪体,例如说很多人在一排,那么一定要将重要人物排在中心。当然,所说的黄金分割点是两点,而不是单指左面或者右面的0.618。还有一种比较粗糙的方法,就是将一个画面用两条竖线和两条横线分为9个部分,那么4条线的4个交点基本上就是人的视觉中心,将主体放在交点上可以引起人的视觉注意。

(3) 利用色彩和静动相衬构图

红花总要绿叶来衬托,构图也是这样,如果整个画面都是绿的,只有一点红,那么无论这点红在哪个位置,总能引起人的视觉注意,所以利用好色彩构图往往能够产生你意想不到效果。还有就是静动对比构图,在电视上经常看到车辆来来往往,人潮涌来涌去,只有主角在街上慢慢行走,那么我们自然就注意他而忽略了其他的背景。同理,所有的都是静止的,一个物体在动,我们也会自然地注意它。合理运用静动相衬,可以拍出意想不到的效果。

3. 合理利用光线是使拍摄画面能够良好还原的必要因素

简单地介绍一下光线。顺光是指在拍摄时候机位与光源在同一条直线上而且方向相同。逆光是指在拍摄时候机位与光源在同一条直线上而且方向相反。侧顺光是指拍摄时机位与光源水平成一定的角度，但是同在主体一侧。侧逆光是指拍摄时机位与光源水平成一定的角度，但是分布在主体的两侧。顺光拍摄出来的画面显得特别平滑，但是会缺乏层次感，会产生平面的效果。逆光不建议大家运用，除非是在特殊的情况下或是在表现特殊效果的时候。因为逆光在使用时如果采用平均曝光或是自动曝光，主题会黑黑的，如果采用加大光圈，那么会造成整个背景的曝光过量，显得特别的刺眼。侧光在表现主体的层次感方面要强于顺光，拍摄出的画面有立体感。当然，我们采用光线时要根据具体的主题和光线来随机使用，没有绝对。不过一般不要使用顶光（就是光源在主体的顶部）和脚光（光源在主体的正下方）。因为这样会将人拍得特别邪恶，电影里在拍摄反面角色时经常用到。

4. 合理利用手动会提高拍摄水平

在此不推崇任何时候摄像都用自动的，虽然现在摄像机的自动功能十分的完善，但是广大 DV 爱好者要想进一步提高自己的摄像水平，采用手动是十分必要的。因为手动可以避免很多的自动缺点，总结起来主要表现在逆光拍摄时，摄像机平均曝光，主体肯定曝光不足，这时就可以手动调整光圈来增大光圈，使主体正确还原；在舞台摄像时光线忽明忽暗，而且亮点四处的移动，因为摄像机一般是对着亮点聚焦，那么就肯定不是按照我们想象的那样对着我们想要拍摄的物体对焦，而且焦点会跳来跳去，这个时候采用手动对焦就可以达到我们想要的拍摄效果；在拍摄时，尤其是在大的旅游景点，很难保证拍摄过程中没有人在我们所要拍摄的人物或是景点之间走动，那么摄像机便会跳焦，采用手动对焦也可以避免这种情况发生……适当地运用手动会在很大程度上使我们的摄像素材更加有质量，也会提高摄像水平。

资料来源：硅谷动力 http://www.enet.com.cn

第 7 章

渲染输出影像作品

知识要点
- 渲染输出影像作品
- 影像视频常用格式

第 28 课 将做好的作品渲染输出

完成影片的制作后，需要根据具体情况对影片进行渲染输出，渲染输出的设置直接影响到影片的最终效果，所以这一步也是至关重要的。渲染输出是将处理完毕的素材转化为影片播放格式的过程，一部影片只有通过不同格式的输出，才能够被用到各种媒介设备上播放，例如输出为 Windows 通用格式的 AVI 压缩视频。渲染输出可以根据要求输出不同分辨率和规格的视频。

课堂讲解

任务背景：经过一番努力，现在终于完成了一个满意的作品，需要把这个作品与朋友分享，或者进行发布、收藏，或者进行商业用途等。那么怎么根据具体的需要来进行渲染输出呢？

任务目标：根据具体需求，将做好的影像作品渲染输出。

任务分析：目前在网络上发布的影像文件一般要求文件不能太大，而且影像效果要够清晰，可以选择 FLV 格式的渲染；在用于商业用途时，要求影像高清，一般的播放器都能播放，而且文件储存不能太大，可以选择 AVI 格式，并进行正确的压缩。

28.1 如何渲染输出影像作品

影片制作完毕后，可以按空格键预览影片的影像效果，但是此浏览方法是没有音效的；按 0 键，则可以浏览完整的影像效果，包括音效。After Effects CS4 浏览影片的速度取决于计算机的配置及内存大小，内存越大，则预览加载的速度越快。影片加载进行过程中，时间线的"工作区"图标下方会呈现一条绿色区域，当绿色区域加载完毕后再观看影片就不会卡了。

在渲染输出影片之前，要确保"工作区域开始点"和"工作区域结束点"停留在"影片入点"和"影片出点"的位置，这很重要，否则往往造成没必要的麻烦，如图 28-1 所示。

确定影片前期准备工作完毕后就可以开始渲染了，执行"图像合成"→"制作影片"命令，

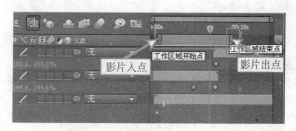

图 28-1

或者按"Ctrl+M"组合键输出。随后,将在"时间线"窗口处弹出"渲染队列"窗口。"渲染队列"主要由"渲染设置"、"输出组件"、"输出到"和"渲染"图标组成,如图 28-2 所示。

图 28-2

1. 渲染设置

在"渲染队列"中单击"渲染设置"左侧的"当前设置"按钮,在弹出的"渲染设置"对话框中可以设置"品质"、"分辨率"等选项,如图 28-3 所示。

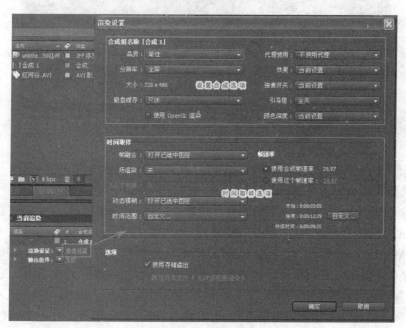

图 28-3

在"合成组名称"选项栏中可以设置影片的"品质"、"分辨率"和"大小",以控制影片的清晰度,还可以设置"磁盘缓存"、"代理使用"、"效果"、"独奏开关"(单独转换)、"引导层"和"颜色深度"等。

在"时间取样"选项栏中可以设置影片的"帧融合"、"场渲染"、"帧速率",还可以设置"动态模糊"、"时间范围"等。

在"选项"栏中可以通过勾选"使用存储溢出"复选框来设定影片第一指定磁盘溢出时是否继续渲染。

2. "输出组件"设置

在"渲染队列"中单击"输出组件"左侧的"无损"按钮,在弹出的"输出组件设置"对话框中可以设置影片的"视频输出"、"伸缩"、"音频输出"等选项,如图 28-4 所示。

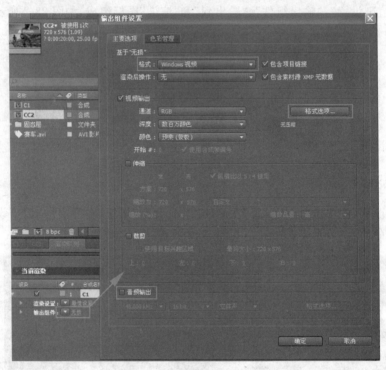

图 28-4

在"基于'无损'"选项栏中可以设置影片的"格式"、"渲染后操作"等选项。

常用的格式有 AVI 格式和 MPEG2 格式,它们均可以输出较小的文件。

在"视频输出"选项栏中提供了输出的常用参数设置,可以设置影片的"格式选项"(压缩方式)、"通道"、"深度"、"颜色"、"伸缩"和"裁剪"等选项。

单击"格式选项"按钮,在弹出的"视频压缩"对话框中可以选择相应的"压缩编码"和"压缩品质",这两个设置关系到影片的最终品质效果和文件大小,如图 28-5 所示。

在"音频输出"选项栏中可以对合成影片中的音频输出进行设置,可指定"采样频率"、"深度"和"回放格式"(立体声或单声道)。可以执行"编辑"→"模板"→"输出组件"命令,设置一个模板来保存常用模块设置。

3. "输出到"设置

单击"输出到"按钮,在弹出的对话框中可以选择输出的"路径"和"名称"。

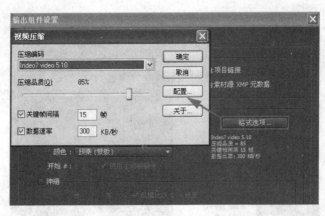

图 28-5

各选项设置完毕后,单击"渲染队列"右侧的"渲染"按钮,即可开始渲染。在实际操作过程中也可以直接拖曳合成文件到"渲染队列"窗口中,或者选择合成文件后按"Ctrl+M"组合键增加渲染任务,如图28-6所示。

图 28-6

28.2 影像音视频常用格式介绍

在"渲染队列"中单击"输出组件"右侧的"无损"按钮,在弹出的"输出组件设置"对话框中可以选择影片的输出格式,这里有一系列的影像文件格式,在考虑到具体应用时,可以选择相应的格式进行渲染输出,如图28-7所示。

输出时选择影片的输出格式非常重要,不同的影像文件要在不同的媒介上播放,就必须按照一定的格式渲染。例如现今非常流行的网络视频,很多视频文件就是FLV格式的视频文件,这种格式的视频文件储存量小,影像效果清晰,因而被广大网络商所接受。After Effects CS4支持很多工业标准格式影片的输出,例如Windows系统通用的AVI视频文件格式、Mac系统通用的MOV视频文件,或是输出静帧序列文件等。以下是After Effects CS4所支持的常用文件格式介绍。

1. After Effects CS4 支持的动画格式

① AVI(Audio Video Interleaved)是由Microsoft公司开发的一种音频与视频文件格式。AVI格式可以将视频和音频交错在一起同步播放。由于AVI文件没有限定压缩的标准,所以不同压缩编码标准生成的AVI文件,不具有兼容性,必须使用相应的解压缩算法才能播放。常见的视频编码有Microsoft Video 1、Intel Video R3.2、DIVX等,不同的视频编码不仅影响影片的质量,还会影响文件的大小。

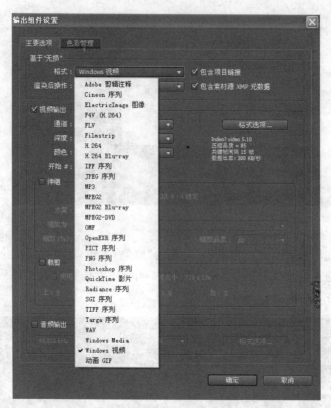

图 28-7

② MPEG(Moving Pictures Experts Group)是运动图像压缩算法的国际标准,几乎所有的计算机平台都支持它。MPEG 有统一的标准格式,兼容性相当好。MPEG 标准包括 MPEG 视频、MPEG 音频和 MPEG 系统(视频、音频同步)三个部分。如常用的 MP3 就是 MPEG 音频的应用,另外 VCD、SVCD、DVD 采用的也是 MPEG 技术,网络上常用的 MPEG-4 也采用了 MPEG 压缩技术。

③ MOV 格式是 Apple 公司开发的一种音频、视频文件格式,可跨平台使用,还可做成互动形式,在影视非线性编辑领域是常用的文件格式标准。可以选择压缩的算法,调节影片输出算法的压缩质量和帧容量。

④ RM 格式是 Real Networks 公司开发的视频文件格式,其特点是在数据传输过程中可以边下载边播放,时效性比较强,在 Internet 上有着广泛的应用。

⑤ ASF(Advanced Streaming Format)是由 Microsoft 公司推出的在 Internet 上实时播放的多媒体影像技术标准。ASF 支持回放,具有扩充媒体播放类型等功能,使用了 MPEG-4 压缩算法,压缩率和图像的质量都很高。

⑥ FIC 格式是 Autodesk 公司推出的动画文件格式,是由早期 FLI 格式演变而来的,它是 8 位动画文件,可任意设定尺寸大小。

2. After Effects CS4 支持的图像格式

① GIF(Graphics Interchange Format)是 CompuServe 公司开发的存储 8 位图像的文件格式,支持图像的透明背景,采用无失真压缩技术,多用于网页制作和网络传输。

② JPEG(Joint Photographic Experts Group)是采用静止图像压缩编码技术的图像文件格式，是目前网络上应用最广的图像格式，支持不同程度的压缩化。

③ BMP 格式最初是 Windows 操作系统的画笔所使用的图像格式，现在已被多种图形图像处理软件所支持、使用。它是位图格式，有单色位图、16 色位图、256 色位图、24 位真彩色位图等。

④ PSD 格式是 Adobe 公司开发的图像处理软件 Photoshop 所使用的图像格式，它能保留 Photoshop 制作过程中各图层的图像信息，现在越来越多的图像处理软件开始支持这种文件格式。

⑤ FLM 格式是 Premiere 输出的一种图像格式。Adobe Premiere 将视频片段输出成序列帧图像，每帧的左下角为时间编码，以 SMPTE 时间编码标准显示，右下角为帧编号，可以在 Photoshop 软件中对其进行处理。

⑥ TGA 是由 Truevision 公司开发用来存储彩色图像的文件格式。TGA 格式主要用于将计算生成的数字图像向电视图像转换。TGA 文件格式被国际上的图形、图像制作工业广泛接受，成为数字化图像以及光线跟踪和其他应用程序所产生的高质量图像的常用格式。TGA 文件的 32 位真彩色，在多媒体领域有着很大的影响，因为 32 位真彩色拥有通道信息。

⑦ TIFF(Tag Image File Format)是 Aldus 和 Microsoft 公司为扫描仪和台式计算机软件开发的图像文件格式。它定义了黑白图像、灰度图像和彩色图像的存储格式，格式可长可短，与操作系统平台以及软件无关，扩展性好。

⑧ WMF(Windows Meta File)是 Windows 图像文件格式，与其他位图格式有着本质的不同，它和 CGM、DXF 类似，是一种以矢量格式存放的文件，矢量图在编辑时可以无限缩放而不影响分辨率。

⑨ DXF(Drawing-Exchange File)是 Autodesk 公司的 AutoCAD 所使用的图像格式。

⑩ PIC(Quick Draw Picture Format)是用于 Macintosh Quick Draw 图像格式。

⑪ PCX(PC Paintbrush Image)是 A-soft 公司为存储画笔软件产生的图像而建立的图像文件格式，是位图文件的标准格式，是一种基于 PC 绘图程序的专用格式。

⑫ EPS(PostScript)语言文件格式包含矢量和位图图形，几乎支持所有的图形和页面排版程序。EPS 格式用于在应用程序间传输 PostScript 语言图稿。在 Photoshop 中打开其他程序创建的包含矢量图形的 EPS 文件时，Photoshop 会对此文件进行栅格化，将矢量图形转化为像素。EPS 格式支持多种颜色模式，但不支持 Alpha 通道，还支持剪贴路径。

⑬ SGI(SGI Sequnce)输出的是基于 SGI 平台的文件格式，可以用于 After Effects CS4 与其 SGI 上的高端产品间的文件交换。

⑭ RLA/RPF 是一种可以包括 3D 信息的文件格式，通常用于三维软件在特效合成中的后期合成。该格式中可以包括对象的 ID 信息、Z 轴信息、法线信息等。RPF 相对于 RLA 来说，可以包含更多的信息，是一种较先进的文件格式。

3. After Effects CS4 支持的音频文件格式

① MID 是数字合成音乐文件，文件小、易编辑，每一分钟的 MID 音乐文件大约有 5～10KB 的容量。MID 文件主要用于制作电子贺卡、网页和游戏的背景音乐等，并支持数字合成器与其他设备交换数据。

② WAV 是微软推出的具有很高音质的声音文件，因为它不经压缩，所以文件所占容

量较大，大约每分钟的音频需要 10MB 的存储空间。WAV 是刻入 CD-R 之前存储在硬盘上的格式文件。

③ Real Audio 是 Progressive Network 公司推出的文件格式，由于 Real 格式的音频文件压缩比大、音质高、便于网络传输，因此许多音乐网站都会提供 Real 格式试听版本。

④ AIF(Audio Interchange File Format)是 Apple 公司和 SGI 公司推出的声音文件格式。

⑤ VOC 是 Creative Labs 公司开发的声音文件格式，多用于保存 CREATIVE SOUND BLASTEA 系列声卡所采集的声音数据，被 Windows 平台和 DOS 平台所支持。

⑥ VQF 是由 NTT 和 Yamaha 共同开发的一种音频压缩技术，音频压缩率比标准的 MPEG 音频压缩率高出近一倍。

MP1、MP2、MP3 指的是 MPEG 压缩标准中的声音部分，即 MPEG 音频层，根据压缩质量和编码复杂程度的不同，将之分为三层(MP1、MP2 和 MP3)。MP1 和 MP2 的压缩率分别为 4∶1 和 6∶1，而 MP3 的压缩率则高达 10∶1。MP3 具有较高的压缩比，压缩后的文件在回放时能够达到比较接近原音源的声音效果。

课堂练习

任务目标：按照不同的媒介，选择不同的渲染格式，将影像应用到不同领域中去。
任务要求：选择正确的输出格式和正确的压缩方法。

练习评价

项　目	标准描述	评定分值	得　分
基本要求 90 分	设置正确的格式	30	
	设置正确的压缩方式	30	
	设置正确的音频格式	30	
拓展要求 10 分	熟记常用的音视频格式	10	
主观评价		总分	

本课小结

通过对渲染输出设置的学习，使我们的影视特效处理进入到最终阶段。渲染输出这一阶段非常重要，因为如果渲染设置不正确，可能会"全盘皆输"。渲染格式应该根据不同的应用和不同的播放媒介而选择，并不是一成不变的。记住常用的媒介，了解最新媒介和常用的音视频格式，把好最后一道关口，是到达影片完美效果的重要保证。

课后思考

(1) 常用的播放媒介有哪些？
(2) After Effects CS4 支持的影像格式有哪些？

课外阅读

少儿电视卡通片的受众心理分析及创作趋势

随着电视的普及,许多家庭的电视机几乎成为孩子们最亲密的伙伴。世界各国的电视台都为少年儿童专门安排和制作了节目或栏目,有的还专门开设了少儿频道。在这些节目或栏目中,少儿电视卡通片是不可缺少的一员。少儿电视卡通片,要根据少年儿童的心理特点、接受能力、欣赏习惯去创作,才能赢得这一群特殊的受众。只有分析少年儿童的心理活动规律,才能指导我们制作出高质量的卡通片。

1. 少年儿童的想象、幻想心理

少年儿童对现实生活和自然界总是充满想象和幻想,对于他们不懂、不理解的事物,常常按照自己的幻想和想象去解释、去理解,因此少儿卡通片必须具有幻想的特点,神话、童话故事中的夸张、幻想成分正好满足了少年儿童的这一特殊要求,这类卡通片是他们最喜爱的片种。人类历来就崇尚想象。没有想象就没有创造。少儿卡通片汇集了现代知识、信息知识,又具有创造想象力,除了给少儿以强烈的娱乐感外,还能给少儿以想象空间,从而激发他们的创造性。

2. 少年儿童的游戏、娱乐心理

少年儿童在生活中总是喜欢追逐、嬉戏、打闹、捉迷藏、模仿大人做的事情,有时还搞一些恶作剧,这都是少年儿童的游戏、娱乐心理。他们不喜欢一本正经、板着面孔一味说教、枯燥乏味的卡通片,而喜欢富于幽默感、内容斑斓多彩的卡通片。国外的少年儿童就没有太多条条框框的限制,他们在游戏、娱乐中领悟美与丑、是与非,在轻松中读懂了爱也了解了恨,在娱乐中体会了做人的道理。

3. 少年儿童对英雄人物的向往、崇拜心理

对英雄人物的仰慕、崇敬,是人类一种高尚的心理状态,它可以引导人们通过对英雄人物的熟悉、了解来净化心灵,提高精神境界。少年儿童正处于长知识阶段,他们的崇拜心理比成人更甚。因此,他们喜欢卡通片里塑造的一个个值得崇拜仰慕的英雄形象。如聪明的一休、与邪恶作斗争的孙悟空、克难奋进的大力水手等虚构的英雄形象,深受少年儿童的欢迎。

4. 少年儿童强烈的参与及好胜心理

少年儿童初生牛犊,什么事情都想干,就是看卡通片也把自己当做主人翁,做对了兴高采烈,失败了垂头丧气,这是儿童爱参与的心理天性。根据少年儿童的这种心理,卡通片应尽可能设计身临其境的感觉,设计克敌制胜的历险片、历经曲折挽救人类的科幻片等。

根据儿童发展心理学有关知识,一般把少年儿童分为三个阶段。3～6岁,称为幼儿期。这个阶段的孩子身心都在发展,对周围的世界兴趣无限,但他们生活经验有限,不了解周围的世界,他们的思维特点带有明显的具体性和直观性,逻辑思维刚刚萌芽,抽象概括思维还在发展阶段,因此,这个时期的儿童幻想、想象、游戏、娱乐心理最为强烈。针对这个时期儿童的卡通片,应该以动物为主角,拟人化的童话卡通片,篇幅要短小,情节要单纯,故事性要强,色彩要明快,语言要简洁明白,如国产卡通片《神笔马良》、《大闹天宫》等。7～11岁,称为儿童期。这个时期儿童发育加快,求知欲望加强,已具备了接受系统知识的条件,抽象思维逐步形成,能做简单的推理,自我意识开始萌芽,开始对人发生强烈兴趣,好奇、好胜、自尊心理都显得强烈起来。这个时期的卡通片要求人物形象极尽夸张、扭曲之美,故事情曲折生动,如《米老鼠》、《变形金刚》等。11～15岁,称为少年期。这是儿童向青年过渡的时期,心理上有半儿童半青年的特点,伴随着身体发育的逐渐成熟,心理上也开始显露出成人的样子,他们渴望独立,希望自己快快长大成人,他们求知欲望更加旺盛,崇拜英雄人物,主张打抱不平。针对少年期的卡通片,人物造型应该优美,故事情节应该惊险、刺激,内容应该正义战胜邪恶、富有哲理,如《蝙蝠侠》、《美女与野兽》等。

进入21世纪,计算机在家庭中日益普及,上网率不断升高,使卡通片能够在新的传播媒介中大展身手,成为网上播出的首选片种。卡通片的传播手段趋向多元化,同时在科技的带动下,卡通片的制作也由单一的手工绘制迈向计算机绘图,其制作技术有高科技化的发展趋势。

1. 少儿电视卡通片的选题趋势

由于成年人加入卡通片受众群体,少儿电视卡通片的选题,将不再局限于童话、寓言、民间故事、神话等。为了达到老少皆宜的商业价值,卡通片的选题有现代、当代和未来题材的趋势。反映当代人的生活,展望未来科技发展的题材,已为广大观众所接受,如《空中大灌篮》,将现代生活和未来科幻巧妙结合,不仅少年朋友喜欢看,中、青年观众也爱看。

考虑到成人受众的因素,卡通片题材表现的主题思想呈多元化趋势。现代派卡通题材讲究多层次、多方位、多角度、多视角,以事件、情节的进展来表现主题,人物形象可以有多义性,由观众自己来评判。

卡通片的选题,在塑造人物形象时,有多侧面塑造的趋势。卡通片中的英雄人物形象,不再脸谱化、完美化,单从形象上不能看出他的正、反角色,而要通过片中的多个侧面、全方位了解人物的内心世界,来评判他属于哪一种人。

2. 少儿电视卡通片的制作技术趋势

高科技制作技术趋势,是科技发展的必然。计算机介入影、视创作领域,给卡通事业带来量的变化和质的飞跃。当今的卡通片在画面绘制手段上有完全利用计算机动画,三维立体形象取代二维平面图像的趋势。计算机动画的绘制速度、视觉冲击力以及简便的编辑操作是手工绘制时代所望尘莫及的。单从商业角度来看,计算机绘图制作卡通片的制作周期相对于手工绘图而言,缩短了近 80%。

未来的卡通片，对声音的要求也越来越高，配音、音乐、音响、音效各方面都力求完美。声音的高科技含量，也是卡通技术发展的趋势之一。在录音设备进入数码化、计算机化、高保真的高科技领域，对声音进行各种技术处理，使得卡通片播放的声音音域宽广、真实动听、感染力强，给人以身临其境的艺术享受。

后期编辑的非线性制作趋势是卡通制作技术的又一特征。非线性编辑操作简单、快捷、方便，缩短了制作周期，兼容性好，编辑人员可任意修改素材而不影响质量，为卡通片的后期制作提供了更大的灵活性。

3．少儿电视卡通片的传播趋势

电视卡通节目的栏目化是现今少儿电视卡通节目播出的主要方式。计算机进入家庭，光盘记录的电视卡通片作为随时可以观看的传播趋势已日显优势。VCD、DVD等卡通片，在音响市场上琳琅满目，观众可随时选择喜爱的卡通片。

1999年10月，美国电影公司"梦工厂"成立了一家专门制作因特网电影的新公司——POP.COM，主要播放喜剧片和卡通片。这家"因特网上的MTV"的诞生，标志着卡通片的传播方式进入一个新的领域——网上传播。随着传播方式的改变，少儿电视卡通片将不再受"电视"的约束了。

资料来源：维普资讯 http://www.cqvip.com

第 8 章

课业设计

知识要点
- 电视栏目包装
- 影视广告宣传设计

第 29 课　电视栏目包装——国际时尚周

本课业设计主要练习视觉元素的导入和输出，以及与 Photoshop 软件的结合运用。摄像机的运动在影视特效里是非常重要的表现手法，通过摄像机运动，能把观众带进引人入胜的影像世界里。此外，在二维软件里实现三维效果也是最常用的特效之一。通过本课的学习，一定能掌握如何综合运用它们。

步骤 1　在 Photoshop 中制作素材

在 Photoshop 中，新建一个宽为 3720px、高为 576px 的图像文件，自定义素材，完成素材的制作，用抠图工具，对图片素材进行抠图处理、排列、分层、命名等，如图 29-1 所示。

图　29-1

步骤 2　新建合成组

打开 After Effects CS4，执行"图像合成"→"新建合成组"命令，设置"合成组名称"为"C1"，"预置"为"PAL D1/DV"，"宽"、"高"分别为"720px"、"576px"，"帧速率"为"25 帧/秒"，"持续时间"为"0：00：15：00"，单击"确定"按钮。

步骤 3　导入图像素材

双击"项目"窗口空白处，在弹出的"导入"对话框中选择"sucai.psd"素材，在"导入类型"下拉列表框中选择"合成",单击"打开"按钮,在弹出的导入设置对话框中,点选"合并图层样式到素材中"单选按钮,勾选"实时 Photoshop 3D"复选框,单击"是"按钮,如图 29-2 所示。

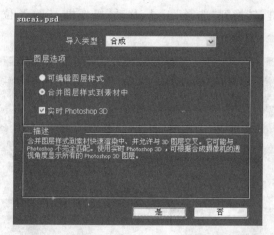

图 29-2

在"项目"窗口中,将"sucai 图层"文件夹展开,按住 Shift 键,选择所有的素材,将所有图层素材拖曳到当前"时间线"窗口上,并打开素材的"3D 图层开关",如图 29-3 所示。

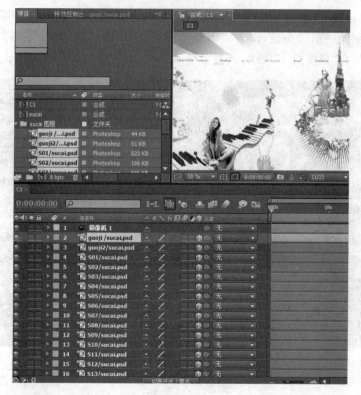

图 29-3

步骤 4 创建摄像机,调整摄像机位置

执行"图层"→"新建"→"摄像机"命令,在弹出的摄像机窗口中,属性设置为默认即可,单击"确定"按钮。

在"合成"窗口中,展开"3D 视图"下拉菜单,选择"自定义视图 1",配合 C 键,调整"合成"窗口的视图,按 V 键,转换到"选择"工具,移动"摄像机 1"的 X 位置到素材画面的开始处,如图 29-4 所示。

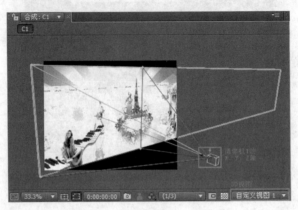

图 29-4

步骤 5 排列第一组镜头的各个素材图层的位置

将 3D 视图转换为"自定义视图 1",按 C 键,可以调整视图的位置、方向等,调整"自定义视图 1"的位置到第一组镜头前,以方便调整图层。选择"S01"、"S02"、"S04"、"S05"、"S07"图层,按 P 键,配合"摄像机 1"视图,调整各个 X、Y、Z 的位置,如图 29-5 所示。

图 29-5

步骤 6 设置第一组镜头动画

将当前时间线停留在第 6 帧处,打开"摄像机 1"的"变换"属性,激活"目标兴趣点"和"位置"左侧的"时间秒表变化"图标,添加关键帧。

当前时间线停留在第 10 帧处,选择"S07"图层,按 [键;将当前时间线停留在第 13 帧处,选择"S02"图层,按[键;将当前时间线停留在第 17 帧处,选择"S01"图层,按[键。

将当前时间线停留在第 1 秒第 6 帧处,调整"摄像机 1"的"目标兴趣点"为"-885.2, 288.0,0.0"和"位置"为"-924.2,288.0,-487.8"。

将当前时间线停留在第 1 秒第 19 帧处,选择"S04"图层,按[键。

将当前时间线停留在第 2 秒第 6 帧处,调整"摄像机 1"的"目标兴趣点"为"-740.2, 288.0,0.0"和"位置"为"-749.2,288.0,-721.3"。

此时,"合成"窗口以及图层的位置属性如图 29-6 所示。

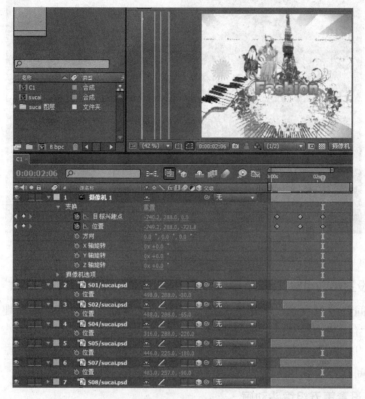

图 29-6

步骤 7 设置第二组镜头动画

将当前时间线停留在第 3 秒第 6 帧处,调整"摄像机 1"的"目标兴趣点"为"-280.2, 288.0,0.0"和"位置"为"-277.2,288.0,-721.8"。

选择"S11"图层,按 P 键,显示"位置"属性,调整"位置"为"274.0,288.0,-220.0"。

将当前时间线停留在第 2 秒第 17 帧处,选择"S11"图层,按[键。

步骤 8 设置第三组镜头动画

将当前时间线停留在第 4 秒第 6 帧处,调整"摄像机 1"的"目标兴趣点"为"-68.8, 288.0,0.0"和"位置"为"78.8,288.0,-609.8"。

选择"S08"图层,按 P 键,显示"位置"属性,调整"位置"为"250.0,288.0,-73.0"。

选择"S09"图层,按 P 键,显示"位置"属性,调整"位置"为"260.0,288.0, 0"。

将当前时间线停留在第 3 秒第 16 帧处,选择"S09"图层,按[键;

将当前时间线停留在第 3 秒第 19 帧处,选择"S08"图层,按 [键;

此时,"合成"窗口及"时间线"窗口上的图层属性如图 29-7 所示。

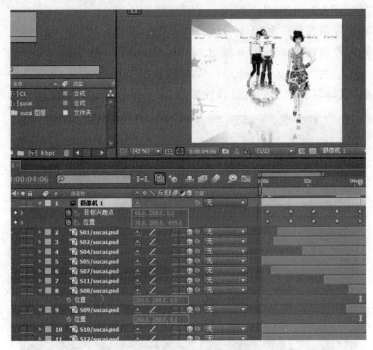

图 29-7

步骤 9　设置第四组镜头动画

将当前时间线停留在第 5 秒第 6 帧的位置,调整"摄像机 1"的"目标兴趣点"为"435.8,288.0,0.0"和"位置"为"481.8,288.0,−844.8"。

选择"S10"图层,按 P 键,显示"位置"属性,调整"位置"为"202.2,288.0,−191.0"。

将当前时间线停留在第 4 秒第 15 帧处,选择"S10"图层,按 [键。

步骤 10　设置第五组镜头动画

将当前时间线停留在第 6 秒第 6 帧的位置,调整"摄像机 1"的"目标兴趣点"为"1007.8,288.0,0.0"和"位置"为"1005.8,288.0,−737.8"。

选择"S06"图层,按 P 键,显示"位置"属性,调整"位置"为"193.0,269.0,−47.0"。

将当前时间线停留在第 5 秒第 16 帧处,选择"S06"图层,按 [键。

步骤 11　设置第六组镜头动画

将当前时间线停留在第 7 秒的位置,调整"摄像机 1"的"目标兴趣点"为"1684.8,288.0,0.0"和"位置"为"1650.8,288.0,−718.4"。

选择"guoji"图层,按 P 键,显示"位置"属性,调整"位置"为"230.0,288.0,−250.0"。

选择"guoji2"图层,按 P 键,显示"位置"属性,调整"位置"为"250.0,288.0,−250.0"。

选择"S03"图层,按 P 键,显示"位置"属性,调整"位置"为"180.0,288.0,−200.0"。

将当前时间线停留在第 6 秒第 10 帧处,选择"S03"图层,按 [键。

将当前时间线停留在第 7 秒处,选择"guoji"图层,按 [键。

将当前时间线停留在第 7 秒处,选择"guoji2"图层,按 [键。

此时,"合成"窗口及"时间线"窗口上的属性如图 29-8 所示。

图 29-8

步骤 12 设置文字动画

将当前时间线停留在第 7 秒处,选择"guoji2"图层,在图层上右击,在弹出的快捷菜单中执行"效果"→"过渡"→"CC 照明式擦除"命令。

在弹出的"特效控制台"窗口中,激活"完成度"左侧的"时间秒表变化"图标,添加关键帧,设置"完成度"为"85.0%",将当前时间线停留在第 7 秒第 13 帧处,设置"完成度"为"70.0%"。

将当前时间线停留在第 7 秒第 13 帧处,选择"guoji"图层,按 [键;在图层上右击,在弹出的快捷菜单中执行"效果"→"过渡"→"CC 照明式擦除"命令。

在弹出的"特效控制台"窗口中,激活"完成度"左侧的"时间秒表变化"图标,添加关键帧,设置"完成度"为"85.0%",将当前时间线停留在第 8 秒处,设置"完成度"为"70.0%"。

步骤 13 制作时尚波纹动画元素

执行"文件"→"导入"→"文件"命令,选择素材文件夹中的"quan01.psd",单击"打开"按钮,导入素材。

执行"图像合成"→"新建合成组"命令,创建一个新的合成组,合成组命名为"CC2",单击"确定"按钮。

从"项目"窗口中将"quan01.psd"素材拖曳到当前"时间线"窗口上。

将当前时间线停留在第 0 秒处,展开图层的"变换"属性,激活"比例"属性和"透明度"前的"时间秒表变化"图标。

取消勾选"锁定比例"复选框,将"比例"数值调整为"14.0％,12.8％",然后勾选"锁定比例"复选框。将当前时间线停留在第 1 秒处,将当前"比例"数值调整为"135.0％,123.9％";将"透明度"调整为"0％"。这是个变大了的,接着逐渐透明的波纹动画。

选择当前图层,按"Ctrl+D"组合键两次,复制两个新的图层。

将当前时间线停留在第 6 帧处,选择图层 2,按[键。

将当前时间线停留在第 12 帧处,选择图层 1,按[键。

此时,"合成"窗口及"时间线"窗口上的属性如图 29-9 所示。

图 29-9

步骤 14　在 C1"合成"窗口中添加波纹动画元素

在"项目"窗口中双击"C1"合成组,将"CC2"合成组从"项目"窗口中拖曳到"C1"合成组的"时间线"窗口上。

将当前时间线停留在第 14 帧处,选择"CC2"图层,按[键;调整位置为"-1008.6,327.0,-124.0"。

选择当前图层,按"Ctrl+D"组合键,多复制几个图层,用前面的方法调整图层的位置和起点。"时间线"窗口的图层位置如图 29-10 所示。

步骤 15　调整波纹影像的颜色

分别选择各个图层,执行"效果"→"色彩校正"→"色相位/饱和度"命令,为图层添加滤镜,在"特效控制台"窗口中调整各个波纹图层的颜色。

步骤 16　为图像添加"过渡动画"滤镜特效

选择"S05"图层,将当前时间线停留在第 0 秒处,在图层上右击,在弹出的快捷菜单中执

第8章 课业设计

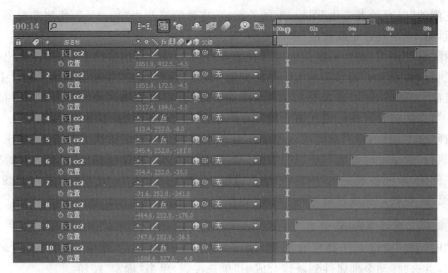

图 29-10

行"效果"→"过渡"→"线性擦除"命令,在弹出的"特效控制台"窗口中,激活"完成过渡"左侧的"时间秒表变化"图标,添加关键帧,将数值修改为"99%",将"擦除角度"修改为"-90.0°","羽化"为"120.0"。将当前时间线停留在第13帧处,"完成过渡"值设置为"80%"。

选择"S07"图层,将当前时间线停留在第10帧处,在图层上右击,在弹出的快捷菜单中执行"效果"→"过渡"→"照明擦除"命令,在弹出的"特效控制台"窗口中,激活"完成过渡"左侧的"时间秒表变化"图标,添加关键帧,将数值修改为"81%",将当前时间线停留在第1秒第10帧处,"完成过渡"值设置为"70%"。

选择"S01"图层,将当前时间线停留在第17帧处,在图层上右击,在弹出的快捷菜单中执行"效果"→"过渡"→"线性擦除"命令,在弹出的"特效控制台"窗口中,激活"完成过渡"左侧的"时间秒表变化"图标,添加关键帧,将数值修改为"50%","开始角度"设置为"1X+80.0","划变"设置为"逆时针";将当前时间线停留在第1秒第6帧处,"完成过渡"值设置为"40%"。

选择"S04"图层,将当前时间线停留在第1秒第19帧处,在图层上右击,在弹出的快捷菜单中执行"效果"→"过渡"→"照明擦除"命令,在弹出的"特效控制台"窗口中,激活"完成过渡"左侧的"时间秒表变化"图标,添加关键帧,将数值修改为"71%",将当前时间线停留在第2秒第19帧处,"完成过渡"值设置为"40%"。

选择"S11"图层,将当前时间线停留在第2秒第17帧处,在图层上右击,在弹出的快捷菜单中执行"效果"→"过渡"→"径向擦除"命令,在弹出的"特效控制台"窗口中,激活"完成过渡"左侧的"时间秒表变化"图标,添加关键帧,将数值修改为"80%",将当前时间线停留在第3秒第17帧处,"完成过渡"值设置为"60%"。

选择"S09"图层,将当前时间线停留在第3秒第16帧处,在图层上右击,在弹出的快捷菜单中执行"效果"→"过渡"→"百叶窗擦除"命令,在弹出的"特效控制台"窗口中,激活"完成过渡"左侧的"时间秒表变化"图标,添加关键帧,将数值修改为"100%",将当前时间线停留在第4秒第16帧处,"完成过渡"值设置为"0%"。

选择"S10"图层,将当前时间线停留在第4秒第16帧处,在图层上右击,在弹出的快捷菜单中执行"效果"→"过渡"→"照明擦除"命令,在弹出的"特效控制台"窗口中,激活"完成过渡"左侧的"时间秒表变化"图标,添加关键帧,将数值修改为"30.0％",将当前时间线停留在第 5 秒第 12 帧处,"完成过渡"值设置为"5.0％"。

选择"S06"图层,将当前时间线停留在第 5 秒第 17 帧处,在图层上右击,在弹出的快捷菜单中执行"效果"→"过渡"→"CC 网格擦除"命令,在弹出的"特效控制台"窗口中,激活"完成过渡"左侧的"时间秒表变化"图标,添加关键帧,将数值修改为"86.0％","平铺"修改为"20.0",将当前时间线停留在第 6 秒第 6 帧处,"完成过渡"值设置为"10％"。

选择"S03"图层,将当前时间线停留在第 6 秒第 13 帧处,在图层上右击,在弹出的快捷菜单中执行"效果"→"过渡"→"照明擦除"命令,在弹出的"特效控制台"窗口中,激活"完成过渡"左侧的"时间秒表变化"图标,添加关键帧,将数值修改为"87％",将当前时间线停留在第 7 秒第 11 帧处,"完成过渡"值设置为"60％"。

步骤 17　预合成图层

在"时间线"窗口上选择所有图层,执行"图层"→"预合成"命令,设置"合成名称"为"CCC1",点选"移动全部属性到新建合成中"单选按钮,单击"确定"按钮。

步骤 18　添加"粒子"插件特效

执行"图层"→"新建"→"固态层"命令,设置"名称"为"粒子",单击"确定"按钮。

在"粒子"图层上右击,在弹出的快捷菜单中执行"效果"→"Trapcode"→"Particular"命令。在弹出的"特效控制台"窗口中设置粒子的属性。

将当前时间线停留在第 7 秒第 15 帧处,修改"Emitter"下的"Particular/sec"为"300"。

激活"PositionXY"左侧的"时间秒表变化"图标,添加关键帧,将数值设置为"760.0,288.0"。

修改"Velocity"为"930";修改"Partcle"的"Particle Type"为"Cloudlet";修改"Set Color"为"Random from Gradient";修改"Physics"下的"Gravity"为"－20.0";修改"Visibility"下的"Far Vanish"为"700",并激活左侧的"时间秒表变化"图标,添加关键帧。

将当前时间线停留在第 8 秒第 10 帧处,修改"PositionXY"数值为"－385.0,288.0"。

修改"Visibility"的"Far Vanish"为"3100"。粒子效果如图 29-11 所示。

图　29-11

步骤 19　添加音乐,渲染输出

双击"项目"窗口空白处,在弹出的"导入"窗口中选择"fre"和"vtolack.wav"音乐文件,单击"打开"按钮,导入音乐素材。将音乐素材"fre"作为背景音效拖曳到"时间线"窗口上,将"vtolack.wav"拖曳到"时间线"窗口上,并移动至第 7 秒第 4 帧处。

将"工作区域结束点"拖曳到第 9 秒第 5 帧处。按 0 键,预览动画效果,按"Ctrl+S"组合键保存项目,按"Ctrl+M"组合键输出影片。最终效果如图 29-12 所示。

图　29-12

第 30 课　影视广告宣传设计——都市数码宽屏

影视广告宣传是影视特效制作里一个很大的模块。当前计算机媒体技术的发达,越来越多地要求影视广告的表现,而且它遍布了生活的每个方面,它真的已经离不开我们的生活了。本案例的学习,是通过对视频的编辑以及特效处理,来表达数码宽屏的科技和时代感,以及它对都市化生活的影响。本课结合三维软件 Maya,制作流动的光束,表达科技感。它是比较综合的软件应用实例,也是对 After Effects CS4 各种功能综合运用的很好的实例。

步骤 1　打开软件,新建合成组,导入素材

打开 After Effects CS4,新建合成组,设置"合成组名称"为"C1","预置"为"PAL D1/DV","宽"、"高"分别为"720px"、"576px","帧速率"为"25 帧/秒","持续时间"为"0:00:10:00",单击"确定"按钮。

在"项目"窗口空白处双击,在弹出的"导入"对话框中选择素材下的动态影像素材,单击"打开"按钮,导入素材;将素材从"项目"窗口中拖曳到当前"时间线"窗口上,如图 30-1 所示。

步骤 2　导入画框素材,为影像配置画框

双击"项目"窗口空白处,在弹出的"导入"对话框中选择"素材"下的"k1"、"k2"、"k3"、"k4"素材,单击"打开"按钮,在弹出的"导入设置"对话框中勾选"合并图层"复选框,单击"是"按钮,导入画框素材。

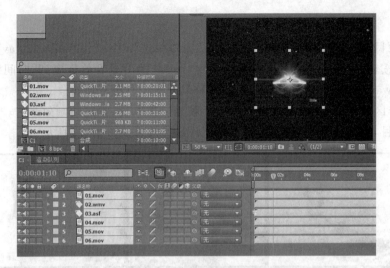

图 30-1

将"k1"拖曳到"时间线"窗口上最上层,按 S 键,调整大小,使它与"01"图层的大小匹配;将"k2"拖曳到"时间线"窗口上第 3 层,按 S 键,调整大小,使它与"02"图层的大小匹配;将"k3"拖曳到"时间线"窗口上第 5 层,按 S 键,调整大小,使它与"03"图层的大小匹配;将"k4"拖曳到"时间线"窗口上第 7 层,按 S 键,调整大小,使它与"04"图层的大小匹配;将"k3"拖曳到"时间线"窗口上第 9 层,按 S 键,调整大小,使它与"05"图层的大小匹配;将"k1"拖曳到"时间线"窗口上第 11 层,按 S 键,调整大小,使它与"06"图层的大小匹配。各图层的位置及属性,如图 30-2 所示。

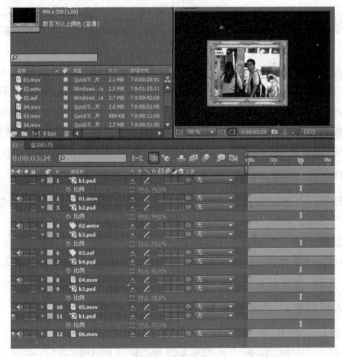

图 30-2

步骤3 预合成图层

按住 Shift 键,分别选择步骤 2 所匹配的画框和图层,执行"图层"→"预合成"命令,分别命名为"m1"、"m2"、"m3"、…,点选"移动全部属性到新建合成中"单选按钮,单击"确定"按钮,如图 30-3 所示。

图 30-3

步骤4 排列各个图层在"合成"窗口中的位置

在排列各个图层的位置前,将音效全部关闭(将图层左侧的眼睛关闭即可)。

打开当前所有图层的 3D 图层开关,将图层转换为 3D 图层。在"时间线"窗口空白处右击,在弹出的快捷菜单中执行"新建"→"摄像机"命令,在弹出的"摄像机设置"对话框中勾选"激活景深"复选框,单击"确定"按钮。

在"合成"窗口中选择"3D 图层"下拉菜单的"自定义视图 1",将窗口转到 3D 空间视图。

选择 m1 图层,按 P 键,将"位置"数值调整为"360.0,288.0,3000.0"。

选择 m2 图层,将"位置"数值调整为"90.0,286.0,1100.0"。

选择 m3 图层,将"位置"数值调整为"960.0,200.0,1400.0"。

按"Ctrl+D"组合键,复制一个 m3 图层,在图层上右击,在弹出的快捷菜单中执行"重命名"命令,将图层命名为"m3-1",按 P 键,显示"位置"属性,将"位置"数值调整为"60.0,288.0,2100.0"。

选择 m4 图层,按 P 键,将"位置"数值调整为"1100.0,288.0,2400.0"。

选择 m5 图层,将"位置"数值调整为"925.0,330.0,360.0"。

按"Ctrl+D"组合键,复制一个 m5 图层,在图层上右击,在弹出的快捷菜单中执行"重命名"命令,将图层命名为"m5-1",按 P 键,显示"位置"属性,将"位置"数值调整为"-260.0,350.0,4200.0"。

选择 m6 图层,将"位置"数值调整为"930.0,330.0,3555.0"。

按"Ctrl+D"组合键,复制一个 m6 图层,在图层上右击,在弹出的快捷菜单中执行"重命名"命令,将图层命名为"m6-1",按 P 键,显示"位置"属性,将"位置"数值调整为"40.0,333.0,-90.0"。

此时"合成"窗口及"时间线"窗口上的属性,如图 30-4 所示。

步骤5 设置摄像机 1 的推镜头动画

将当前时间线停留在第 0 秒处,选择"摄像机 1"展开"变换"属性。

将当前摄像机 1 的"目标兴趣点"设置为"360.0,344.0,0.0",将"位置"设置为"360.0,441.0,-1400.0"。激活"摄像机 1"的"目标兴趣点"和"位置"左侧的"时间秒表变化"图标,添加关键帧。

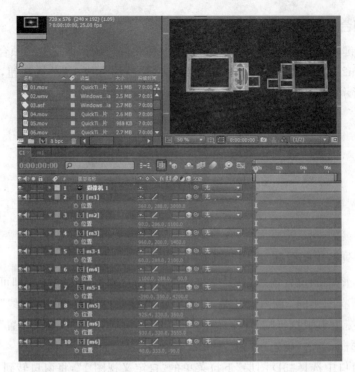

图 30-4

将当前时间线停留在第5秒处,将"目标兴趣点"设置为"360.0,288.0,3314.0",将"位置"设置为"360.0,441.0,3230.0"。此时摄像机1穿入"m1"画面并闯出画面。在第4秒第22帧的时候,画面如图30-5所示。

图 30-5

步骤6 预合成图层

在"时间线"窗口上选择所有图层,执行"图层"→"预合成"命令,在弹出的"预合成设置"对话框中合成图层,"名称"设置为"C2",点选"移动全部属性到新建合成中"单选按钮,单击

"确定"按钮。

步骤 7　在 Maya 软件里制作光效素材

打开 Maya 软件,用 surface 制作 6 根足够长的管状光柱,创建摄像机,调整视图,如图 30-6 所示。

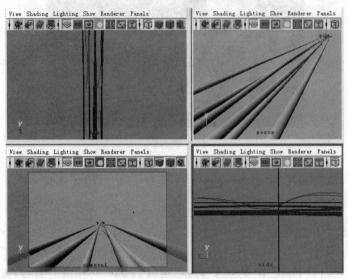

图　30-6

步骤 8　赋予模型灯光材质

为 6 根足够长的管状光柱模型创建一个 lambert 材质,将材质球的材质拖曳到每个光效柱子上释放。双击 lambert 材质,打开属性设置窗口,为 Color 添加 Ramp 材质,为 Tranceparency 添加 Ramp 材质,如图 30-7 所示。

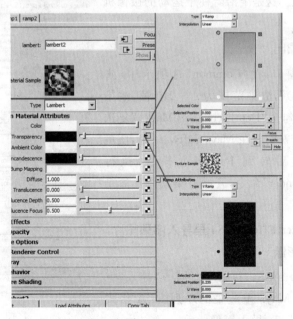

图　30-7

材质球的连接节点如图 30-8 所示。

图 30-8

在场景中创建一个 Drectional Light，按 7 键，以"灯光模式"观看场景。按 R 键，旋转灯光，调整光照方向在柱子上。

步骤 9　设置光效动画

在第 1 帧处，展开"noise1"属性，在"Time"属性值上右击，选择"set key"，将当前时间线停留在第 240 帧处，将"Time"设置为"1"，然后再在"Time"属性值上右击，选择"set key"。

选择 camera1，在通道栏里，勾选 TranslateX、TranslateY、TranslateZ，右击，在弹出的快捷菜单中选择"key selected"，添加关键帧。

将当前时间线停留在第 240 帧处，将 camera1 移动到光效柱子的尽头。勾选 TranslateX、TranslateY、TranslateZ，右击，在弹出的快捷菜单中选择"key selected"，添加关键帧。这是个沿着柱子运动的摄像机推镜头动画效果。

步骤 10　渲染输出

打开渲染设置窗口，在"Common"选项卡中，渲染格式选择"RLA(rla)"，渲染范围为 1～240 帧，渲染摄像机为"camera1"，勾选"Depth channel（Mask）"复选框，预置设置为"PAL 768"。在 Maya Saftware 里，质量为"最高质量"。然后转到 Rendering 模块，执行"Render"→"Betch Render"命令，开始渲染动画。渲染设置如图 30-9 所示。

步骤 11　在 After Effects CS4 里导入序列图片，合成影像

回到 After Effects CS4，执行"文件"→"导入"→"文件"命令，选择在 Maya 里渲染的序列 RLA 格式的图片，单击"打开"按钮，导入影像。

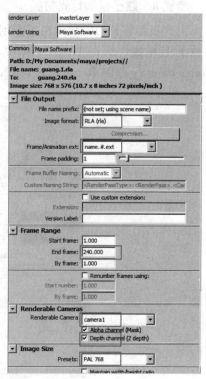

图 30-9

在"项目"窗口中,将导入的序列图片影像,拖曳到第1层。调整影像在"合成"窗口的位置,在图层上右击,在弹出的快捷菜单中执行"混合模式"→"添加"命令。此时,素材与C2合成层能展现很好的叠加效果。

再次执行"文件"→"导入"→"文件"命令,选择素材里的"bg01"素材,单击"打开"按钮,导入背景影像,从"项目"窗口中,将"bg01"素材拖曳到当前"时间线"窗口的最下层。此时"合成"窗口的效果如图30-10所示。

图 30-10

步骤 12 为 RLA 格式序列图添加"深度蒙板"滤镜,设置光效的生长动画

选择序列图片图层,在图层上右击,在弹出的快捷菜单中执行"效果"→"3D 通道"→"深度蒙板"命令,在弹出的"特效控制台"窗口中,选择"深度蒙板",然后在"合成"窗口中单击序列光效图的各个位置点,此时在软件的"信息"浮动面板上出现相应的"深度"数值,如图 30-11 所示。

图 30-11

可以得到信息,此 RLA 格式的光效图的 3D 通道信息深度是 0~1,那么通过调整"特效控制台"的"景深"数值,就可以控制光效的生长动画了。

将当前时间线停留在第 0 秒处,激活"景深"左侧的"时间秒表变化"图标,将数值设置为"0.94",将当前时间线停留在第 5 秒处,设置"景深"为"0.5"。此时,可以在"合成"窗口中看到,光效有个生长的动画效果。

步骤 13 合成动画效果

选择当前的 3 个图层,执行"图层"→"预合成"命令,合成名称为"C3",单击"确定"按钮。

执行"文件"→"导入"→"文件"命令,在素材中选择"电视.psd",单击"打开"按钮。在弹出的对话框中选择"合并图层",单击"是"按钮,从"项目"窗口中,将素材拖曳到当前"时间线"窗口上的第 1 层。

将当前时间线停留在第 5 秒处,按 S 键和 P 键,调整电视图像的大小和位置,使电视屏幕置于画面之外,并激活"比例"和"位置"左侧的"时间秒表变化"图标。

将当前时间线停留在第 6 秒处,按 S 键和 P 键,调整电视图像的"大小"为"57.0,57.0"、"位置"为"360.0,288.0",如图 30-12 所示。

图 30-12

选择 C3 图层,将当前时间线停留在第 5 秒处,按 S 键和 P 键,激活"比例"属性和"位置"属性左侧的"时间秒表变化"图标,添加关键帧。

将当前时间线停留在第 6 秒处,按 S 键和 P 键,调整电视图像的"大小"为"42.0,42.0"、"位置"为"360.0,266.0",如图 30-13 所示。

步骤 14 加入字幕动画特效

选择工具栏的文字输入工具,在"合成"窗口中输入"都市宽屏"字样,在"字符"窗口中调整文字"大小"为"28","间距"为"650","颜色"为"00FFF6",按"Ctrl+D"组合键,复制一层。

选择素材里的插件"lightrays.aex",复制并粘贴到 After Effects CS4 安装目录下的"plug-ins"里,保存文件,并重新启动软件。

图 30-13

  选择第 2 层的文字图层,将当前时间线停留在第 6 秒处,按 T 键,激活"透明度"左侧的"时间秒表变化"图标,设置"透明度"为"0",按[键。将当前时间线停留在第 7 秒处,设置"透明度"为"100％"。

  在当前时间线,选择第 1 个图层,按[键。然后在图层上右击,在弹出的快捷菜单中执行"效果"→"Next Effects"→"FE Light Rays"命令。在弹出的"特效控制台"窗口中,设置"Radius"为"3.0％","Intensity"为"2.0％","颜色"为"00FFF6",点选"Color from sourse"。

  将当前时间线停留在第 7 秒处,在"特效控制台"窗口中,修改"Center"值为"192.0,504.0",激活"Center"左侧的"时间秒表变化"图标,添加关键帧。将当前时间线停留在第 8 秒处,设置"Center"值为"541.0,504.0"。

  文字的动画效果就做好了。可以拖曳时间线看看效果,如图 30-14 所示。

图 30-14

步骤 15 加入音效,渲染输出

  将素材里的音效"strat13.mp3"导入,并将它拖曳到"时间线"窗口上,将工作区域栏的结束点拖曳到第 9 秒处。按"Ctrl+S"组合键,保存文件,按 0 键,预览动画效果,按"Ctrl+M"组合键,输出影像动画。最终效果如图 30-15 所示。

图 30-15

参 考 文 献

1. 曹金元,房琦,徐志等. After Effects 7.0 影视合成风暴. 北京:兵器工业出版社,北京科海电子出版社,2006
2. 子午数码影视动画. After Effects 7.0 完全自学手册. 北京:海洋出版社,2007
3. http://www.adobe.com
4. http://www.cgtow.com/bbs
5. http://www.ayatoweb.com